TECHNOSUP

Les FILIÈRES TECHNOLOGIQUES des ENSEIGNEMENTS SUPÉRIEURS

SÉCURITÉ

Risques et sécurité

Invariance problématique et arborescence méthodologique

Jean-François GUYONNET
Enseignant-chercheur
Université de technologie, Compiègne

ellipses

dans la même collection

- Sécurité des ouvrages. Risques.
  Modélisation de l'incertain, fiabilité, analyse des risques 320 p. (C) J.-L. FAVRE

ISBN 2-7298-2806-0

32, rue Bargue 75740 Paris cedex 15

www.editions-ellipses.fr

Avant-propos

1

Enseigner la sécurité en technologie est l'enjeu de mon engagement comme enseignant-chercheur.
"Enseigner?", n'est pas remplir des cruches mais allumer des feux. Y aurait-il donc du danger à enseigner la sécurité?
"Chercher?", c'est trouver des connaissances nouvelles, s'avancer dans l'inconnu et s'y confronter. Ce n'est pas sans danger non plus, il y a des risques à prendre!
Se mettre à la place de l'apprenant, sans prendre sa place, pour qu'il fiabilise son apprentissage de la sécurité et trouve des solutions pratiques, en réponses aux risques, est un corollaire de l'enjeu initial.

En 1975, le sujet sécurité n'était pas présent dans l'enseignement supérieur comme il l'est aujourd'hui et les besoins en la matière sur le terrain l'étaient aussi beaucoup moins. Pourtant aujourd'hui et demain comme hier la sécurité est l'à faire de tous.
Il a fallu chercher ce qui devait être enseigné et trouver comment s'y prendre. Cela s'est fait naturellement par la transmission des résultats des recherches, mais aussi en privilégiant les solidarités interdisciplinaires et interprofessionnelles. "Solidaires, mais pas solitaires" est un maître-mot de l'action pour un tel sujet. En effet, de même que la technologie est transversale aux disciplines et professions, la sécurité en technologie l'est aussi.

Une trentaine de thèses soutenues ont permis de fabriquer pièce par pièce certaines parties constitutives d'un exposé à la fois théorique et pratique de la sécurité en technologie. D'autres parties essentielles, pour la vie en sécurité de l'homme dans son environnement, ont été apportées grâce aux travaux de mise en application confiés à une soixantaine de promotions d'apprenants.
Ceux-ci étaient soit étudiants dans l'enseignement supérieur (surtout en Sciences pour l'Ingénieur ou en Sciences Humaines et Sociales), soit des professionnels dans différentes entreprises ou organisations et associations.

Le support théorique de la sécurité en technologie a été trouvé en particulier sous plusieurs de ses composantes : sécurité en génie des procédés industriels, contrôle des systèmes socio-techniques, génie biomédical et hospitalier, mais aussi en physique chimie et mathématiques appliquées, sciences économiques, de l'information et de la communication et en dernier lieu en sciences de l'homme sous l'angle du génie de la cognition et de la coopération.

Les solutions de sécurité techniques ou organisationnelles s'inspirent des problèmes rencontrés approfondis et reformulés. Elles dépendent étroitement des méthodes prises en mains, réadaptées et optimisées. Elles ne seront validées qu'après avoir stabilisé le triplet problème, méthode et solution. Le champs sémantique des risques, qui s'ouvre à partir de chaque projet de mise en sécurité nouveau, a permis de comprendre les grandeurs directrices des dangers en présence. Ceux-ci s'affrontent dès la conception et ce jusqu'au démantèlement après l'utilisation ultime.

2

Un premier enjeu de la sécurité concerne son enseignement et son apprentissage : sécurité statique et dynamique de mise en sécurité (sécurisation). Il s'agit de la prise de conscience de la présence d'un danger impossible à éradiquer sans réduire à zéro l'entité concernée. Il y correspond en contrepartie la mise en place d'un processus interminable de réveil de l'attention : "Il vaut mieux se savoir en danger que se croire en sécurité".

Un second enjeu est la reconnaissance du caractère limité, provisoire, mais pas forcément inadapté, des dispositions prises pour faire face aux conflits : "Il vaut mieux réserver son jugement plutôt que juger précipitamment et sans réserve".

Un troisième enjeu est l'adoption de postures modélisatrices sensibles, fidèles et robustes. Mais comment s'y prendre? Considérer l'aspect phénoménal de l'accident, qui a un coté chaotique parfois destructeur, pour y répondre par des dispositions d'adaptations qu'il convient de s'approprier et de partager.

Ce sera par exemple, résister ou réagir au feu, ou par exemple choisir entre voteur ou comparateur pour décider l'A.U., ou encore décider d'augmenter la fiabilité ou augmenter la maintenabilité pour augmenter la disponibilité.

3

La démarche de mise en sécurité des systèmes dangereux ou en danger est tout à fait typique. Elle fait apparaître au fur et à mesure et se préciser des points communs et des différences irréductibles de toutes sortes. Les uns comme les autres alimentent l'immensité d'une dialogique qui permet de mettre en évidence le processus de questionnement que réclame la sécurité.

Citons un premier exemple de la sécurité incendie dans un immeuble de grande hauteur (igh), système dangereux par la charge calorifique accumulée dans son espace. Ce problème en implique un autre celui de la sécurité de l'évacuation de la foule occupant l'igh, système en danger à cause des fumées du feu mais aussi du manque de fiabilité du système d'évacuation prévue. Et si l'occupant est poseur de bombe?... Un

second exemple de sécurité explosion d'un réacteur chimique semi-ouvert est un système en danger face à l'emballement thermique ou bien face à l'inflammabilité. C'est un système dangereux pour son environnement à cause de l'ouverture des soupapes ou bien à cause de l'explosion mécanique ou thermodynamique.
Un troisième exemple vient de la comparaison, - de la mise en sécurité du circuit de combustion d'une chaudière maître dans une chaufferie urbaine, - avec la mise en sécurité du circuit thermo-hydraulique de secours d'un réacteur nucléaire, - avec la mise en sécurité des circuits de communications d'une équipe de conduite d'une tour de cracking catalytique. On remarque dans ces trois types de circuits l'immense importance de la disponibilité de l'alarme et du déclenchement de l'arrêt d'urgence (A.U.).

En toutes circonstances ce sont des liens qui se font ou se défont, tels que : lien problème-méthode, lien fiabilité-sécurité, lien conception-utilisation, lien défaut-désastre, lien danger-sûreté et comme dans le troisième exemple le lien conduite-surveillance.

Cet échantillon de cas concrets et de premières traces de représentations qui en ont été extraites, orientent l'attention non pas tant sur des fautifs mais plutôt vers des responsabilités futures et vers les interactions indésirables produites aux interfaces en raison des interdépendances. Les interdépendances comme les responsabilités surgissent des concours de circonstances et elles surprennent d'autant plus qu'elles ont été ignorées. En fait les anomalies affectant de tels liens lorsqu'elles actualisent des potentiels d'accidents se révèlent dangereuses pour quiconque n'est pas à la bonne distance (temporelle, spatiale, sémantique) des dangers dans une situation donnée.

La sécurité ou la sécurisation implique toujours un danger, le danger implique presque toujours un conflit, le conflit implique très souvent paradoxe ou contradiction. Tout cela relève d'un "État d'esprit sécurité" à promouvoir et à entretenir.

4

Ce manuel pour l'enseignement par la recherche des risques et de la sécurité, principalement en rapport avec l'innovation technologique, comporte deux parties.
La première partie "Problématique de la sécurité" développe en trois chapitres :
- les précautions à prendre pour entrer dans le sujet et en ressortir sans se laisser enfermer, transmissibilité oblige ;
- la nécessaire prise de conscience de l'état rudimentaire des connaissances transmises lorsqu'il n'y a pas recours à une expérience associée : c'est la supposition de l'existence cachée d'un intermédiaire;
- une première traversée en diagonale des problèmes à résoudre pour "être en sécurité" en considérant sous cinq angles de vues les développements des phénomènes accidentels. Ces angles de vues sont des invariants.

La seconde partie "Méthodologie de la sécurité" propose en deux chapitres de prendre connaissance des deux méthodologies majeures de la sécurité : les arbres d'événement et de défaillance. Ces méthodes produisent des modèles pour la sécurité qui sont génériques ou spécifiques.

5

Assurer la maîtrise des risques des situations accidentelles ou presqu'accidentelles réclame de contrôler efficacement aussi bien l'irréversibilité que la récursivité. Dans tous les cas, la méthodologie de la sécurité devra pouvoir globalement satisfaire des besoins qui dépassent largement ceux strictement de sécurité. Il devient nécessaire de satisfaire à d'autres qualités pour maîtriser les risques courus. C'est par exemple l'invention d'une grandeur complexe : la sûreté de fonctionnement qui unit plusieurs qualités sous forme d'un vecteur d'état.

On remarquera dans l'exposé de la problématique et de la méthodologie de la sécurité, un important va et vient sauvage à domestiquer entre qualités et quantités, entre évaluation et estimation, entre validation et disqualification.

Invariance problématique et arborescence méthodologique définissent clairement l'axe principal du développement de la sécurité. Ce développement se doit d'être démontrable ou vérifiable dans tous les cas pour être prometteur sans être trompeur. Un savoir exhaustif, "Que sais-je?", ne suffit plus pour satisfaire aux besoins de sécurité. Il est devenu nécessaire de passer par le questionnement beaucoup plus fécond du "Que puis-je?" qui donne une nouvelle ouverture.

Table des Matières

Table des figures et tableaux

FIGURES ET TABLEAUX DU CHAPITRE III

FIGURES ET TABLEAUX DU CHAPITRE IV

FIGURES ET TABLEAUX DU CHAPITRE V

PREMIERE PARTIE

PROBLEMATIQUE DE LA SECURITE

Chapitre I - Précautions initiales

Toute action, qu'il s'agisse d'une fonction désirée ou d'une nuisance, porte en son sein le danger d'agir excessivement, insuffisament ou intempestivement ou de ne plus agir du tout. Cette constatation s'applique à la mise en sécurité d'une activité reconnue dangereuse. C'est une action primordiale que nous allons apprendre à réaliser du mieux possible. Par conséquent un devoir de prudence s'impose: savoir faire attention, se tenir sur ses gardes et prendre des précautions. Cela s'appliquera aussi en particulier à la transmission des consignes de sécurité ou au suivi d'un mode opératoire dangereux.

L'avis de précautions initiales à prendre qui n'est ni un euphémisme ni un pléonasme est important à signaler au commencement de toute action et en particulier lorsqu'elle engage la sécurité. En effet que le premier pas puisse coûter, cela ne fait pas de doute. Que l'inconnu(e) puisse surprendre, non plus. Un tel avis est d'autant plus à suivre que le transitoire de commencement se répète et que l'accumulation de tels cas augmente les risques. C'est par exemple le cas du cycle d'allumage d'un brûleur ou bien le cas d'une visite de maintenance préventive dans une installation en fonctionnement.

1. Description et programme

La seule description des accidents, même minutieuse et la plus complète possible, ne suffit pas pour apprendre la sécurité.

La technologie et l'ingénieurie sont sommées de démontrer qu'elles construisent sans négligences la sécurité de ce qu'elles conçoivent pour répondre aux besoins des utilisateurs. Transmettre les règles et principes de construction de la sécurité et de sa démonstration ne concerne pas que les ingénieurs et tout type d'équipements. Cela concerne beaucoup plus largement toutes les catégories de personnes ou d'objets.

Un tel transfert de connaissances concernant la sécurité comporte des parties et des étapes identiques à celles de tout autre programme d'enseignement quelles que soient la matière et le niveau. C'est la base ordinaire de tout programme d'action, comme par exemple celui du développement d'un procédé nouveau de traitement de déchet industriel, ou comme celui d'un séminaire de formation à la pratique des techniques de sécurité dans une industrie chimique.

Ce qui distingue un programme d'enseignement de la sécurité d'un autre, c'est la posture recommandable pour l'apprenant qui devrait être celle d'un concepteur devenant conscient avec modération du risque qu'il prend ou fait prendre.
Tandis que la posture de l'enseignant devrait être celle d'un explorateur guidant avec prudence la découverte du danger, comme une menace de mort accidentelle ou bien une nuisance latente.
Une autre particularité du programme est que les protagonistes auront à s'exposer à l'éventualité de permuter leur posture pour expérimenter un autre resenti du risque. On rencontre une telle circonstance à l'occasion d'une relève de poste.

Les trois parties du programme sont les cours (C), travaux dirigés (TD) et travaux pratiques (TP).

Les trois étapes du programme sont la formulation des problèmes (P), le choix et prise en main des méthodes (M) et la mise à l'épreuve des solutions pour vérifier leur validité (S).

Ces six composantes du programme doivent être rendues interdépendantes pour permettre d'expérimenter les conséquences sur la sécurité de leurs permutations.

La première partie du programme donne accès à une compétence en résolution de problèmes de sécurité centrés autour d'accidents de référence et donne une ouverture sur les principes de valuation[1] du facteur humain interpellé par les risques.

Cette compétence ouverte s'enracine dans la compréhension de la problématique de la sécurité qui s'acquiert par l'exposé des notions, des définitions et de la terminologie de la sécurité. C'est l'objet du chapitre II. Un atout épistémologique est obtenu de l'effort d'utiliser adéquatement les invariants dans la modélisation des transformations accidentelles. C'est ce que nous éclaircirons dans le chapitre III.

La deuxième partie apprend à structurer la production méthodique des nombreuses mesures préventives et correctives et à les dimensionner pour faire face aux dangers des procédés, des processus et des produits. L'automatisation et l'informatisation avancées grâce aux innovations technologiques sont des changements qui motivent puissament la maîtrise de telles capacités.

On y parvient en prenant en main les méthodes de calculs de sûreté de fonctionnement contribuant à l'évaluation de la sûreté. Cela constitue un noyau dur de compétence méthodologique.

La troisième partie qui n'est pas développée ici apprend à s'entraîner à la mise en oeuvre des procédures d'évaluation de solutions implantées ou préconisées. Cela constitue l'étape de Validation des solutions de sécurité qui est réalisée par simulation.
Un autre aspect de cette partie du programme de transfert est d'avoir une expérience de travail en groupe et sous-groupes soit en coopération soit en compétition. Il est important d'actualiser les risques qui ont été jugés acceptables ou non d'après des modèles. L'application est globalement la même pour tous, mais des jeux de données différents sur les risques sont distribués à chaque sous-groupe.

De même qu'un mode opératoire fiabilisé méthodiquement contribue à l'amélioration de la fiabilité d'une tache dangereuse, une description synthétique et brève du programme d'action contribuera à l'amélioration de la sécurité dés son commencement

2. Démarche et évolution

Les modalités de la présentation, de la sécurité d'un système et de la fiabilité humaine, sont la description, l'explication et la démonstration.
- Ces modalités sont à choisir pour fiabiliser le transfert de compétence dans le programme de formation.En effet les apprenants d'aujourd'hui seront peut-être les enseignants de demain à leur poste dans leur entreprise.
- Ces modalités de présentation sont à choisir aussi pour fiabiliser la sécurisation, cela veut dire par exemple s'intéresser au mode opératoire ou bien s'intéresser à la construction.

[1] *La valuation (et non pas l'évaluation) désigne une évaluation chiffrée en logique floue par degrés de vérité d'une proposition affirmative utilisée pour attribuer un jugement de valeur. Par exemple : "cette précaution est satisfaisante" est plutôt vraie, "ce risque est intolérable" est plus faux que vrai.*

Dans tous les cas la démarche sera de répéter ce que l'on fait (trois fois suffira dans la plupart des cas). Par exemple, le problème de sécurité initialement est d'empêcher que le réacteur chimique explose. Il devient du point de vue de la méthode un problème de mesure de température qui devra être efficace. Et du point de vue de la solution, ce sera un problème d'organisation de l'alarme.

La démarche est aussi de croiser les termes répétés, soit avec eux-même, soit avec d'autres, comme le montrent les figures I.1 à I.3 et la figure I.4.

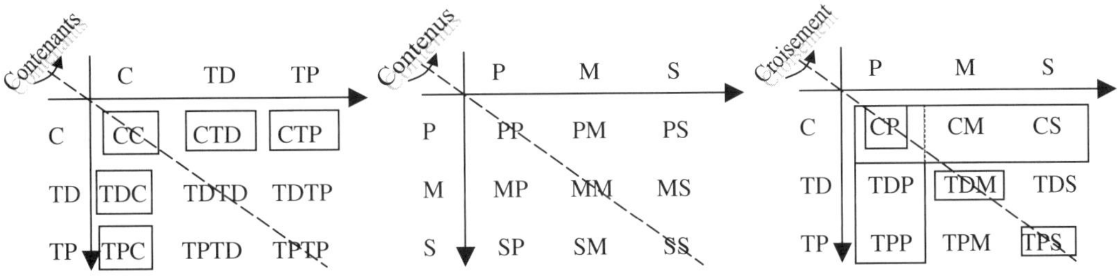

Fig. I.1 *Fig. I.2* *Fig. I.3*

Fig. I.1, I.2 & I.3 : Enseignement de la sécurité : arguments pédagogiques

Le croisement, qui peut rendre la démarche féconde, favorise aussi l'évolution. Celle-ci peut être désirée ou indésirable. Les tableaux de mise en vis-à-vis de termes choisis montrent simplement comment s'amorcera l'évolution de l'activité pour une structure donnée.

Le tableau de la figure I.3 montre le développement possible en ligne-colonne, autour d'un couple contenant/contenu ou partie/étape. Par exemple, le couple "description du problème abordée en théorie (CP)", trouve une explication approfondie faite grace à l'exercice d'une méthode (TDP)(CM) et pourra bénéficier de la démonstration de cohérence et de pertinence de l'association problème-méthode-solution (TPP)(CS).

Un autre exemple de croisement[2]

Le schéma de base du contrôle d'un processus technique est d'abord celui d'une chaîne "ouverte" une entrée et d'une sortie reliées par une fonction de transfert en maillon intermédiaire. Pour accéder au contrôle de la commande il faudra "fermer" ce système ouvert par l'introduction d'une boucle de rétroaction. On a là les prémisses, sous forme d'un schéma de principe simple, d'une régulation "technique". On peut croiser ce triplet technique avec le triplet pédagogique du contenu d'un programme. On obtient ainsi un schéma de base simple de la démarche "sécurité" à mettre en route, à stabiliser et à entretenir. Basée sur la première diagonale, une stratégie de contrôle de son évolution peut être verbalisée de la façon suivante : lorsque la solution (technique de sécurité) ne convient plus, il faut alors reconsidérer le problème initialement posé et la méthode opératoire mise en oeuvre afin de comprendre ce qui ne va plus avant que l'écart en sortie ne devienne irréversible (et que le bouclage soit alors interrompu !).

[2] *Croisement : intersection, carrefour, reproduction, hybride.*

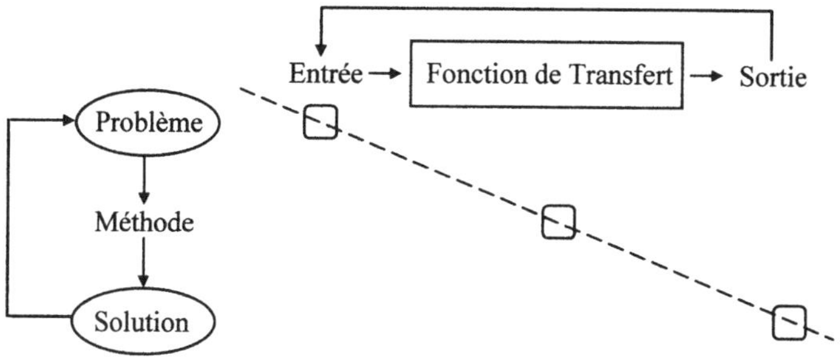

Fig.I.4 : Exemple de croisement

3. Avertissements

On rencontre en sécurité deux types de problèmes à la fois semblables et différents. On pourrait dire que tout problème de sécurité est à deux faces.

a) Problèmes de type 1 : Soit UN composant isolé.

Une barre métallique de section S soumise à une traction F présente un allongement relatif $\varepsilon = \frac{\Delta l}{l}$. Dans quelles conditions y aura-t-il rupture ? (Voir figure I-5)

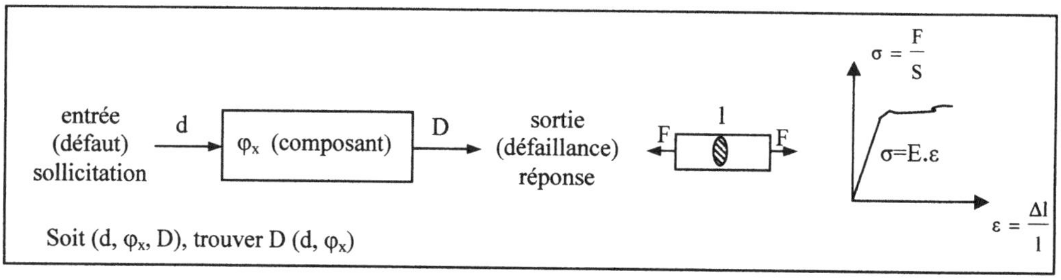

Fig. I.5 : Problèmes d'un premier type

Il y a trois grandeurs possibles à observer, éventuellement à mesurer (d, φ_x , D) :

- Avec l'entrée (=d), valeur particulière de l'effort (de traction) appliqué à la barre. L'appelation d comme défaut signifie un jugement de valeur sur l'état indésirable de la valeur physique effective à l'entrée.
- Avec la fonction de transfert (=φ_x) appelée dans la théorie de la fiabilité : fonction de structure, dont la base déterministe est ici une loi de résistance des matériaux, mettant en valeur un coefficient d'élasticité E.
- Avec la sortie (=D) valeur particulière de la dimension longueur de la barre. L'appelation D comme défaillance sert pour caractériser la rupture, état "indésirable". Cette situation correspond à des valeurs limites d'acceptabilités de l'effort et de la longueur maxi.

- Si (d, φ_x) sont deux des grandeurs supposées observables et vérifiées, alors on peut conclure avec certitude (déterministe de type 1) que la sortie D sera l'effet produit. La rupture de la barre se produit lorsque pour une fonction de transfert donnée (loi de comportement) il est appliqué en entrée une sollicitation (force de traction F) atteignant un seuil d'irréversibilité, celui de résistance maximum de la barre qui est aussi une limite de validité de la loi $\sigma(\varepsilon)$.

La défaillance D (rupture) est un "effet indésirable" dont la définition précise est une inconnue à découvrir par raisonnement "inductif" à partir des conditions initiales et aux limites particulières (d, φ_x) connues qui sont remises en cause.

b) Problèmes de type 2 : Soit un système de N composants assemblés

C'est par exemple une structure triangulée en support d'un pont composée de 11 barres métalliques. Dans quelles conditions y aura-t-il l'accident rupture du pont ? (Voir figure I.6)

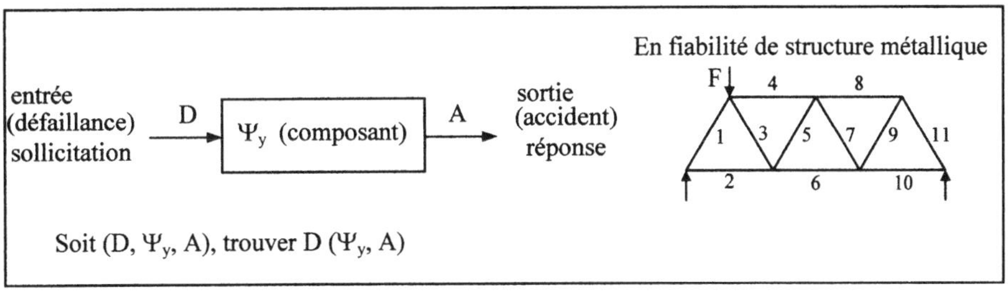

Fig. I.6 : Problèmes d'un deuxième type

Il y a toujours trois grandeurs possibles à observer éventuellement à mesurer (D, Ψ_y, A) :

- Avec l'entrée (=D) , valeur particulière d'une des dimensions du système (la longueur de la barre qui caractérise la rupture de la barre), notée D comme défaillance pour signifier un jugement de valeur sur l'état indésirable correspondant à une commande de l'état du système ;
- Avec une autre fonction de transfert (=ψy) appelée dans cette situation fonction indicatrice d'évènement, dont la base déterministe est ici une loi combinatoire de causalités en logique Booléenne ;
- Avec la sortie (=A), valeur particulière de l'état du pont notée A comme Accident pour désigner l'endomagement du pont. C'est une marque limite d'existence du système qui lui est propre,

Si (A, Ψ_y) sont deux des trois grandeurs supposées vérifiées alors, on peut conclure avec la certitude (déterministe de type 2) exprimée différemment du type précédent, que l'entrée D est une condition accidentelle de rupture (du pont). Pour le coup cette défaillance catalectique[3] sera potentiellement catastrophique.

[3] Catalectique = Soudaine et totale

La défaillance D (rupture de la barre) est une cause indésirable possible de l'accidentelle rupture du pont dont la logique précise inconnue est à identifier par raisonnement "déductif".

c) Corollaires

Dans les problèmes de types 1 et 2, la même défaillance (rupture de la barre) à laquelle est dévolu un rôle central d'inconnue est tantôt interprétée comme un effet futur à éviter (problème de type 1) tantôt interprétée comme une cause passée qui n'est plus à éviter puisqu'elle s'est produite (problème de type 2) mais qu'il faut compenser réparer pour se protéger des conséquences. (Voir figure I.7)

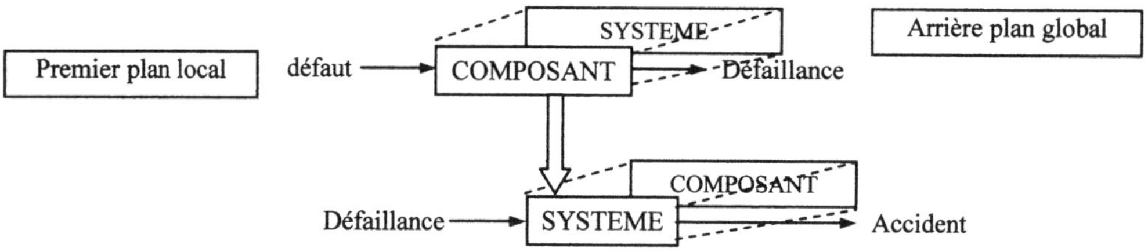

Fig. I.7 : Différents changements de plans

Compte tenu des potentiels de pertes attachés à l'éventualité de rupture du composant (barre métallique), avertir et être averti est donc un souci à deux face, essentiel pour l'intégrité du composant et du système. Il est donc naturel de vouloir compenser les indésirables en assurant une vigilance attentive à l'état et au changement d'état. Il faut repérer les niveaux extrêmes local/global et s'assurer que l'alarme soit bien reçue et que l'alerte soit bien émise. Sachant que la répétition des avertissements justifiée ou intempestive, peut inhiber le climat de sérénité qui devrait accompagner la sécurité. On préfèrera minimiser les avertissements.

Les deux types de problèmes de sécurité exposés précédement introduisent aux deux types de raisonnements conduisant la démarche de sécurisation. L'évolution de ces démarches permet de formuler 3 avertissements à satisfaire. Ce sont trois dangers auxquels il faut faire attention, dès le début, en prenant les précautions qui ouvrent des issues de secours.

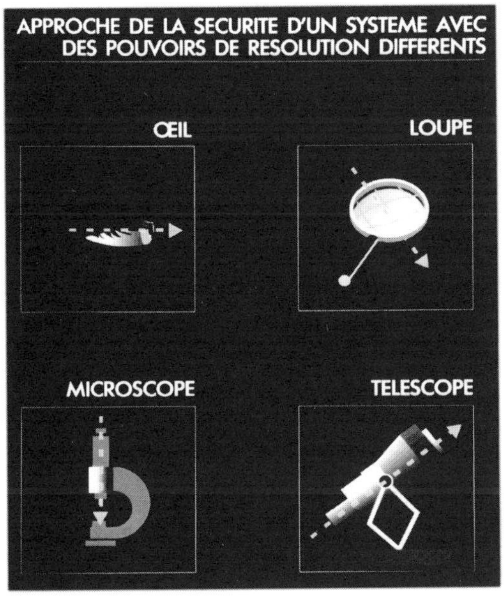

Fig. I.8 : Les pouvoirs de résolution

! EVIDENCE / Les différentes dimensions ou ordres de grandeurs montrent fig.I.8 un échelonnement des dangers possibles. Un pouvoir de résolution fixé désarme l'attention par l'évidente et trompeuse petitesse des niveaux inférieurs (loupe n-1) et (microscope n-2) imaginée négligeable vis à vis des niveaux supérieurs (oeil n+1) et (téléscope n+2). Comment profiter de l'évidence et se préserver de ses illusions? en variant la méfiance et la confiance pour devenir capable d'unir les différents plans.

! AMBIGUITE / L'image de la femme fig.I.9 fait expérimenter la distance cachée entre le factuel et l'interprêté. Cette différence est donc non-mesurée. Sans précaution la tranche d' âge est affirmée et déclarée unique. Elle fait expérimenter aussi l'inconsciente propension à juger rapidement en retenant des indices "de premier plan" et en éludant des détails "secondaires". Comment sortir de l'ambiguité? par une "Alerte" qui redonnera des chances de trouver du sens nouveau.

Fig. I.9 : Dans quelle tranche d'âge est elle ?

! REPETITION / La répétition des accidents mortels par exemple polarise l'attention sur les individus victimes et fait ignorer l'impact sur l'espèce entière ou inversement. La répétition est limitée dans le concret mais illimitée dans l'abstrait. La répétition apporte des chances de faire reconnaître avec assurance ce qui serait resté méconnu la première fois. Comment profiter de la répétition et ne pas en pâtir? par une analyse des données et un contrôle des limites initialement prévues.

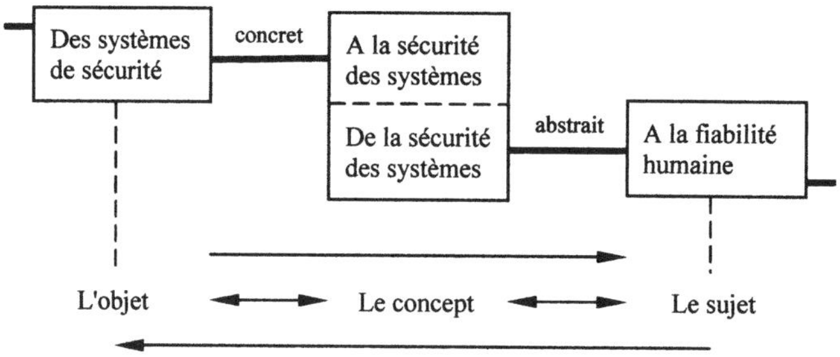

Fig. I.10 : Evolution des individus et de leur espèce

4. Contrôle discret et continu

a) Le but

Le but du contrôle en sécurité, que ce soit en sécurisation ou formation, est de vérifier l'installation et la bonne marche du programme d'aprentissage de la sécurité dont les acteurs du système ont besoin face aux risques. Les sous-buts du contrôle seront de vérifier le remontage des réflexes, le réglage des comportements individuellement et collectivement. Ici, contrôler c'est fiabiliser l'agir au travers de ses quatre composantes, savoir, pouvoir, vouloir, devoir. L'agir fiable en sécurité repose sur la prise de conscience de ses possibilités et limites sans méprises. La fiabilité de l'agir se vérifie tantôt sur un mode discret opération par opération, par exemple mettre son clignotant lorsqu'on déboite de sa voie dans un trafic autoroutier intense. Sinon la fiabilité de l'agir se vérifie en continu par la mémoire toujours en veille, par exemple avec la mise sous tension d'une protection anti-intrusion périmétrique, ce qui permet son contrôle en continu.

Il ne faut pas négliger le contrôle de l'émotion, qui devient nécessaire ou incontournable lorsqu'il faut faire confiance ou pour risquer d'avoir peur. Un tel contrôle doit se faire en adoucissant les brutalités de toute sorte, en un mot "discrètement", pour qu'il aît une valeur objective, écho fidèle de la subjectivité.

L'exemple suivant illustre l'intérêt technique et pédagogique de ces modes de contrôle. Soit un réacteur chimique de plusieurs m3 dans lequel est agitée une masse réactionnelle hétérogène en phases solide-liquide. Certaines réactions sont fortement exothermiques, d'autres sont productrices de produits en phase gazeuse dans des conditions de température et de pression fixées.

b) Un exemple de contrôle

Pour un programme de formation de futurs ingénieurs à la sécurité en technologie, plusieurs dispositifs ont été essayés.

- Une première disposition est de constituer un dossier d'intégration (D.I.) qui rassemblera dans les parties du programme les notes reçues ou prises et de les compléter par des réflexions personnelles condensées en fin de chapitre.
  - L'introduction de liens entre les parties et des renvois à d'autres documents ou à des expériences personnelles completera le dispositif.
  - Le (D.I.) assure une participation orale ou écrite continuelle dans les différentes étapes du programme.
  - Le contrôle continu c'est aussi un autocontrôle du progrés réalisé en revenant sur le test d'inculturation du sujet vu au début et revu à la fin.
  - Ce contrôle permet d'apprécier la continuité (ou les discontinuités) de l'engagement et de la montée du sens des responsabilités.

- Une deuxième disposition est d'évaluer la compétence dans l'utilisation de l'outil (méthode, logiciel) et la compréhension du mécanisme de sécurisation grace à l'étude d'un cas et ainsi d'apprécier l'autonomie dont l'apprenant est capable.
- Un rapport écrit, de volume fixé qui expose le travail accompli prouve cette compétence acquise en résolution de problèmes et en validation de solutions.

- Une troisième disposition consiste à vérifier l'acquisition progressive de bonnes pratiques grace aux méthodes d'évaluation de sûreté apprises. La bonne pratique avec ou sans aide est vérifiée au moins une fois.

- Un quatrième dispositif consiste en un examen final qui teste les qualités personnelles utilisables sous stress (examen). Ce sont les qualités acquises pour identifier les problèmes de sécurité, bien les poser (modélisation), puis les solutionner de façon fiable (modèle validé).

Ces dispositions dans leur ensemble devraient être capables de rendre compte avec une certaine précision et objectivité de l'état d'esprit sécurité installé et vécu chez l'apprenant ou le porteur de risques. La solidarité entre le succès de l'apprenant, de l'enseignant et du programme exprimé par un système de notation donné fournira des indices de vitalité.

"être capable", "devenir meilleur" sont des souhaits entendus à respecter ou à écouter émerger en favorisant un "faire autrement " ou un "toujours plus du même", autrement dit "optimiser ou innover".

5. Dossier d'intégration

a) En préalable posons que : SI, la sécurité est une science naissante, ALORS, il faut faire attention à "ne pas jeter le bébé avec l'eau du bain". Le dossier d'intégration (DI) ce n'est que le bain du BB.

Le (DI) est plus qu'un simple assemblage de dossiers remis au fur et à mesure. Par exemple empiler des dossiers non dégrafés dans des pochettes transparentes rassemblées dans un classeur n'est qu'un début.

Le (DI) est plus qu'un simple résumé. Il comportera aussi des documents produits par l'apprenant. Ce sont ses travaux corrigés et rendus, ou bien des documents extraits d'autres sources que celle de l'enseignant.

Le (DI) prend corps lorsque s'entame une remise en forme du contenu qui mérite sa mise en valeur. Rassembler est nécessaire, mais ne suffit pas ! Il faut assimiler, digérer c'est mieux. Donc, intégrer c'est faire un travail d'appropriation de la matière délivrée dans les différentes étapes du programme. C'est métaboliser et puis redonner sous des formes nouvelles les remarques suscitées.

Intégrer passe par :

1. couper copier coller, pour rendre facilement consultable le contenu formulé "à 2 voix" (l'apprenant et l'enseignant).

2. des commentaires, résumés, traces des questions soulevées et réponses reçues.

3. les mises en relations des parties entre elles, soit 3 x 9 = 27 possibilités différentes comme le montrent les figures. Fig. I.1, I.2, I.3 Noter que la mise en relation de la partie pratique avec la partie théorique demande plus d'efforts.

4. de nouvelles remarques qui émergeront de la révision de cette partition à 2 voix. C'est par exemple :

   - se débarasser des illusions (L'exhaustivité !)
   - rejeter les représentations erronées (Si on savait tout il n'y aurait plus de problèmes de sécurité !).

5. une présentation améliorée des informations recueillies de sorte que la consultation soit très gratifiante (rapide et simple).

b) Voici quelques exemples concrets de dépôts qui ont émergé et commencé à donner du sens aux situations rencontrées dans la construction de la sécurité ou dans sa démonstration.

1. Compléter les relations établies entre les états-activités de l'homme, avec les états-activités de la matière (voir figure 1.12) et les états-activités de la machine (voir figure 1.11). La relation peut être causale, concomitante, orientée, non-orientée, en "et", en "ou"

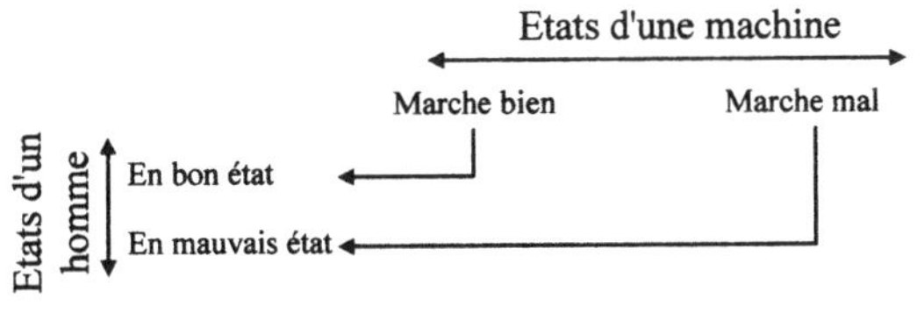

Fig. I.11 : Analogie entre états d'un homme et états d'une Machine

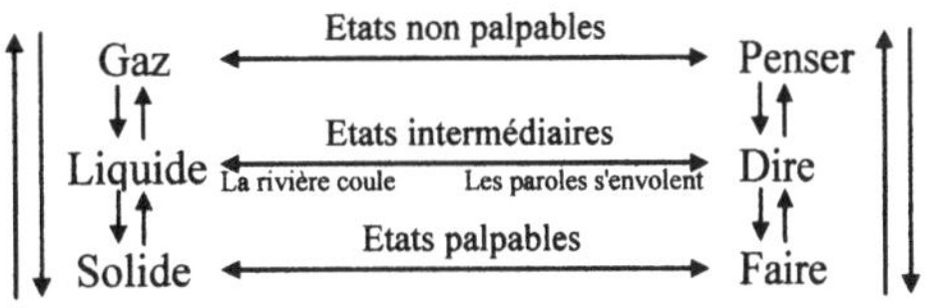

Fig. I.12 : Analogie entre états de l'Homme et états de la Matière

2. Multiplier les exemples qui illustrent ce qu'est une défaillance sûre. C'est organiser le dispositif, siège de la défaillance possible, de façon à minimiser ou annuler une conséquence fortement dommageable de la défaillance lorsqu'elle se produit. C'est le cas pour un arbre planté près d'une maison qui penche dans sa direction. Comment faire pour qu'il tombe du bon coté ?
Un deuxième exemple de ce qu'est une défaillance sûre. Avoir la possibilité de choisir une position ouverte ou fermée, en cas de défaut d'alimentation électrique, pour des électrovannes de vidanges de réacteurs en réseau dans une station d'épuration afin d'éviter une vidange intempestive d'éffluent liquide pollué en trop grande quantité dans un environnement non aménagé pour subir une telle éventualité.

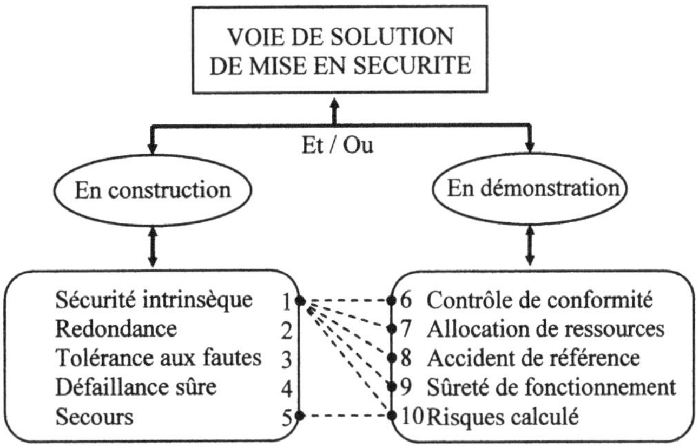

Fig. I.13 : Voie de Sécurisation

3. Tirer les conséquences du début de travail de définition. Par exemple, le sigle MTBF commun en anglais et en français veut dire en anglais "Mean Time Between Failure" et en Français "Moyenne des Temps de Bon Fonctionnement". Ces deux versions ne sont plus identiques exactement, la traduction introduit un biais nuisible à la cohérence des calculs. Le dicton : "*tradutore traditore*, traduire c'est trahir" se vérifie.

c) l'apprenant devient ainsi coauteur/coéditeur de ce qui sera finalement sa base de données relationnelle (BD). Elle facilitera une approche par l'ingénieur des dangers, de la sûreté et des risques (DÛR) initialement identifiés ou en rapport avec les développements de la technologie.

Le DI transformé en "BD-DÛR", constitue une mémoire externe faite sur mesure, des aptitudes et des compétences, initialisées dans le programme qui concerne sécurité et sécurisation, fiabilité humaine et fiabilisation. Cette BD-DÛR permet de répondre aux besoins de sûreté des professionnels dans leurs différents métiers. Elle représente un investissement qui rapportera des intérêts, si la mise en conserve a été bien faite.

Lorsque vous constituerez votre "D.I.", pensez que c'est votre BD-DÛR qui commencera à vivre. Rappellez-vous que "le sage montre la lune et le sot regarde le doigt". Et lorsque vous consulterez votre BD-DÛR souvenez vous "qu'enseigner n'est pas remplir des cruches mais allumer des feux".

Histoire du visiteur et des trois tailleurs de pierre

"Un visiteur de marque se présenta un jour à l'entrée d'un grand, passionnant et dangereux chantier de construction d'une cathédrale dont la visite lui avait été recommandée. Le chef de chantier lui faisant faire la visite l'arrêta devant un travailleur, tailleur de pierre de son état. Ils lui demandèrent "Que faites-vous, brave homme? - Je taille une pierre" répondit-il. Continuant leur périple ils rencontrèrent un second tailleur de pierre tout aussi affairé. Ils lui demandèrent "Que faites-vous? - Je monte un mur" leur fut-il répondu. Achevant leur visite ils découvrent un troisième tailleur de pierre. S'intéressant à ce qu'il faisait à l'égal des précédents, ils lui demandèrent "Que faites-vous? - Je construis une cathédrale Messire" leur répondit ce dernier".

Le (DI), dans sa phase d'élaboration en accompagnement du déroulement du programme, correspond au **carnet de route** que tient à jour l'explorateur dans son périple. C'est aussi le **carnet de bord** du marin soigneusement renseigné traversée après traversée. C'est encore le **carnet de quart** et d'entretien en salle de contrôle centralîsé décidé par le personnel de conduite et tenu fidèlement à jour et en secret. Dans sa phase d'utilisation le (DI) a un rôle de BD-DÜR qui facilitera le retour d'expérience (**REX**).

On remarque dans le rapprochement de l'histoire du visiteur et l'histoire du (DI) la similitude entre les 3 représentations mentales du tailleur et les trois regards portés sur le (DI).

Remarques de retour d'expérience sur le contrôle : La partie TP du dossier d'intégration est généralement complètement absente ou très lacunaire. Plusieurs raisons l'expliquent :

- Le manque de liens entre les notes de TP et les notes de C et de TD n'est pas com blé ;
- Les problèmes à résoudre en TP ne sont pas mis en rapport avec les problèmes évoqués en C et TD parce que insuffisamment éclairés et commentés ;
- Les solutions trouvées en TP sont souvent non validées ; les résultats de la spectroscopie des risques, appliquée au cas d'une installation de recherche travaillant avec des produits et processus dangereux ne sont pas commentés avec le recul suffisant.

La sécurisation et son enseignement demandent donc de bien distinguer pour mieux les unir entraînement et apprentissage « avec réflexion » et « compréhension ».

6. Inculturation

Au début du programme, il est instructif de s'interroger chacun et en groupe sur l'état de la question, le niveau des attentes sur le sujet "sécurité etc.". Puis, à la fin du programme, un retour aux commencements montre le chemin parcouru. Ce qui est gratifiant, tonifiant.

Voici un échantillon de huit questions succinctes qui ont été posées à l'occasion de plusieurs sessions :

1. "Comment voyez-vous au début de ce programme, la sécurité tout court ?"
2. "Comment voyez-vous au début de ce programme, la sécurité des systèmes ?"
3. "Comment voyez-vous au début de ce programme, la sécurité en génie chimique ?"
4. "Comment voyez-vous au début de ce programme, la sécurité des procédés industriels ?"
5. "Comment voyez-vous au début de ce programme, la sécurité dans l'ensemble QSE ?"
6. "Quels autres types de sécurité connaissez-vous ?"
7. "Pourquoi y a-t-il tant d'accidents ?"
8. "Que faire pour améliorer la sécurité ?"

Voici maintenant un extrait du cumul des réponses produites lors de chaque première rencontres. Celles-ci ont été récoltées, regroupées, corrigées et redistribuées à chacun. La diversité et les convergences sont surprenantes.

1. La sécurité tout court ?

1. Une qualité recherchée par tout le monde afin de vivre loin du danger,
2. Assurance de ne courir aucun danger,
3. Anticiper les dangers pour éviter les accidents (ce qui prévient pour...),
4. Des procédures et méthodes pour garantir à tous existence sans accident,
5. Par analyse préalable des risques, intégrée des la conception (est l'affaire de tous),
6. Minimiser les conséquences des accidents,
7. Vigilance et prise de conscience présentes dans tous les domaines de la vie,
8. Ne pas ressentir de dommages aux biens et aux personnes,
9. Est une science, une technique pour minimiser les accidents,
10. Barrière contre les conséquences d'un accident, ce qui diminue les risques,
11. Ce qui permet de limiter les risques liés à une activité dangereuse,
12. Quelque chose d'indispensable à la protection de l'homme et de son environnement,
13. Un critère fondamental en technologie,
14. Protection de l'homme de son environnement et de ses biens face aux dangers,
15. Ensemble des moyens qui protègent des accidents (une entité quelconque),
16. Sous-entend qu'il n'y a rien de négatif, sentiment de protection face au risque d'accident
17. Le respect de la vie,
18. Un problème de grande complexité tant les facteurs qui peuvent nuire sont nombreux et variés,
19. Une nécessité pour vivre sans inquiétude.

2. La sécurité des systèmes ?

1. Etre certain d'utiliser ces systèmes sans risque "inacceptable",
2. Permet un fonctionnement fiable et rassurant qui protège aussi l'environnement,
3. Repose sur la fiabilité des moyens de contrôle,
4. Mise en place de mesures de prévention et de protection,
5. Dégage des invariants de la complexité pour analyser prévoir anticiper les accidents,
6. Définit un ensemble de critères auxquels le système doit répondre pour être sûr,
7. Partie d'un tout parce que les conséquences d'un indésirable peuvent s'étendre,
8. Appelle des notions d'organisation pour l'évitement de dysfonctionnements dangereux,
9. Etablissement de codes règles dispositifs d'analyses, préventions et corrections,
10. Pour protéger tout un ensemble d'hommes et de matériels en activités,
11. S'inscrit dans la conception et la réalisation pour protéger l'utilisateur des dangers...

3. La sécurité en génie chimique ?

1. Composante non négligeable de l'enseignement du génie chimique parce que des petits défauts (ou incidents) peuvent provoquer de grandes catastrophes,
2. Une branche d'ingénieur très concernée à cause de la gravité "majeure" des accidents,
3. Primordiale, fait appel à des dispositifs spécifiques à l'activité chimique pour éviter des pertes,
4. Va de l'usage de gants, lunettes, casques aux soupapes, extincteurs et autres systèmes de sécurité adaptés aux activités issus de la chimie mais pas que...
5. Mesures de prévention intégrées dans les procédures qui dépendent de la dangerosité des produits réactions installations dont beaucoup d'aspects restent incontrôlés,
6. Qualité des produits processus procédés décisive pour la longévité de l'entreprise,
7. Bonne utilisation-manipulation prévue des produits dangereux,
8. Choix des zones de conduite des réactions tenant compte des dangers correspondants.

4. La sécurité des procédés industriels ?

1. C'est une nécessité (=par obligation légale) d'étudier (notamment afin de minimiser...) tous les cas de risques pour le personnel et l'environnement,
2. Eviter les accidents des opérateurs à leurs postes de travail par des mesures préventives (équipements de sécurité),
3. Pour que les procédés industriels fonctionnent sans dangers inacceptables (c'est à dire, que les défaillances ne provoquent pas d'accident grave),
4. Interfère avec l'importance économique de la productivité,
5. Pour éviter les grandes catastrophes, intervient des niveaux conception à utilisation,
6. Passe par la mise au point de procédés fiables (détermination des conditions de bon fonctionnement et de contrôle des dysfonctionnements),
7. Une obligation pour l'ingénieur d'intégrer à la conception les préoccupations de sûreté en utilisation,
8. Prévention des accidents ayant pour victimes l'homme, ses biens et leur environnement
9. Evolue avec l'expérience, les connaissances, les innovations.

5. La sécurité dans l'ensemble "Qualité Sécurité Environnement" ?

1. Une même démarche de préservation (réglementant) des produits de la vie de la nature
2. Font appel à une méthodologie commune (à la fois objectifs critères contraintes),
3. Sécurité comme qualité et environnement sont liés, à un même niveau, en charnières avec...
4. Provoquent prise de conscience commune des améliorations transversales nécessaires,
5. Respects différents des mêmes valeurs : préventions des dommages affectant ...
6. Forment un tout professionnel pluridisciplinaire indissociable,
7. Concernent les procédés industriels et spécifiquement ceux produits par le génie chimique,
8. Pour un travail en toute sécurité qui minimise les accidents nuisibles à l'environnement et qui fournit des produits ou des services de qualité.

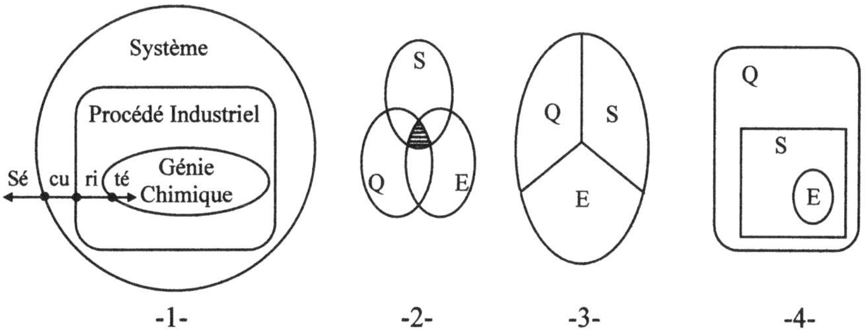

Fig. I.14 : Exemples de rapports entre Qualité Sécurité Environnement

6. Quels autres types de sécurité connaissez-vous?

1. sécurité affective
2. sécurité alimentaire
3. sécurité électrique
4. sécurité informatique
5. sécurité routière
6. sécurité sportive
7. sécurité civile
8. sécurité domestique
9. sécurité de l'emploi
10. sécurité nationale
11. sécurité sociale

7. Pourquoi y a-t-il tant d'accidents ?

1. Le facteur humain est difficile à cerner : l'erreur, la négligence, les mauvaises habitudes, la méconnaissance des dangers, ne pas faire assez attention, le manque de vigilance, une mauvaise ou manque de communication, un mauvais suivi des procédures, le non respect,
2. La défaillance des systèmes, un manque de budget, des combinaisons inattendues de facteurs imprévus,
3. L'étude des risques d'accident n'est pas assez approfondie, on ne tire pas de bonnes leçons des accidents,
4. Impossibilité de prévoir toutes les causes d'accident, surprise déroutante de l'imprévu,
5. Trop d'exigences insurmontables, par exemple : aller trop vite, trop réduire les coûts,
6. A cause de problèmes organisationnels.

8. Que faire pour améliorer la sécurité ?

1. Formation, informer. Exemple : connaître l'utilisation des outils, savoir s'il y a des projections de matières, transmettre l'expérience, comparer le coût de la non-sécurité et de la sécurité,
2. Etudier les accidents pour en déduire les causes et tout faire pour qu'ils ne se reproduisent pas, par des simulations,
3. Discuter des dangers avec les opérateurs, sensibiliser, faire prendre conscience de,
4. Contrôles et révisions fréquentes,
5. Optimiser les systèmes de contrôle, limiter informatisation et robotisation,
6. Améliorer les échanges entre cadres techniciens ouvriers,
7. Identifier rigoureusement et systématiquement les risques,
8. Se remettre en cause, écouter les autres, responsabiliser chacun,
9. Retour d'expérience,
10. Moyens adéquats. Exemple : aide pour la mise en sécurité d'installations dangereuses.

En conclusion, cet extrait des réponses accumulées par les promotions successives n'est pas fermé, ni parfait. Aucune de ces réponses n'est ni tout à fait vraie, ni vraiment fausse. Quasiment chacune comporte de l'imprécision, de la subjectivité à un certain degré de vérité. Mais est-ce un défaut à éliminer ? non ! Une propriété intrinsèque du sujet incontournable à respecter ? oui ! ou bien une qualité de grande valeur à privilégier ? peut être ! La forme domine le fond au début de l'enseignement. Il y a beaucoup de bons sens, mais qui part dans tous les sens comme la diversité des réponses le montre.

Le test d'entrée en matière est une précaution initiale. Les réponses mises en relations peuvent être structurées en différents sous-ensembles possibles qui prennent un sens nouveau. La mise en commun des évidences contribue à la compréhension partagée du sujet. La sécurité passe par la culture du bon sens, mais cela ne suffit pas pour qu'elle progresse.

7. Ressources bibliographiques

Les ressources bibliographiques proposées sont à compléter tout au long du programme, chapitre après chapitre, dans chaque partie, pour la Problématique, la Méthodologie et la validation des solutions.

Dans la première étape "problématique" on recense 3 catégories de problèmes :

- les problèmes de physique de l'indésirable , de l'endommagement, des dangers. Par exemple, connaître les valeurs critiques des grandeurs électriques dangereuses pour l'homme patient au bloc opératoire. Connaître les grandeurs influençantes des limites d'inflammabilité des gaz et vapeurs pur ou en mélange.

-les problèmes de mathématiques de la sûreté de fonctionnement. Par exemple calculer les fonctions de structure qui pondérent le poids de la bonne marche d'un système technique en fonction des états de ses composants. Connaître la fréquence des pannes d'une famille d'équipements mécaniques et sa variation en fonction de plusieurs critères.

- les problèmes d'économie-politique des risques de pertes (ou de bénéfices) selon les stratégies les cultures et sociétés. Par exemple comparer les risques d'accidents mortels selon les professions pour affecter des droits et devoirs justes. Calculer l'espérance de vie perdue des accidents de la route et des accidents de transport aérien.

Ces ressources, répondent à des besoins différents et sont des qualités différentes. Nous distinguerons :

1. Manuels. disponibles en plusieurs exemplaires en bibliothèque.
2. Thèses. par lesquelles il a été apporté une contribution notable à la compréhension de la sécurité. Il y a différents niveaux d'engagements du chercheur et de son milieu porteur.
3. Revues scientifiques et revues professionnelles. Elles privilégient un point de vue ou un autre, tantôt disciplinaire tantôt économiquement utile.
4. Ouvrages remarquables. Ce sont soit des livres à un ou plusieurs auteurs, soit des actes de rencontres de divers types (colloques, séminaires, congrès, etc.) et d'ampleurs très différentes (locales, internationales).
5. Autres Sources et Références. Editrices à des titres divers. Ce sont les Académies, Administrations, Associations, Centres de compétences. Commissions, Écoles, Instituts, Sociétés, et autres Groupes Réseaux et Organismes.

Il est important, le sujet le mérite, d'avoir une appréciation, même vague des qualités et des défauts de l'information consultable. Par exemple :
- document de propagande d'une marque
- document d'enseignement de pédagogie remarquable
- document d'actualité très fouillé.

Chapitre II – Notions de sécurité et de fiabilité

Ce chapitre a pour objectifs d'apporter, de poser et d'installer les premières définitions dont la science de la sécurité et de la fiabilité a besoin pour être appréhendée et progresser ainsi que de donner accès par une première approche, à une première redécouverte de l' « état d'esprit Sécurité ».

1. Définitions initiales provisoires

Pour répondre à un besoin évident que chacun peut éprouver lors de la première approche d'un domaine qu'il ne connaît que peu voir même pas du tout, il est bon de fournir et de constituer dans un premier temps un fond commun d'évidence entre l'enseignant (ou le support d'enseignement) et celui qui apprend. Ce fond commun d'évidence est notamment constitué de définitions simplifiées et faciles à mémoriser (mais néanmoins incomplètes et imparfaites) telles que les sept suivantes :

1. Système : C'est un ensemble d'éléments (matériel, organisationnel, logiciel, humain) en interrelations organisé en vue d'accomplir une mission dans un environnement spécifique. Le bébé qui vient de naître peut être vu comme un système. Sa sécurité est importante, elle compte.

2. Sécurité : C'est l'absence de danger, c'est à dire l'absence de circonstances susceptibles d'occasionner soit accident ou mort, soit dégradation ou perte de biens.
Remarque : en anglais, il y a deux termes pour sécurité :
<u>Safety</u> : études de sécurité pour pallier les accidents involontaires par défaillance technique (sécurité électrique, sécurité du travail) ;
<u>Security</u> : études menées afin de faire face aux accidents ou nuisances provoqués (sécurité de l'état, sécurité d'intrusion) volontairement.

3. Danger : Il est communément appelé « facteur potentiel d'accident » dans le domaine de la sécurité. Toute situation de dangers est repérable par un répertoire d'événements redoutés par leurs conséquences, susceptibles d'être provoqués par le système et/ou son environnement.

4. Accident : Suite d'événements, parfois qualifiés d'incidents, de défauts ou défaillances, ni planifiés ni désirés, conduisant un système dans un état final dégradé. L'accident apparaît comme un "malheureux concours de circonstances".

5. Défaillance : C'est la cessation pour un élément du système de son aptitude à accomplir la fonction exigée de lui. Elle peut s'étendre à tout le système.

6. Fiabilité : C'est l'aptitude d'une entité à fonctionner de manière satisfaisante et/ou à accomplir sa vocation. L'élément humain du système se sentira d'autant plus en sécurité qu'il pourra compter sur du matériel fiable.

7. Risque : Réponse humaine à la supposition d'un danger, perçu ou crû, à partir d'un phénomène réel. Toute activité comportant un danger pour l'Homme représente pour cet Homme un risque à prendre ou à laisser.

2. Les sujets de la sécurité

Les sujets d'étude de la sécurité sont liés à trois domaines concrets constitutifs du système : la matière et matériel (sécurité technique), l'environnement naturel et organisationnel (sécurité environnementale) et l'Homme seul ou en groupe (la sécurité humaine). Afin de sécuriser ces domaines, il faut en découvrir les problèmes, mettre au point des méthodes pour trouver des solutions à ces problèmes.

Le vif du sujet est la remise en question du système dans son bon fonctionnement et dans ses conditions d'existence satisfaisante.

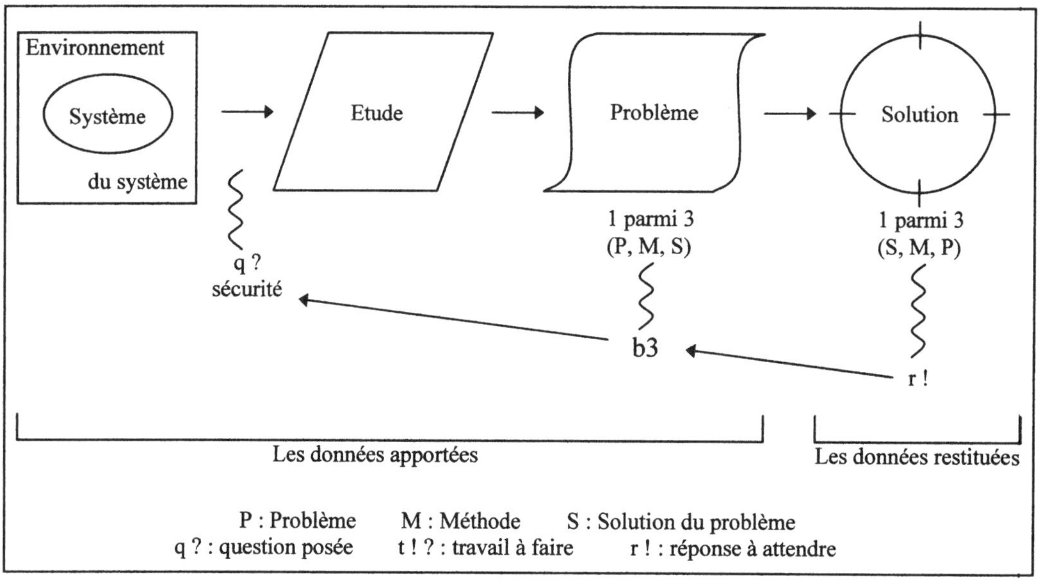

Fig. II.1 : Le vif du sujet ou la "remise en question"

Commentaire de la figure II.1 à partir d'un exemple

Soit un système donné dans son environnement spécifique. Par exemple, une usine de production d'eau potable à partir de l'eau pompée dans un fleuve (la station de pompage d'exhaure), la traitant par tranche entièrement doublée, pour la distribuer (la station de refoulement) aux usagers raccordés sur son réseau de distribution. L'ensemble est organisé avec la précaution essentielle de disposer de réserves bien configurées et bien placées (réservoir tampon).

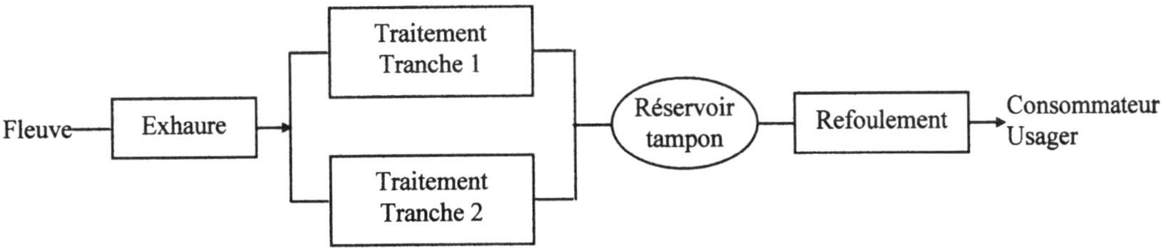

Fig. II.2 : Schéma simplifié d'une usine de production d'eau potable à partir de l'eau pompée dans un fleuve

Le questionnement sur la sécurité du tout[4] déclenche un processus de questionnement (plus ou moins) perturbateur qui est à étudier. L'étude pose des problèmes qui engagent tout l'homme notamment pour les questions sans réponses immédiates satisfaisantes. Tant que les solutions aux problèmes se font attendre, les données nécessaires ne sont pas apportées ou pas traitées, certaines questions restent sans réponses (les données suffisantes ne sont pas restituées).

2.1. Rechercher les problèmes

- Les problèmes rencontrés peuvent être classés par domaines concrets partitionnant le système, comme évoqué précédemment.

- Ils peuvent encore être classés par types de disciplines engagées dans l'étude. Les problèmes peuvent être :
  - Physiques : découverte des dangers liés à des phénomènes physiques sources de pertes, de dommages par accidents au sens de conséquences indésirables palpables (exemple : quelle quantité de chlore faut-il pour désinfecter l'eau avant sa distribution ?) ;
  - Mathématiques : prédiction du futur à partir du présent en s'intéressant au passé (exemple : quelle est la probabilité de panne de l'alimentation électrique ?) ;
  - Managériaux : acceptabilité politique et/ou économique du coût des dommages, donc prise de décision en tenant compte des pertes éventuelles (exemple : Comment répartir les réserves d'eau entre le site de production et le réseau de distribution ?).

- Les problèmes de sécurité peuvent aussi être classés par types de raisonnement employé pour étudier et travailler les sujets. Selon le type de demande (le questionnement de la sécurité touche soit la solution existante soit la méthode employée soit le problème initiateur), le positionnement de l'inconnue change et le type d'étude aussi. Voir le tableau II.1.

[4] *Le tout est indépendant du fait que ce soit un ensemble ou un système ou un réseau*

Tab. II.1 : Postures d'interventions

Soient le Problème P, la Méthode M de résolution, la Solution S à valider			
La demande est	L'étude est un travail de	L'inconnue est	La formule est
Valider la solution S trouvée	RESOLUTION	[P]→[M]→[S ?]	S (P , M) = ?
Trouver la Méthode de résolution M	METHODOLOGIE	[P]→[M ?]→[S]	M (S , P) = ?
Connaître quel est le problème P	PROBLEMATIQUE	[P ?]→[M]→[S]	P (M , S) = ?

2.2. Trouver les solutions

Les solutions de sécurité trouvées sont de deux types :
- Les solutions qui construisent la sécurité,
- Les solutions qui démontrent la sécurité.

Ces solutions se regroupent en famille de cas qui flèchent différentes voies de solutions capables de sécuriser un système donné. Elle peuvent et même devraient se combiner 2 à 2 ou plus encore.

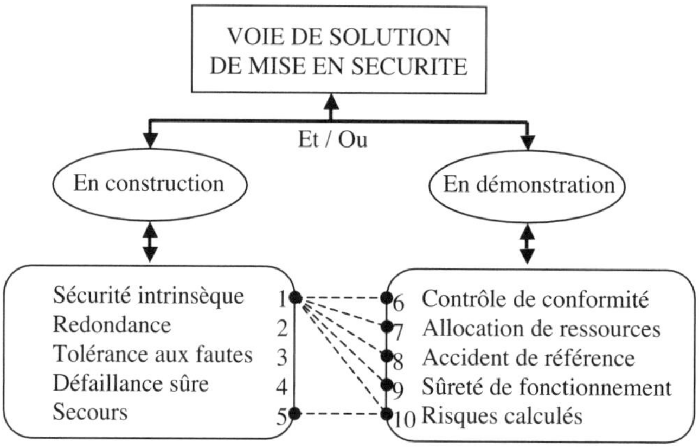

Fig. II.3 : Voies de sécurisation partiellement éclairées par des exemples

1. <u>Sécurité intrinsèque</u> : c'est à dire intégrée, structurelle, inhérente, primaire, interne. Par exemple, trop fort n'a jamais manqué ; un homme averti en vaut deux. En mécanique, le coefficient de sécurité > 1 renforçant la résistance du matériau par surdimensionnement de la pièce incriminée. La sécurité intrinsèque peut être active (par exemple le refroidissement forcé d'un moteur) ou passive (par convection naturelle).

2. Redondance : c'est à dire multiplication ou répétition du service rendu par un seul qui est doublé, triplé ou plus ; a l'apparence du superflu ; évite les inconvénients de la défaillance unique (single failure). Par exemple c'est quand on admet qu'on a souvent besoin d'un plus petit que soi, ou bien admettre qu'il n'est pas bon que l'homme soit seul. C'est par exemple, le doublement d'un réacteur chimique dans une ligne de production pour améliorer la disponibilité ou la productivité.

3. Tolérance aux fautes : qui valide une démarche d'essai-erreur. Par exemple en informatique la capacité pour l'ordinateur de supporter une défaillance de mémoire sans pour autant tomber en panne. C'est encore admettre que l'erreur est humaine ou bien que le "je sais que je ne sais rien" Socratique reste quand même une valeur sûre.

4. Défaillance sûre: veut dire que même la survenue de la défaillance évite ce que l'on craint. C'est à dire que l'état défaillant n'est pas défavorable. Disposition dite "fail-safe failure" qui s'oppose à celle dite "fail-dangerous failure". Par exemple, un ballon dirigeable gonflé à l'hélium plutôt qu'à l'hydrogène ; coupure naturelle automatique de l'injection de combustible dans une chaudière en cas d'extinction de flamme au nez du brûleur.

5. Secours : voie de sécurisation "ultime" très sensible dans l'urgence. C'est l'issue de secours, c'est le canot de sauvetage, c'est l'extincteur, c'est la 5ème roue de l'auto, c'est l'appel SOS. C'est la voie privilégiée et valorisante du sauvetage, lorsque l'insupportable (l'accident) a eu lieu.

6. Contrôle de conformité : passe par l'audit ; le référencement à la norme ; positionne par rapport à du connu imposable. C'est par exemple, l'examen attentif du bon état d'une pièce en sortie de fabrication, la visite de réception d'une installation, pour qu'elle soit réputée capable de tenir ses engagements définis contractuellement dans le respect des lois qui s'appliquent au cas présenté.

7. Allocation de ressources : réserve de moyens prévus par rapport à la fin prévue ; choix de conception qui démontre que la distribution est la répartition "ad hoc" des capacités entre les parties du tout. C'est ne pas mettre tous ses oeufs dans le même panier. Par exemple, l'allocation des fiabilités prévisionnelles aux différentes parties du programme de développement de la conquête spatiale.

8. Accident de référence : c'est le bateau qui coule, l'avion qui tombe, le réservoir sous pression qui explose le contenu qui fuit du contenant, c'est l'exemple témoin de l'irrémédiable, comme le talon d'Achille illustre le point faible radical du système. C'est aussi le scénario modèle pour l'homologation du système nouveau jusqu'alors inconnu de la loi. Par exemple, les trois barrières de confinement de la radioactivité en centrale nucléaire.

9. Sûreté : c'est la démonstration des chances que le système a d'occuper un état ou ensemble d'états dits "sûrs" selon différents critères forcément complémentaires. Démonstration qui est normalement vérifiable au travers du temps à venir (sûreté prévisionnelle), du temps présent (sûreté estimée) ou du temps passé (sûreté opérationnelle) ; a valeur de pronostic plutôt que de diagnostic. Voie qui vérifie l'expression "il vaut mieux se savoir en danger que se croire en sécurité" mais dont la portée est limitée selon la célèbre réponse à la question "Es-tu en état de sécurité ?" - "Si j'y suis qu'on m'y garde, si je n'y suis pas qu'on m'y mette !"

10. Risques calculés : voie de démonstration abstraite par le calcul d'espérances à niveaux de confiance choisis ; c'est à dire probabilités de récupérer des gains (pour un temps donné de bon fonctionnement par exemple) ou d'essuyer des pertes éventuelles (suite par exemple à l'occurrence d'une panne ou d'un accident) ; c'est la notion raisonnable de pari ou de jeu qui se profile. Cette voie amène à la préconisation et la résolution de prendre des précautions. Par exemple, apporte une aide au choix politique de la voie préférable pour le transport de substance dangereuse par terre ou par mer ou autre (Programme de recherches européen du Joint Research Center de la C.E.E.). Ou bien va aider au choix d'aménagements de sites industriels en zones urbanisées (Cas d'un ensemble d'études, dites de "Canvey Island" en U.K. ou de Rijnmond en Hollande [RIJN 82], [LAGA 79]).

Les deux fonctions d'alarme-alerte qui sont présentes aux interfaces de ces voies de solutions jouent un rôle essentiel dans la mise en sécurité.

2.3. Entre les deux

Mais la sécurité ne dépend pas que du fait que son problème soit bien posé et que sa solution soit bien validée, elle dépend aussi des méthodes choisies, définies ou mises au point et du fait que celles-ci sont bien appliquées, afin de construire et/ou démontrer la sécurité. Chercher la solution du problème posé par la sécurité jusqu'à ce qu'elle soit trouvée ne suffit pas pour satisfaire un besoin de sécurité qui est in(dé)fini. De même qu'entre problème et solution accomplis se loge l'intervalle du faire méthodiquement, de même entre question et réponse émises et reçues se rencontre l'intervalle fugitif de l'écoute du dire.

D'où l'importance déjà simplement, de bien dire ce que l'on va faire et faire ce qu'on a dit et de répéter recommencer puis vérifier en cas de manquement intempestif (par négation, non confirmation, etc.), parce que la complexité du réel oblige à ne pas se cantonner seulement dans la simplicité primitive.

La figure II.4 illustre bien ce que l'entre deux veut dire.

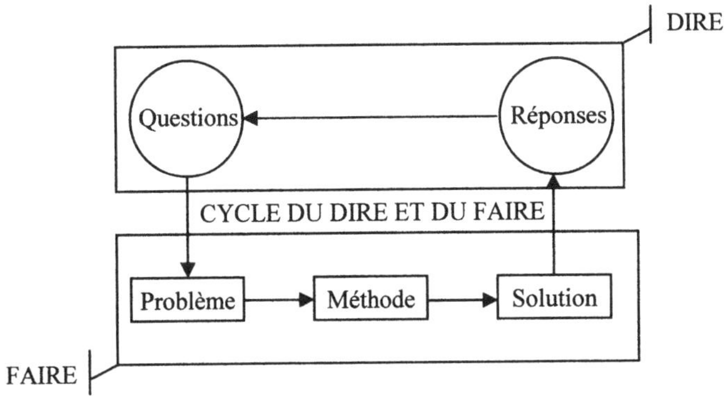

Fig. II.4 : Cycle du dire et du faire

Par exemple, comment sécuriser un réacteur chimique de 2000[l] en acier émaillé dans lequel sont conduites en "semi batch" des réactions exothermiques productrices de gaz. Un de ses problèmes est l'explosion, notamment par emballement thermique non maîtrisé si sa sécurité repose sur la mesure de la température du milieu réactionnel, ce qui est logiquement déterminant. La préconisation sera de fiabiliser l'acquisition d'une température de grande précision et le bon dimensionnement d'une soupape. Or, l'emballement et donc l'explosion peuvent aussi être déclenchés à température bien en dessous de la température nominale de réaction, par distribution hétérogène du mélange et/ou de températures inégales dans l'enceinte suite par exemple à un arrêt prématuré ou à une interruption de l'agitation sans arrêt immédiat d'introduction de réactif ou sans adaptation du régime de caloporteur pour le maintien d'un refroidissement suffisant. Donc la méthode de mise en sécurité ne doit pas passer que par une bonne température fiable mais aussi par la maîtrise efficace d'un bon bilan énergétique, validé au cours du temps, à partir des débits des réactifs entrant et des débits et températures du caloporteur. Cela permet de contrôler le danger d'une accumulation insidieuse de réactifs non consommés et donc d'un excès de puissance potentiel. Emerge à l'horizon de l'entre deux, l'importante constante de temps d'un phénomène.

2.4. Conclusion

Dans les trois cas de remise en question de la sécurité évoqué précédemment, les études emploient différents types de raisonnements en mettant en rapports et pour les travailler différentes associations, dont les couples suivants (d'après la Fig. II.4) :

...,[q,p]...,[p,m]...,[m,s]...,[s,r]...,[r,q]...

Transversalement à ces sujets d'étude type, on retiendra :

- D'une part l'innovation de deux démarches d'acquisitions de données concrètes qui permettent le chiffrage de la sécurité, ce sont :
- les essais de fiabilité ;
- les plans d'expériences.

Voir à ce propos : [AFNO86, UTE C 20-321 essais de fiabilité p.94 à 129 ; X 06 521 §6 p.244 à 257], [KLETZ94, introduction], [LIGE84], [PICO92, chap2], [VIGI81], [VILL88, chap. 1, 2, 3 analyse prévisionnelle], [WANN 69, I.5.6 utilisation des probabilités], [WELL 96, préface].

- D'autre part que plusieurs formes de raisonnements conviennent dans de telles études. On a déjà signalé les raisonnements déductif et inductif, voyons maintenant le raisonnement par analogie et sa très grande importance dans les études de la sécurité.

3. Le raisonnement par analogie

3.1. Définition de "analogie"

Une analogie est :
1. un rapport de vraisemblance que présentent deux ou plusieurs choses ;
2. une apparition de nouvelles formes à partir de correspondances qui existent entre des termes d'une même classe.

Par exemple on dira : "le niveau de sécurité par rapport à l'explosion est de tant...", c'est un jugement de valeur sur l'état de la situation vraisemblablement apprécié ou mesuré de préférence en rapport avec un niveau de température et un niveau de puissance de refroidissement.

A la première définition correspond la question suivante (q1) :
↳Dans quel état est la sécurité de ... ?
A la deuxième définition correspond la question antagoniste (q2) :
↳Quel changement d'état de la sécurité est probable ou pos sible ou vraisemblable ou seulement imaginable ?

Une réponse (r1) à q1 est donnée par :
↳ Une fonction de structure $\phi(X) = \phi(x_1,x_2,\ldots,x_n)$.
Une réponse (r2) à q2 est donnée par :
↳ Une fonction indicatrice d'évènement : $\Psi(Y)=\Psi(y_1,y_2,\ldots,y_n)$.

Au couple (q1-r1), correspond par exemple d'une part la question " Dans quel état est la sécurité du système technique formé autour du réacteur chimique de 2000 [l], tel qu'il est signalé dans le §II.2.3 ? Et il y correspond d'autre part la réponse " L'état de la sécurité du système dépend d'un ensemble de situations concrètes combinant l'état du produit tiré du réactif avec l'état du processus mis en jeu par la réaction et avec l'état du procédé dont le réacteur n'est qu'une partie. Ou bien autre exemple, dans quel état est la sécurité de l'environnement E du système évoqué dans les figures II.1 et II.2 du §II.2, dans lequel par exemple on rencontre la matière H_2O qui change de nom selon qu'elle se présente sous forme de solide, de liquide ou de gaz comme le laisse entendre la Fig. II.6. Ou bien encore, troisième exemple, dans quel état est la sécurité de l'homme H, par exemple lorsqu'il fait quelque chose en tant qu'opérateur, lorsqu'il dit quelque chose en tant qu'observateur et lorsqu'il pense quelque chose en tant que gestionnaire.

A ces mêmes situations concrètes peut s'appliquer aussi le couple (q2?-r2!).

3.2. Quelques exemples

Analogie 1

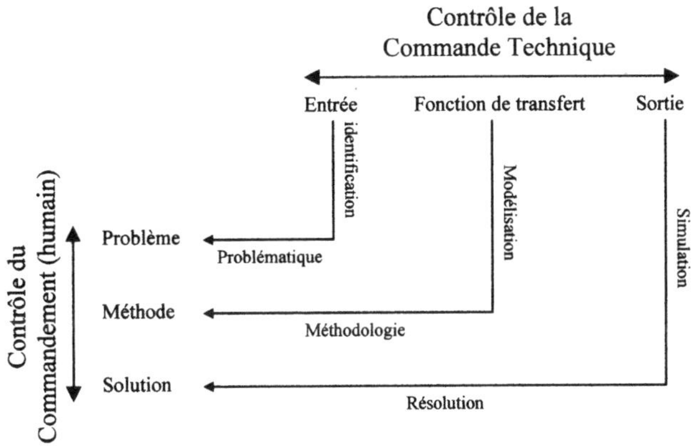

Fig. II.5 : Analogie entre contrôle du commandement humain et de la commande technique

Il est intéressant pour étudier la sécurité d'utiliser le rapport de vraisemblance que l'on peut admettre (jusqu'à un certain point) entre l'usage de la commande technique d'un système matériel régulé (la chose 1) et le contrôle, au sens de maîtrise, du commandement humain intégré dans une organisation donnée. (L'humain est réduit à l'exécution d'un geste ou d'une parole qui l'assimile à la chose 2.)

La fonction de transfert "de la chose 1" est un modèle mathématique de comportement observable et mesurable extérieurement aux niveaux de ses entrées-sorties. C'est donc avec une certaine méthode comme celle qui permet au système matériel d'exécuter la commande qu'il reçoit, que l'homme de son coté est capable d'apporter une solution à un problème qui se présente qui lui est passé en commande.

La sécurité, de chaque chose et des deux réunies, pourra être remise en cause, notamment par une entrée intempestive dans la commande technique ou par une reformulation inadaptée du problème posé.

Analogie 2

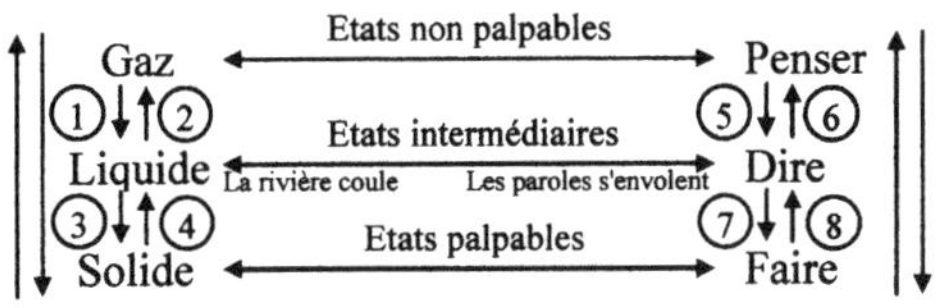

Fig. II.6 : Analogie entre les états de la Matière et les états de l'Homme

Tab. II.2 : Etats Thermodynamiques et états de l'Homme

En thermodynamique :	Chez l'Homme :
- Les transitions suivantes se font très facilement ① Condensation ; Evaporation ② ③ Solidification ; Liquéfaction ④ - Les transitions suivantes ne sont pas habituelles Sublimation	- Les transitions suivantes sont recommandées Penser vers Dire ; Dire vers Penser Dire vers Faire ; Faire vers Dire - Les transitions suivantes ne sont pas recommandées Penser (vers) Faire ; Faire (vers) Penser

C'est par des échanges d'énergies dans des conditions particulières que la matière change d'état (observable par exemple par des changements de sa température : si la température change, H_2O peut devenir solide, liquide ou gazeuse et changer de nom mais pas d'identité). De même c'est par des échanges (d'énergies d'un autre type) qu'un homme passe radicalement d'un état à un autre (par exemple lorsqu'il pense, dit ou fait, dit ce qu'il pense ou pense ce qu'il dit, etc.). Tous les systèmes que l'on rencontre dans l'industrie et même plus largement composent toujours une partie matière avec une partie homme. La sécurité du système qu'ils forment ensembles définit un état du tout qui dépend de l'état des parties. Il y a bien mise en rapport par analogie de l'état humain avec l'état matériel.

Analogie 3

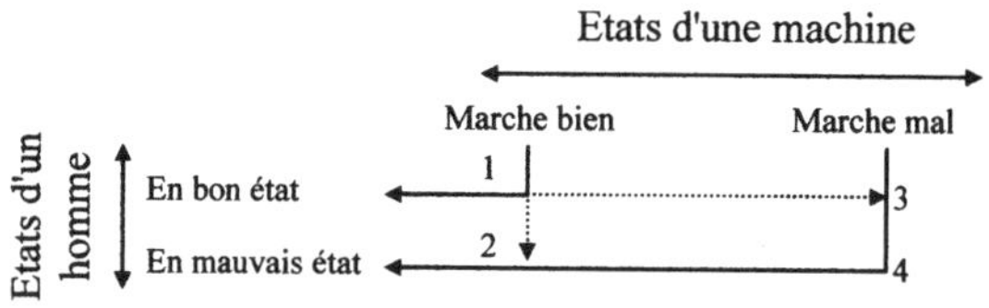

Fig. II.7 : Analogie entre états d'un Homme et états d'une machine

La sécurité, d'un homme en bon état qui conduit une machine qui marche bien (1), change si l'homme n'est plus en bon état (2) ou si la machine marche mal (3). C'est par exemple le cas d'un opérateur qui se met à "rêvasser" aux commandes d'un procédé. Différents types de mises en rapports peuvent exister entre les deux : rapport de coïncidence (l'homme est en bon état ET la machine marche mal (3)), rapport de causalité (l'homme en mauvais état est cause que la machine marche mal (4)). La variété de ces possibles est infinie. On parle de malheureux ou d'heureux concours de circonstances

3.3. Intérêt du raisonnement par analogie pour l'étude de la sécurité

Un système rassemblant des éléments de nature différente, poser que l'état du système est défini par les états des éléments (matière, matériel, homme) qui le composent, c'est entrer inévitablement dans le raisonnement par analogie.

Ce type de raisonnement présente l'intérêt d'alimenter l'unité du système dont dépend sa sécurité et d'ouvrir d'immenses possibilités de calculs mais présente en contrepartie l'inconvénient de la brouiller par les métaphores[5] qu'il provoque.

Dans un raisonnement on manipule des concepts pour passer d'un domaine à l'autre, d'un phénomène à l'autre, d'une représentation à l'autre, pour entrer dans plus de compréhension des passages.

4. Questions à se poser en matière de sécurité – Concepts pratiques

Les raisonnements, qui permettent de construire et démontrer la sécurité de n'importe quel système, manipulent des concepts qui doivent rester compréhensibles en toutes circonstances donc dans chaque cas particulier. Sinon la sécurité peut se perdre facilement, accidentellement, dans un "malheureux concours de circonstances".

En posant qu'un problème est un système de questions, répondre aux questions concernant la sécurité c'est de ce fait solutionner les problèmes que déclenche la demande de sécurité, en se servant adéquatement des raisonnements fondamentaux précédemment évoqués quel que soit le système à sécuriser et le problème de sécurité posé.

Examinons la suite des sept questions très simples suivantes que l'on rencontre en toutes circonstances, auxquelles il convient de répondre adéquatement pour les neutraliser sinon elles feront "problème".

Question 1 : Qu’est-ce que la sécurité ?
Un état perçu ;
Un sentiment compris ;
Une situation traitée ;
Une condition définie ;
Une organisation prévue.
Exemples :
- Au pupitre dans la salle de contrôle centralisé tous les indicateurs de marche du procédé sont "ok" (il y a ni alarme ni dérangement) ;
- La sécurité civile confiée aux pompiers sous la tutelle du ministère de l'intérieur.

Question 2 : Qu’est-ce que n’est pas la sécurité ?
Un danger ou une menace ;
Un potentiel de perte ;
Un doute ;
Un souci ;
Un dommage.
Exemples :
- Une route en mauvais état sans signalement ;
- Remplissage d'un réservoir sans contrôle du niveau ;

[5] La métaphore est un procédé par lequel on transporte la signification propre d'un mot à une autre signification qui ne lui convient qu'en vertu d'une comparaison sous-entendue (du sens propre au sens figuré). Par exemple, la lumière de l'esprit, brûler de désir etc. et que faire en cas de panne !

Question 3 : Comment quantifier la sécurité ?

- Par des mesures d'intensité du danger en spécifiant la nature des dangers. Mais avec quelle échelle, quelle unité de mesure, quels seuils à ne pas dépasser et quelles règles de calculs ?

Exemples :

- L'échelle de Richter pour mesurer l'intensité sismique graduée de 1 à 9 ;
- L'échelle Beaufort codée de 0 à 12 degrés correspondant à une vitesse du vent allant de <1km/h à >117 Km/h ;

- Par des mesures de fréquences ou de variations de fréquences d'occurrence d'événements, en spécifiant la nature des événements comptabilisés.

Exemples :

- Le "FAFR" (fatal accident frequency rate), c'est à dire le taux de fréquence d'accident mortel pour la mesure des risques d'accident du travail dans l'industrie anglaise, (on relèvera le caractère ambigu de l'expression "taux de fréquence") ;
- Bien connu en matière d'accident du travail, le taux de fréquence d'accident qui est calculé par le rapport du nombre d'accidents au produit des effectifs multipliés par le nombre d'heures travaillées multiplié par 10^6.

Question 4 : La sécurité de qui ?
De "la personne", par ce qui compromet sa vie, son activité, son identité, son image...

Exemples :

- Lors d'une intervention sur un incendie, quel que soit le type de bâtiment sinistré, la première mission du pompier est de sauver les vies humaines et de se protéger luimême ;
- Dans une usine ce sera l'opérateur au poste de commande d'une machine dangereuse ou bien ce sera l'ensemble du personnel occupant permanent ou occasionnel du site, qu'il convient de protéger ou de secourir.

Question 5 : La sécurité de quoi ?
D'"un bien" matériel, par ce qui le dévalorise, l'endommage de façon vitale. Ce sera la sécurité du bris de machines, la sécurité du transport de fret, la sécurité informatique, les dégâts des eaux etc.

Exemple :
Dans un accident de voiture, l'assureur dédommage (la perte de valeur) selon divers critères.

Question 6 : Quel système ?

La notion de système implique celle de frontière entre le "dedans", ce qui appartient au système et ce qui ne lui appartient pas "son dehors" dit "environnement"). Sans frontière, sans seuil, le problème de sécurité quantifiée n'est plus soluble. "Quand on dépasse les bornes, il n'y a plus de limites."

La définition du système par sa mission est partielle et elle doit se préciser et se compléter par la notion de projet, lequel est défini comme un ensemble d'objectifs de critères et de contraintes en interdépendance, organisé par l'homme, pour lui et/ou d'autre.

La reconnaissance du système ainsi défini permet de le qualifier ou de le disqualifier d'après son état, son "niveau" de sécurité.

Les définitions précédentes n'identifient pas complètement le système et donc reconnaître son type est déterminant pour l'étude de sa sécurité.

Question 7 : Quelles exigences ?
La sécurité apparaît comme une contrainte (devoir faire face à l'indésirable) qui devient un critère (volonté de satisfaire telle qualité désirable) qui devient un objectif (imposé ou choisi). Le niveau d'exigence à satisfaire dans chaque cas dépend essentiellement de l'esprit des lois règles et normes qui s'appliquent au système ;
La sécurité envisagée sera qualifiée par la mise en œuvre rigoureuse de méthodes pour réduire, éliminer, éviter, transformer les pertes et les manques.

Exemple :
L'activité industrielle de lavage de la laine de moutons produit des effluents liquides pollués et très polluant s'ils étaient rejetés dans l'environnement, ce que la réglementation interdit. Il convient donc de dépolluer ces effluents. La sécurité de l'environnement, la sécurité des procédés de lavage et la sécurité des procédés de dépollution sont des enjeux interdépendants. Comme l'exige la rentabilité, une partie des résidus obtenus aux différents étages de l'épuration est valorisable. C'est le cas avec la "lanoline" extraite des huiles recueillies en sortie de traitement intermédiaire. C'est aussi le cas avec les cendres en sortie de pyrolyse des boues en fin de traitement. En effet, ces cendres pourront être un constituant de remblais routier.

En résumé :
L'immensité des domaines auxquels s'applique la sécurité est telle qu'il est souhaitable de les partitionner pour espérer faire face de façon satisfaisante globalement et localement.
Voilà pourquoi, comme le montre l'expérience, il se révèle utile de distinguer dans la sécurité le domaine de définition et le domaine de mesure. Voir la figure 2.8

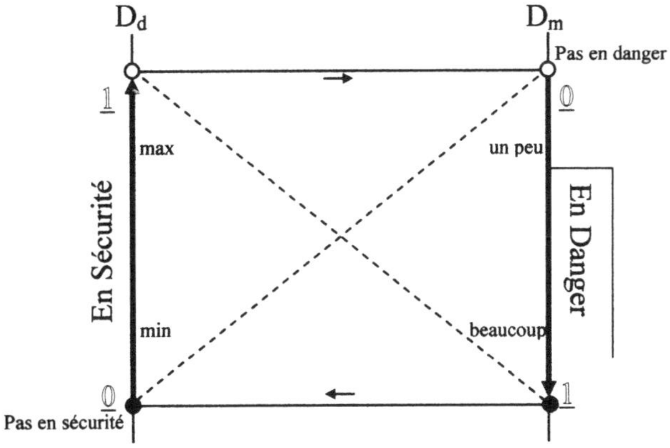

Fig. II.8 : Domaine de définition D_d et de mesure D_m de la sécurité

Dans certains domaines, la réponse alternative "...en sécurité" ou "...pas en sécurité" est suffisante. Le jugement a un caractère absolu "en tout ou rien". L'échelle de référence logique est ordinale. La sécurité est définie de façon subjective, on pourrait regretter le manque d'objectivité. L'état de la sécurité est affirmé ou nié avec une certitude excessive. L'évaluation qui accompagne le jugement "en sécurité ou pas..." manque de précision. Se croire en sécurité suffit. Se savoir en sécurité est trompeur. En sécurité, le danger peut même être ignoré.

Dans d'autres domaines les connaissances précédentes ne sont plus suffisantes, elles ne sont plus satisfaisantes, l'état peut ou devrait être perçu comme "plus ou moins dangereux", le sentiment du danger compris doit être relativisé, gradué en termes de dangerosité. La situation traitée de dangereuse doit l'être avec précision, l'échelle de mesure du danger pourrait être cardinale et permettre de tendre vers la quantification certaine d'un niveau de danger connu. L'organisation prévue pour faire face au danger est déterminée, décidée, elle suppose des conditions pouvant être rendues certaines. On ne se croit pas en sécurité parce que le danger est une certitude, on se sait en danger.

Voir l'annexe 12 relative au paragraphe III.1.1 : Définir l'accident pour définir la sécurité

5. Sécurité / Fiabilité

5.1. Comparaison

Sécurité et fiabilité sont deux notions qui s'entrelacent et qu'il importe de caractériser, préciser, distinguer. Une série de dix critères de comparaisons permet de dégager des ressemblances (cr_i) et des différences (cd_i). Le fait est qu'il apparaît là des sources de conflits possibles voire incontournables.

cd_1 : L'entité à laquelle sécurité et fiabilité s'appliquent est source de différence,
cd_2 : La prise en compte de l'homme par sécurité et fiabilité est source de différence,
cd_3 : Les circonstances qui conditionnent sécurité et fiabilité sont sources de différence,
cd_4 : Les coûts relatifs indésirable/mission vus par sécurité et fiabilité sont sources de différence,
cd_5 : Le réalisme d'accès à l'événement indésirable par sécurité et fiabilité est source de différence,
cd_6 : Les modalités d'amélioration envisagées par sécurité et fiabilité sont sources de différence.
cr_1 : sécurité et fiabilité se ressemblent par les moyens de calculs de,
cr_2 : sécurité et fiabilité se ressemblent par les moyens de construction de,
cr_3 : sécurité et fiabilité se ressemblent par l'intéressement au cycle de vie complet de,
cr_4 : sécurité et fiabilité se ressemblent par leur finalité de qualités d'usage de.

Voir le Tab. II.3 d'après [Liev 76]

Tab. II.3 : Comparaison Fiabilité / Sécurité

	Fiabilité	Sécurité
	Différences	
cd_1	S'applique à un équipement ou matériel considéré isolément.	S'applique au système. Elle met l'accent sur les problèmes d'interaction.
cd_2	Ne prend généralement pas compte des facteurs humains	Considère l'homme comme un élément du système étudié.
cd_3	Etudie le bon fonctionnement d'un matériel dans des conditions d'utilisation bien spécifiques.	Envisage toutes circonstances, normales ou anormales, pouvant conduire à une situation dangereuse.
cd_4	Intérêt pour les défaillances dont le coût est du même ordre de grandeur que le coût normal d'une mission.	...Intérêt pour des événements dont le coût est d'un ordre de grandeur nettement supérieur à celui du coût normal d'une mission (accident).
cd_5	S'attache à un événement (défaillance) qui peut être généralement appréhendé par l'expérience et le traitement statistique.	S'attache à de multiples combinaisons d'événements dont chacune, peu probable, échappe à une exploitation statistique simple.
cd_6	S'intéresse à la réussite (matérielle) d'une mission.	S'intéresse aux éventuels faits dommageables de l'échec d'une mission.

	Ressemblances
cr_1	Font appel aux calculs des probabilités et aux méthodes des statistiques
cr_2	Se construisent par des moyens comparables (tout comme nous pouvons constater les analogies entre état de la matière et état de l'homme ou entre état de l'homme et état de la machine)
cr_3	Plan de fiabilité et programme de sécurité s'étendent sur toute la vie du système.
cr_4	Sont deux qualités essentielles pour la sûreté de fonctionnement qui contribue à la maîtrise des risques.

5.2. Conflit entre sécurité et fiabilité : exemple du détonateur

- Un système de mise à feu élémentaire est constitué d'un interrupteur ouvert en attente.

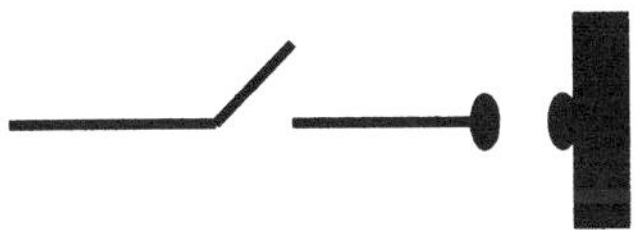

Fig. II.9 : Détonateur

On remarquera que la réussite de la mission à accomplir et le danger à prendre en compte sont manifestés apparemment par un seul et même événement : l'explosion.

Ce système élémentaire comporte au niveau de l'interrupteur deux modes de défaillances mutuellement exclusifs :

- La fermeture intempestive d_1 de probabilité $p(d_1=1) \equiv p_1 = 0{,}01$
- La fermeture impossible d_2 de probabilité $p(d_2=1) \equiv p_2 = 0{,}02$

La probabilité F que le système soit fiable est :
$F = 1 - (p_1 + p_2) = 0{,}9700$ (les modes sont mutuellement exclusifs)
La fiabilité compte tous les modes de défaillance, sans tenir compte des conséquences pour l'application (point de vue du constructeur)
En français : F est la probabilité que la fermeture de l'interrupteur ne soit pas impossible ou qu'elle ne soit pas intempestive. F est une mesure de qualité de service.

La probabilité S que le système soit sûr, c'est-à-dire réussir sa mission sans accident est :
$S = 1 - p_1 = 0{,}9900$
La sécurité ne prend en compte que les modes dangereux (du point de vue de l'utilisateur)
En français : S est la probabilité qu'il n'y ait pas d'explosion par accident (lequel est directement causé par une fermeture intempestive).

- Intuitivement, pour augmenter la fiabilité du système, nous allons monter 2 interrupteurs en parallèle et pour augmenter la sécurité, nous allons monter 2 interrupteurs en série.

Augmentation de la fiabilité

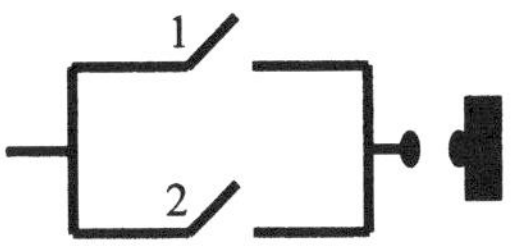

Fig.II.10 : Détonateur, redondance parallèle

Augmentation de la sécurité

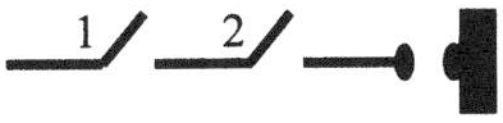

Fig.II.11 : Détonateur, redondance série

Le calcul de probabilité montre bien l'impact d'un deuxième interrupteur en redondance :

Tab. II.4 : Fiabilité et Sécurité en fonction des types de redondance

Type de Redondance	Fiabilité	Sécurité	Conclusion
Aucune	F = 0,9700	S = 0,9900	
Parallèle	F = 0,9797	S = 0,9801	la fiabilité est augmentée la sécurité est diminuée
Série	F = 0,9603	S = 0,9999	la sécurité est augmentée la fiabilité est diminuée

Le détail des calculs faits pour déterminer ces probabilités se trouve en annexe 1 de ce chapitre

Commentaires

Il y a conflit entre sécurité et fiabilité parce que pour améliorer la sécurité on a intérêt à diminuer la probabilité d'accident, lequel est causé par la fermeture intempestive de l'interrupteur. On a donc intérêt, si on ne peut pas améliorer les capacités de l'interrupteur lui-même, à en mettre un second en série car ce sera logiquement moins probable que les deux se ferment malencontreusement (sauf mode commun de défaillance).
Par contre, ce choix va contre l'intérêt de la fiabilité puisqu'il n'y a plus une cause de non fonctionnement par fermeture impossible mais deux.

Un raisonnement similaire montre qu'on rencontre encore un conflit entre sécurité et fiabilité si on tente d'améliorer la fiabilité en doublant l'interrupteur en parallèle.

Le conflit vient du fait que l'interrupteur a deux modes de défaillances opposés, « fermeture intempestive » et « fermeture impossible », mutuellement exclusifs.

Le conflit vient également de ce que la réussite de la mission « fermer l'interrupteur pour faire exploser la charge » et le danger d'échec de la mission« fermeture intempestive de l'interrupteur qui déclenche l'explosion » coïncident.

Confondre sans précautions sécurité et fiabilité est donc apparemment une erreur. C'est ce que démontre l'exemple du détonateur dès le début. On rencontre là un problème de définitions donc de délimitation. Notamment pour le cas de la coïncidence entre défaillance D et accident A. C'est à dire que si D → A et que A ← D, alors D = A. Il y a confusion entre d_1 et D. Une telle situation pourra se retrouver avec tout système à la fois dangereux et mal protégé : C'est le cas d'une soupape peu fiable. Dans ces conditions le système est condamné inexorablement à disparaître. Pour mener le travail de définition avec rigueur, il convient de passer par une formulation algébrique comme le montre l'exemple précédent du détonateur et l'exemple suivant (§I.5.3).

Et donc il est très utile pour le progrès de la sécurité d'approfondir ce que veulent dire "système", "système dangereux", "non protégé".

Considérer les couples sécurité-fiabilité, sécurité-accident, fiabilité-défaillance, et défaillance-accident en interdépendance les uns avec les autres permet de détecter les éventuels conflits à étudier avec soin pour chaque système dangereux non protégé. C'est pratiquement le cas pour tout être humain.

5.3. Conflit entre sécurité fiabilité maintenance : matériel unique doublé triplé

Soit un matériel M dont la fiabilité F pour une mission est dans tous les cas 0,999. La probabilité de défaillance D du matériel est donc de 10^{-3}. Ce sera par exemple un objectif pour une chaudière devant fournir une certaine quantité de chaleur, une pompe devant fournir un certain débit d'eau, un ventilateur devant refroidir un certain volume de fluide circulant dans un échangeur de chaleur, un moteur d'avion devant assurer tel type de vol.

On considère trois cas possibles d'organisation de ce système matériel S utilisant ce type de matériel M seul ou en redondance :
Cas 1 : matériel unique, la structure est élémentaire et simple ;
Cas 2 : matériel doublé, structure avec redondance parallèle, active, d'ordre 2 ;
Cas 3 : matériel triplé, redondance parallèle, active, d'ordre 3.

Ces 3 organisations sont assorties de consignes d'utilisation résumées ainsi:

Tag. II.5 : Consignes

Cas n°	Consignes	Objectifs Sécurité		Fiabilité		Maintenance
1	si panne simple alors accident A	S_1	=	F_1	=	M_1
2.1	si panne simple alors interruption de mission I			F_2	=	M_2
2.2	si panne double alors accident A	S_2				
3.1	si panne simple alors maintenance non prévue M					M_3
3.2	si panne double alors interruption de la mission I			F_3		
3.3	si panne triple alors accident A	S_3				

Comme l'indiquent les consignes, la réparation du matériel en panne par la maintenance n'est pas prévue dans le cadre de la mission. Discutons les conditions de réussite (ou d'échec), par rapport aux divers objectifs, dans les différents cas et selon les différentes consignes, qualitativement et quantitativement.

<u>Dans le cas du matériel unique, cas 1</u> :
L'objectif de sécurité est

$$S_1 = 1 - A, \text{ or } A = D, \text{ donc } S_1 = 1 - D, \qquad S_1 = 0{,}999 \quad \overline{S_1} = 10^{-3}$$

L'objectif de fiabilité (non interruption de mission) est

$$F_1 = 1 - I, \text{ or } I = D, \text{ donc } F_1 = 1 - D = S_1, \qquad F_1 = 0{,}999 \quad \overline{F_1} = 10^{-3}$$

L'objectif de maintenance (pas de réparation) est

$$M_1 = 1 - D, M_1 = S_1 = F_1, \qquad M_1 = 0{,}999 \quad \overline{M_1} = 10^{-3}$$

La suite du raisonnement est ébauchée en <u>annexe 2</u>.

5.4. Conclusion sur les conflits en matière de sécurité

Améliorer la sécurité c'est diminuer la probabilité d'accident, mais ce n'est pas la seule et unique démarche. Une autre sera le changement de référentiel.

De même pour améliorer la fiabilité. En effet, l'amélioration de l'une comme de l'autre passe par l'amélioration de la maintenance à laquelle est à associer par analogie le concept de "maintenabilité".

Fiabilité, Sécurité et Maintenance sont des concepts qu'il est tout à fait possible et même souhaitable de distinguer. Ces notions ne peuvent pas exister séparément. Elles interagissent.

Ce sont des qualités qu'il convient de faire progresser de concert. Les trois ont été évoquées ici, mais il y en a bien d'autres que nous découvrirons par la suite. Confirmer le progrès n'est pas si simple en raison des conflits à arbitrer et des problèmes qui se dévoilent au fur et à mesure. Notamment au niveau des raisonnements qui doivent affronter paradoxes, contradictions et même, pire encore, dilemmes. Les exemples précédents en ont fait sortir quelques spécimens.

Mais plus radicalement en fait, quelles lois gouvernent la sécurité et son progrès ? Ces lois sont à la fois déjà repérées ou encore cachées par ... ces notions vagues, ces couples "infernaux", ces concepts fuyants, ces concours de circonstances innombrables et inimaginables. La figure de la femme à tranche d'âge indéterminée (voir Fig. I.9) en est une illustration frappante !

6. Après les conflits ... les paradoxes, les contradictions et les dilemmes !

6.1. Les conflits

Définition : qui heurte, antagonisme, opposition d'opinions, de sentiments pouvant aller jusqu'à la lutte, de motivations contradictoires, entre des personnes des groupes des pouvoirs, se considérant comme compétents ou incompétents l'un et l'autre dans une même affaire.

Exemples :
- Le port d'équipement de sécurité au poste de travail a son intérêt mais apporte inconfort ou gêne ;
- Intérêts des services de production et de sécurité, l'un voulant aller plus vite, l'autre forçant à aller moins vite.

6.2. Les paradoxes

Définition : pensée, opinion contraire à l'opinion commune ; apparence contraire à la réalité.

Exemples :
- Il vaut mieux se savoir en danger que se croire en sécurité : une intervention sur ligne haute tension (220kV) est plus sûre sous tension que hors tension, dans certaines conditions comme l'ont démontré les services de maintenance de grandes sociétés d'électricité des USA et de France :
- Sur la route un virage à droite n'est pas aussi dangereux qu'un virage à gauche : ce que l'on a pu constater d'après analyse de plusieurs rapports d'accidents mortels sur le réseau routier français dans les années 1990. En effet, en considérant le « temps de sortie de voie » défini d'après la configuration du véhicule en déport et vitesse latérale, on s'explique que dans le virage à droite l'excès de vitesse fait davantage occuper la voie opposée en sortie de virage. Ces explications démontrables, qui ne sont pas les seules, forment une petite partie de l'étude de sécurité automobile et

routière, faisant partie du projet « Lane keeping », réalisé en vue de concevoir un Système d'Aide à la Gestion de trajEctoire « SAGE ». Réf. [COFF 95]

6.3. Les contradictions

Définition : action de soutenir le contraire de ce que dit quelqu'un ; de contester ; de s'opposer ; opposition entre deux thèses au sein d'un mouvement dialectique.
Exemples :

- Eteindre le feu abîme et pollue
- Désenfumer peut attiser le feu
- Eteindre et désenfumer
- L'alarme prévient et inquiète

6.4. Les dilemmes

Définition : raisonnement comprenant deux prémisses contradictoires mais menant à une même conclusion laquelle par conséquent s'impose ; obligation de choisir entre deux options comportant toutes les deux des inconvénients ; conflit d'intérêts dont aucune des parties en présence ne peut sortir de façon tout à fait satisfaisante.

Exemples :

- Cette situation peut se rencontrer dans le cas d'une alerte à la bombe dans un immeuble de grande hauteur (IGH), soit l'alerte dit vrai soit elle est fausse. En contrepartie, le service de secours interpellé y croit et fait ce qu'il faut ou bien n'y croît pas et ne fait pas ce qu'il faut. Les quatre issues possibles peuvent provoquer un dilemme pour le service de secours selon la nature des bénéfices et des pertes auxquels il s'expose dans chaque cas.
- De façon plus courante cette situation se rencontre dans le cas d'une conduite à deux d'un procédé dangereux non protégé. Chacun a une compétence unique et irremplaçable. Chacun peut choisir de faire plus que ce qu'il faut (pour assurer) ou de faire juste un peu moins que ce qu'il faut (pour économiser). Les quatre issues suivantes forment une situation de dilemme pour les deux: soit les deux font un peu plus alors la conduite du procédé a les plus grandes chances de réussir, soit tous les deux font juste un peu moins et il y aura de grandes chances de rater pour tous les deux, soit l'un fait un peu plus et l'autre un peu moins ce qui est encore une possibilité pour chacun alors la conduite du procédé risque fort de mal se passer et les bilans tirés par chacun seront en conflits. [LE CAR 97]

6.5. Détail important

Retenons l'importance du détail qui fait la différence, toute la différence. L'attention portée au détail est donc partie prenante dans la problématique de la sécurité. Discerner le détail important est par conséquent un enjeu du perfectionnement des méthodes et des solutions utilisables pour "mettre en sécurité". Cette exigence de perfectionnements remonte jusqu'au niveau des problèmes. Aujourd'hui l'informatique permet de remplacer l'homme à son poste de travail au point qu'on puisse douter de l'identité réelle de l'opérateur-interlocuteur avec lequel on échange, à distance ou non, des informations et avec lequel on exécute des actions coordonnées. On peut se demander : est-ce un être humain ou est-ce un robot ?

La sécurité est une propriété des systèmes qui n'est pas simple à laquelle on accède par certains niveaux de conscience, l'accident est un phénomène qui les remet en cause en les confrontant avec les degrés de liberté du système.

Alors, que faire ! Que puis-je faire ? Que puis-je dire ?

7. Définitions récurrentes hexagonales

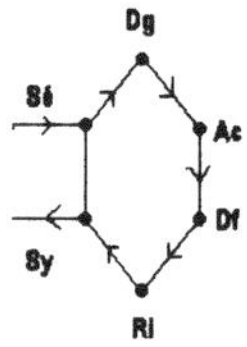

Pour clarifier la compréhension et l'extension du concept représenté par le terme sécurité, il y a besoin d'un approfondissement de la notion correspondante. C'est le travail de définition entamé qui n'en finit pas.
Ce travail qui tend à devenir très complet est récurrent. Il agrège progressivement les notions les unes avec les autres, précise les concepts, stabilise le sens. Comme une alchimie du langage qui dépose dans la culture les termes consacrés par les usages de tous.

Ainsi de "sécurité", on passe à "danger" (ce qu'elle n'est pas, son manque) ou à "accident" (ce qui la contre dit, la repousse) et donc naturellement, spontanément, on passe à "défaillance" (précurseur explicatif des précédents nommés) en ayant réfléchi sur l'expérience acquise, ce qui conduit alors à "risque" (ressenti ou suscité) et "système" (qui organise l'ensemble). Le sac est bien rempli avec ces six termes retenus. Le remplissage n'est pas fini et la trame que l'on peut tisser avec ces acquis devient vite considérable, en favorisant ancrage, enracinement. Et formant filet tremplin, point d'appui, la sécurisation s'accomplit. Confiance devient le maître mot de toute l'histoire. [LE CAR 97]

Ce scénario est vraisemblable, mais il n'est pas le seul, loin s'en faut. Il suit une voie plutôt négative (comme en mathématiques où l'on s'engage à démontrer qu'un théorème n'est pas faux au lieu de prouver qu'il est vrai). Cette tournure d'esprit (scientifique) est par exemple remarquablement illustrée par l'histoire des tentatives de démonstrations du théorème de Fermat qui essaie de généraliser le théorème de Pythagore[6].

Aidons-nous de six exemples à nombre égal des six termes élus pour planter le décor des études de sécurité valables quel que soit le système, le risque qu'il encourre, la défaillance et l'accident témoins du danger inné mal pris ou mal reçu. La sécurité est l'affaire de tous. Les six situations figurées apportent les éléments factuels sujets à interprétations multiples. C'est cette opportunité qui ouvre des possibilités de scénariser évènements et états touchant les éléments qui font le système en étant reliés (ou le défont en étant dissociés). Un enjeu (qui en cache parfois un autre) c'est de "maintenir la disponibilité d'un système en toute sécurité". Ce qui est différent de "maintenir une sécurité toujours disponible". Et donc : comment "protéger" ? Comment "corriger" ? Comment "prévenir" ?

La nécessité d'une terminologie de la Sécurité des Systèmes apparaît de plus en plus pressante parce que :

- La sécurité devient une activité pluridisciplinaire et interprofessionnelle qui fait intervenir les techniques et les méthodes, les sciences les plus diverses, chacune ayant son propre vocabulaire ;
- Des définitions pas assez travaillées et mal adaptées peuvent induire des idées fausses qui freinent ou font dévier le développement de la sécurité ;

[6] *$x^2 + y^2 = z^2$, exemple de solution : $x = 3, y = 4, z = 5$; $x^n + y^n = z^n$ pour $n>2$, sans solution*

- L'absence de terminologie est comblée par des termes importés dont la traduction est approximative ;
- Pour répondre aux besoins de la sécurité moderne, le développement de la méthodologie exige un vocabulaire précis, organisé de façon rationnelle capable de coller à la réalité et de soutenir l'action ;
- L'attraction de l'extrême s'intensifie et les besoins fondamentaux de modération dégénèrent. C'est par exemple le cas avec les découvertes comme celles de l'innovation technologique qui amplifient l'impact des nouvelles inconnues sur l'instabilité la précarité de l'existant.

Les six termes définis ci après constituent le b-a-ba de la sécurité. Ils sont à la base des raisonnements avec lesquels la réalité des systèmes est approchée. Ils sont au cœur des démonstrations qui permettent de garantir la sécurité désirée et à construire face au danger existant et en rapport avec le risque choisi ou subi.

Les titres des figures suivantes, introduisant les exemples et permettant de construire les définitions peuvent déjà servir de première définition abrégée des systèmes mis en questionnement. Les termes sont énumérés dans l'ordre alphabétique.

7.1. A comme Accident

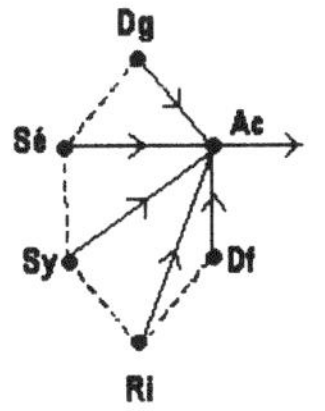

Les définitions d'accident, danger et risque sont interdépendantes. Pour distinguer "accident" des autres termes, il est commode de répondre à la question : "l'accident, comment ?".

v : la vitesse du vent
og : l'orage, la grêle
r : un rôdeur
e : écureuil
p = m.g : Chute naturelle (le mûrissement)
a : acteur concerné (travailleur au repos)
s : soleil (grosse chaleur)
p : le propriétaire dans sa maison

Fig. II.12 : Arbre fruitier

L'accident est une suite d'événements ou d'incidents ni planifiés ni désirés conduisant le système dans un état final dégradé, caractérisé par une perte significative pour le système et/ou son environnement. Il est le résultat d'un malheureux concours de circonstances.

Il est habituellement compris comme un état ultime très souvent irréversible dit absorbant ou irréparable et de caractère soudain surprenant bien que prévisible. En sécurité des systèmes, la malveillance (action avec intention de nuire) à distinguer de l'erreur humaine (action déviée involontaire) ne fait pas partie systématiquement et méthodiquement des analyses d'accident. La raison de "non-contradiction" dans l'analyse causale suffit à l'expliquer. En sécurité des systèmes, la malveillance (à distinguer de l'erreur humaine) n'est habituellement pas envisagée comme cause d'accident.

Il est pratique, pour décrire ou définir un accident, de le situer dans le système et dans son environnement et d'y pénétrer progressivement. Ainsi, les quatre descriptions suivantes de l'accident sont interdépendantes les unes des autres :

- Le scénario d'accident décrit discrètement à posteriori l'accident déjà fait ;
- L'accident de référence décrit discrètement à priori l'accident à ne pas faire ;
- Les combinaisons de pannes globales : composantes logiques de l'accident hors du temps ;
- Les excursions du point de fonctionnement autour du régime nominal ou de référence décrivent la continuité et la dynamique de l'accident en train de se faire.

La gravité de l'accident est un caractère indissociable de celui-ci. Soudaineté et gravité se combinent pour lui donner son caractère de brutalité.

Dans l'exemple de l'arbre fruitier, recevoir une pomme ou une noix de coco sur la tête sera un accident, s'allonger sous l'arbre est courir un risque lié au danger de chute d'une pomme ou d'une noix de coco. La perte de la récolte à cause d'un orage est un accident d'un autre type.

7.2. D comme Danger

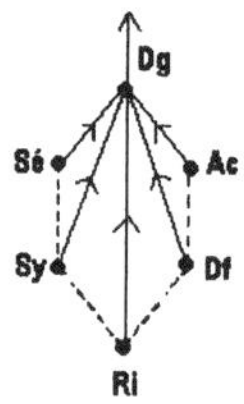

Les définitions d'accident, danger et risque sont interdépendantes. Pour distinguer "danger" des autres termes, il est commode de répondre à la question : "le danger, de quoi ?".
Par exemple : le danger d'agression, d'explosion, de collision, de rupture, de décrochage.

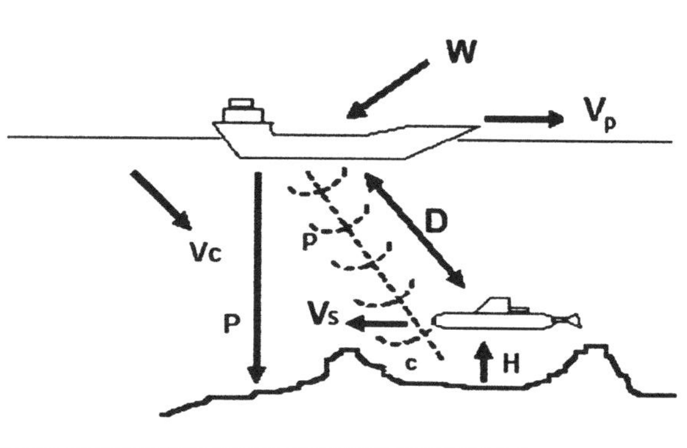

W : vitesse du vent, en [km.h^{-1}]
Vp : vitesse du pétrolier, en nœuds [miles par heures]
Vc : vitesse du courant, en nœuds [miles par heure]
Vs : vitesse du sous-marin, en nœuds
P : profondeur du fond marin, en mètres [m]
D : distance entre le pétrolier et le sous marin, en [m]
H : position du sous-marin au-dessus du fond, [m]
C : vitesse du faisceau sonore [m.s^{-1}]

Fig. II.13 : Pétrolier dans une mer menaçante

Quelques fois appelé "facteur potentiel d'accident", le danger est alors décrit par un répertoire (ou nomenclature) d'événements, redoutés par leurs conséquences, susceptibles d'être provoquées par le système ou son environnement.

Le danger est donc toute circonstance susceptible d'occasionner soit la mort (ou blessures) de personnes soit des perte de biens (ou équipements).

Le danger est un terme vague qui indique une menace, une situation de risque difficile à accepter. Il y a des liens étroits entre danger et risque, mais il ne faut pas les confondre.

Le danger est lié à la nature des éléments constitutifs du système. Il peut y avoir objectivement danger sans pour autant que l'homme se sente concerné, par exemple le danger de mort par noyade. Celui ci peut aussi avoir peur d'un danger qui (physiquement) n'existe pas, par exemple, le danger d'être torpillé dans une mer menaçante. Il peut donc se croire en sécurité alors qu'il existe un danger réel qu'il ignore. De la une formule : "il vaut mieux se savoir en danger que se croire en sécurité", sur laquelle nous reviendrons.

On attribue le caractère de dangereux à un potentiel de perte qui est directement mesurable par des grandeurs physiques (température dans le réacteur, vitesse du véhicule, vitesse et altitude de l'avion en approche, contrainte appliquée sur le pont ...). Ce n'est qu'en vue de l'évaluation du risque dû à l'accident (c'est-à-dire la décision de prendre ou rejeter) que peut lui être attribué aussi une probabilité de réalisation, grandeur abstraite qui permet de caractériser le risque correspondant au danger présent.

L'objet premier des études de sûreté dans l'ingénierie de la sécurité des systèmes est d'abord d'avoir la connaissance du danger puis, une fois celui ci identifié et quantifié, de choisir de risquer le coup (le coût) en fonction des conditions et des circonstances.

Dans le cas du pétrolier, être coulé est le danger dans une mer menaçante, la sécurité sera la garantie de ne pas sombrer.

7.3. D comme Défaillance et Défaut

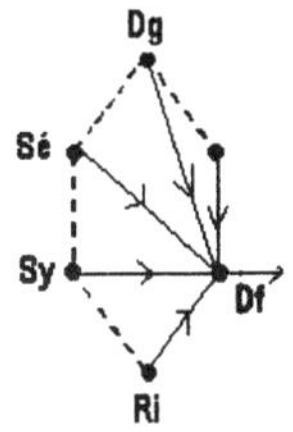

Le défaut est, d'après la norme française FX06004 sur l'assurance qualité, la non conformité d'un individu aux prescriptions imposées pour un caractère.

La défaillance est, d'après la norme FX06005 sur la fiabilité, la cessation pour un système (ou un élément) de son aptitude à accomplir la fonction exigée de lui. Il ne peut y avoir défaillance sans défauts qui expliquent ses origines.

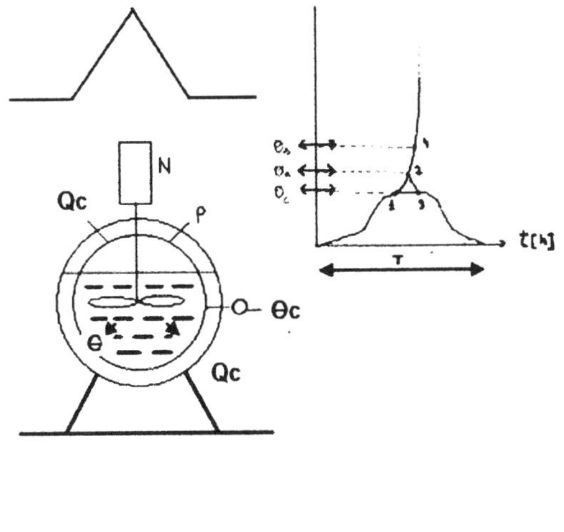

Λ : symbole de l'atelier
Qe : débit du réactif entrant en litres par seconde [$l.s^{-1}$]
P : pression d'ouverture de la soupape en bar [bar]
N : nombre de tours par minute de l'agitateur
Qc : débit du caloporteur dans la double enveloppe [$m^3.h^{-1}$]
Θc : température du caloporteur (refroidissement) [c°]
Θ : température de la masse réactionnelle [c°]
T : durée de la transformation chimique en heure [h]
t : le temps en heure [h]
Θc : température de consigne d'une réaction isotherme, en degré [°c]
Θa : température d'alarme [° c]
Θs : température de mise en sécurité [°c] (ouverture de la soupape)
Avec $\Theta c < \Theta a < \Theta s$

Fig. II.14 : Réacteur chimique industriel

Il est important ici de rappeler les critères choisis pour nommer et typer les défaillances dont on parle. On retiendra deux des plus importants car ils sont à la base de la plupart des développements actuels :

- La vitesse d'apparition de la défaillance : soit soudaine, soit progressive ;
- Le degré d'envahissement par la défaillance : soit très grand, soit très petit.

La combinaison de la vitesse soudaine et du degré d'envahissement total définit la défaillance dite "catalectique". Ce type de défaillance est pratique pour l'étude de la sécurité car il colle bien à la représentation par état et transition pour les systèmes logiques et discrets. Il pose par contre des problèmes avec les systèmes dynamiques. Ce type de défaillance est plus ou moins grossièrement celui qui se rencontre partout.

L'identification d'une défaillance ne serait pas suffisante sans avoir introduit encore deux autres critères :

- Les causes de la défaillance ;
- Les conséquences de la défaillance.

La combinaison de ces deux critères cause-conséquence constitue le "mode de défaillance", dont il sera question dans les études de sécurité et de fiabilité.

Dans l'exemple du réacteur chimique, la défaillance de l'agitation peut avoir plusieurs modes d'après les critères précédents. Si la sécurité du réacteur est définie comme la garantie de non emballement de la réaction, c'est l'arrêt de l'agitation dû à un défaut interne, comme par exemple une panne électrique du moteur, qui sera considéré comme le mode de défaillance, critique de plus puisque la mission devra être interrompue. On remarquera que "l'agitation" est une fonction principale assurée par le sous ensemble "agitateur", vu globalement lui même comme un méso[7] élément du système réacteur.

Le risque après emballement sera de perdre le produit de la réaction ou le procédé et de subir les effets de la mise à l'atmosphère d'un produit éventuellement nocif.

7.4. R comme risque

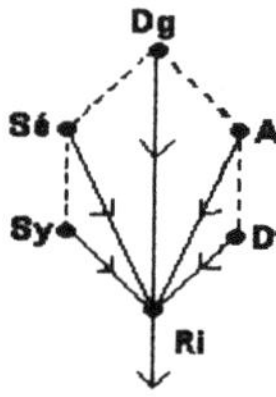

Les définitions d'accident, danger et risque sont interdépendantes. Pour distinguer "risque" des autres termes, il est commode de répondre à la question : "le risque, pour qui ?".

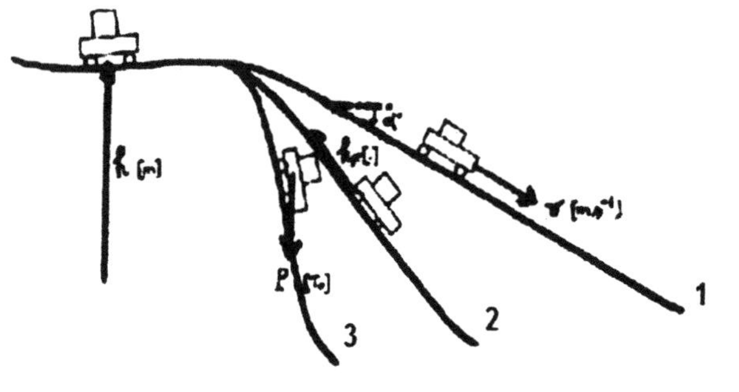

h : altitude du parking, en mètre [m]
α : angles du plan incliné, en degré [°]
α1 – pente faible
α2 – pente moyenne
α3 – pente forte
v : vitesse à laquelle le poids lourd descend, en mètre par seconde [$m.s^{-1}$]
kr : coefficient de frottement sans dimension qui freine la descente [ ]
P : poids du véhicule, en tonnes [T_0]

Fig. II.15 : Poids lourd en haut d'une pente

[7] *micro < méso < macro*

Le risque a deux caractères principaux : sa probabilité et sa gravité. Ces deux caractères sont attribués à tout événement indésirable accidentel (ou aléatoire) ou de façon plus générale à toute éventualité qui présente un avantage ou un inconvénient certain en cas de réalisation.

Toute activité comportant un quelconque danger pour l'homme représente pour cet homme un risque de perdre, qui est à prendre ou à laisser. Le danger ne peut pas être totalement supprimé mais seulement réduit et ce, grâce entre autre, à l'ingénierie de la sécurité des systèmes.

Le risque, moins imminent qu'un péril, laisse ou doit laisser à l'homme le temps, la place pour prendre une décision. De même que la mesure du niveau de sécurité est une grandeur à une dimension liée à la probabilité d'accident A, la mesure du niveau de risque sera une grandeur à deux dimensions liées à la probabilité de réalisation de A et à la gravité des conséquences de A dont l'échelle et l'unité de mesure restent à définir pour chaque cas.

La prise en compte, dans le plus grand nombre des cas, d'une troisième dimension se fait avec la mesure du temps : temps d'exposition aux risques, de réparation de la défaillance ou, de mission sans accident.

La déclaration d'acceptation ou rejet d'un risque donné, appelée évaluation du risque, est une tâche distincte de celle de quantification du risque (on parle d'estimation du risque). De façon pratique, on retiendra que l'évaluation du risque est paramétrée par :

- Le type d'activité vue comme essentielle, rentable ou périphérique ;
- De la personne considérée : soit la plus, soit la moins exposée ;
- Le degré d'obligation : contractuel ou libre ;
- de la marge de confiance allouée au niveau de sécurité requis : risque mineur, catastrophique ;
- De l'aversion des pertes et les préférences pour les gains ;
- De la répartition entre groupes et individus concernés : risque individuel ou collectif.

Dans l'exemple du véhicule stationné en haut d'une pente, un risque sera de voir l'engin dévaler la pente sans contrôle et provoquer des dommages.

7.5. S comme Sécurité

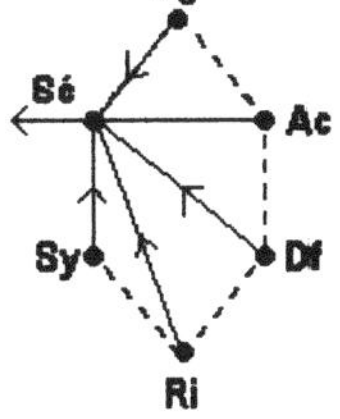

C'est l'absence de danger, c'est à dire de circonstances susceptibles d'occasionner soit accident ou mort, soit dégradation ou perte de bien. Selon le MIL.STD882 (USA), c'est une caractéristique statique qui définit à un instant donné la situation, l'état du système vis à vis d'un niveau de sécurité acceptable. (La définition du MIL.STD882 donne une définition tautologique de la sécurité).

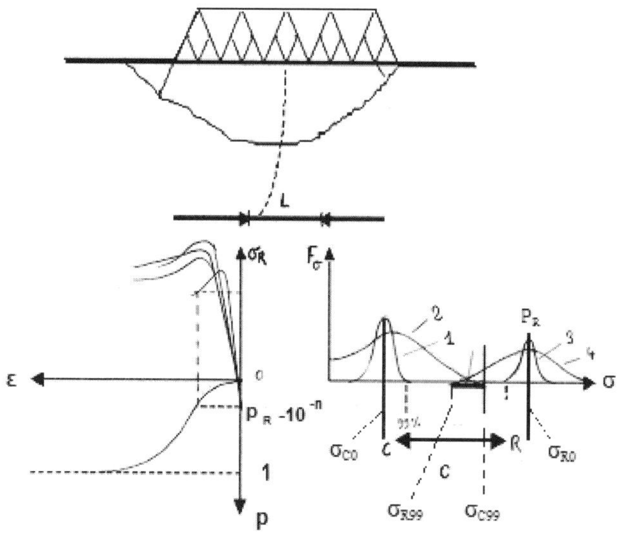

A droite en bas
Données de statistique de rupture à la sollicitation
En ordonnée :
Fσ : fréquence d'apparition de la force appliquée σ
En abscisses :
σ_R : force de résistance du matériel, 3,4 + ou - dispersées
σ_C : force de la contrainte appliquée au matériel, 1, 2 : écarts + ou - grands
σ_{R0} σ_{C0} : moyennes des distributions constatées
$\sigma_{R99\%}$: borne inférieure de la résistance $_R$
$\sigma_{C99\%}$: borne supérieure de la contrainte $_C$
P_R : probabilité de rupture proportionnelle à la surface d'intersection entre les distributions 2 et 4 quand les écarts types sont larges
$(R/C) \equiv C_S > 1$ coefficient de sécurité (déterministe)

A gauche en bas :
Donnée de résistance des matériaux
L : longueur de la poutre sollicitée
ε : coefficient d'allongement à la traction

σ_R : coefficient de résistance à la traction
p : probabilité de rupture, en fonction de ε, entre 0 et 1
$\rho_R.10^{-n}$; probabilité de rupture pour une valeur de σ_R

Fig. II.16 : Viaduc à structure métallique

La définition initiale donne une définition contradictoire de la sécurité. Ces deux définitions courantes ont plusieurs inconvénients. Elles passent sous silence le caractère de certitude attaché à la sécurité. Elles omettent de mentionner le caractère réaliste attaché à la sécurité accessible par la notion de mesurabilité de quelque chose de sensible, comme le serait par exemple un danger qui s'y oppose et la contredit. Ne vaut-il pas mieux se savoir en danger que de se croire en sécurité? Nous aurons l'occasion plus loin de revenir sur cette interrogation.

Si la sécurité d'un système est perçue et comprise comme une garantie de non-occurrence d'accident dans l'utilisation du système en toutes circonstances, alors il devra être possible d'en avoir une mesure, par la probabilité d'éviter tel accident, du danger qui s'actualise mais en restant maîtrisable. C'est à dire qu'il reste toujours un temps et un espace pour choisir. Cette mesure probabiliste de la sécurité, qui peut prendre l'aspect d'un niveau de sécurité n_S coté par exemple entre 1 et 10, informe sur la probabilité d'occurrence d'un accident A dans l'application considérée. Il suffit de prendre le cologarithme de la probabilité d'accident p(A), soit :

$$n_S(A)=\text{colog } p(A).$$

Par exemple si :

p(A)=	n_S(A)=	*commentaire*
10^{-10}	10	*très haut niveau*
10^{-7}	7	
10^{-1}	1	*très bas niveau*

Dans l'exemple du pont, sa sécurité est garantie par sa non rupture quand un régiment passe dessus. Son franchissement au pas cadencé peut provoquer un accident catastrophique (ce qui s'est déjà produit). D'où l'accès libre sans la précaution de rompre le pas pour une colonne en marche est un risque lié au danger de voir une contrainte dynamique dépasser largement la résistance statique du pont.

7.6. S comme Système

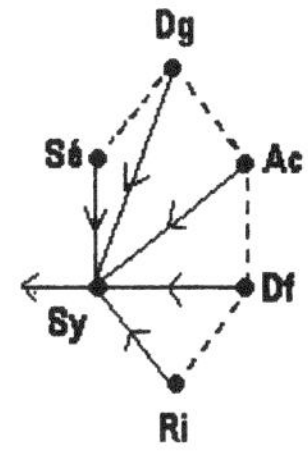

Un système est un ensemble d'éléments en inter relations organisé en vue d'accomplir une mission dans un environnement donné. On constate ici une fois de plus que le système est défini parce qu'il n'est pas tout à fait : ses éléments, son organisation de leur ensemble, sa finalité. Les éléments peuvent être de différentes natures, par exemple : matériels, logiciels ou humains.

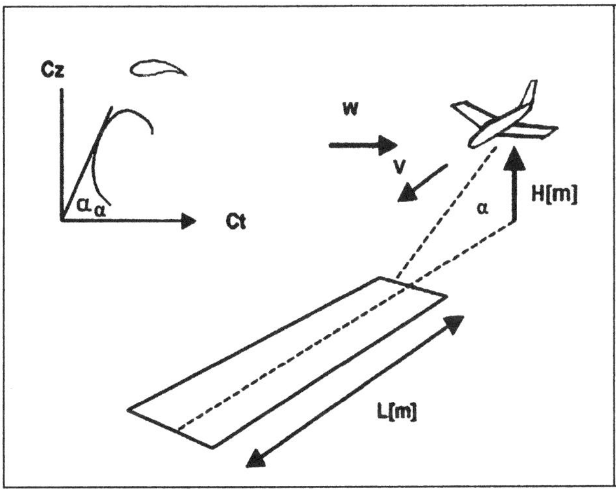

H : altitude de l'avion en phase de descente, en mètres [m]
α : angle du plan incliné, en degré [°]
v : vitesse de descente de l'avion en mètre par seconde [ms^{-1}]
w : vitesse du vent et direction en [$km.h^{-1}$]
θ : température de l'atmosphère
L : longueur de la piste, en [m]
Polaire de l'aile
Cz : mesure de portance de l'aile
Ct : mesure de la traînée de l'aile
α : angle d'incidence de décrochage de l'aile

Fig. II.17 : Avion en approche

L'extérieur du système, qui n'est pas le système, dit milieu ou environnement spécifique du système aide, avec la définition de la mission, à préciser l'interface entre le dedans et le dehors du système et à préciser ses entrées/sorties.

La définition du système, par exemple par sa photographie, qui est un symbole des nombreux plans possibles le décrivant est d'autant plus aisée que l'intérêt qu'on y apporte est spécifié avec sa sécurité, ses risques, ses dangers.

Chaque terme de la définition d'un système suggère une liste importante de systèmes pouvant être regroupés par types : systèmes mécaniques, électroniques ... systèmes fixes, mobiles ... Aussi, la très grande variété des relations entre les éléments (échanges d'information, liaison de contrôle commande, transmission de puissance), suggère encore d'autres types possibles de systèmes. Un autre classement très utile est celui qui tient compte de l'évolution dans le temps des états logiquement possibles pour le système : on parle alors de systèmes dynamique ou logique.

Ce qui aide à préciser le système, par l'extérieur, c'est de le découper comme pour le démonter. Plusieurs façons d'entamer son analyse existent, les plus utiles sont : un découpage logique, fonctionnel, géographique, chronologique.

Dans la définition du système, ses éléments (ou relations) qui sont pratiques pour l'étude de la sécurité sont surtout ceux (ou celles) pour qui il existe des grandeurs mesurables représentatives du danger existant dans le système ou représentatives de l'impossibilité de transformation en accident.

Le nom du système, enfin, est sa définition la plus brève mais dont la compréhension peut être difficile.

Un type de système retiendra notre attention pour achever ces notions interdépendantes de sécurité et de fiabilité. Ce sont les systèmes pilotés dits système homme-machine (S[HM]). Par exemple, avion, grue, machine-outil, réacteur ... Dans ce cas, exhaustivité du recensement dans le système oblige, l'accident est toujours le résultat de trois types d'incidents :

- L'incident de manœuvrabilité qui est lié à la performance du système dans son environnement ;
- L'incident de sensibilité qui est lié à l'état d'intégrité du système matériel nécessaire pour tenir la performance demandée ;
- L'incident de pilotabilité qui se rapporte à la capacité du pilote du système, que ce soit un homme, un robot ou n'importe quel autre type de commande intelligente.

Nous retrouverons plus loin au § III.5. Pertes de contrôle du pilotage du système Homme-Machine, une particularité de la problématique de la sécurité de ce type de système.

7.7. C comme ...... Conclusion

En conclusion, la mise en évidence d'interdépendances nettes ou floues entre ces définitions, montrent l'ampleur du travail à faire entre disciplines et professions, qui ont à mettre en commun leurs capacités d'apprendre à distinguer sans séparer, sans fusion ni fission, et, ce qui revient au même, d'évaluer s'il vaut mieux se savoir en danger que se croire en sécurité.

On trouvera des compléments sur...

- La définition structurée de la sécurité	dans [LIEV 76, Fig. p.5]
- Des « special definitions: damage, danger, accident, risk »	dans [KUHL 86, chap.2 p.5à11]
- La terminologie	dans [AFNO 86, p.6]
- 80 termes du lexique, "agent de fiabilité" à "risque"	dans [OCTA 89, p.81à160]
- Environ 200 définitions du glossaire, "activité" à "virus"	dans [LISF 95, p.279à298]

Annexes du Chapitre II

Annexe 1 Relative au paragraphe II.5.2.
Conflit entre sécurité et fiabilité : exemple du détonateur

Eléments de vérification par les calculs

1. Définir des variables Booléennes

2. Attribuer des probabilités (dont l'estimation n'est pas justifiée ici maintenant) au niveau des composants.
Ce sont les données d'entrée suivantes :

Fermeture intempestive	d_1	de probabilité p1=0,01
Fermeture impossible	d_2	de probabilité p2=0,02
Fermeture intempestive de interrupteur 1	d_{11}	de probabilité p11=0,01
Fermeture intempestive de interrupteur 2	d_{12}	de probabilité p12=0,01
Fermeture impossible de interrupteur 1	d_{21}	de probabilité p21=0,02
Fermeture impossible de interrupteur 2	d_{22}	de probabilité p22=0,02

3. Poser les fonctions Booléennes à calculer et chiffrer pour alimenter les comparaisons :

au niveau de sécurité du système (défini par rapport à un accident déterminé A)	$S(d_i)$	de probabilité S ?
au niveau de fiabilité du système (défini par rapport à un ensemble de modes de défaillances déterminées D)	$F(d_i)$	de probabilité F ?

4. Effectuer les calculs Booléens et probabilistes des grandeurs de comparaisons pour le cas de la structure de base interrupteur seul (niveau composant = niveau système ne font qu'un) :

$S = 1 - A,\ A = d_1$ donc $S = 1 - d_1$ S=0,9900

La sécurité ne compte que les modes dangereux

$F = 1 - D,\ D = d_1 + d_2$ (modes mutuellement exclusifs) F=0,9700

La fiabilité compte tous les modes

a) Deux interrupteurs en parallèle

La sécurité

L'explosion intempestive est causée par la fermeture intempestive de l'un ou de l'autre ou des deux :

$$A = d_{11} + d_{12} + (d_{11} \times d_{12})$$

$$p(A) = p(d_{11}) + p(d_{12}) - p(d_{11} \times d_{12}) + p(d_{11}) \times p(d_{22}) = 0{,}0199 + 0{,}0001$$

S=0,9800

La fiabilité

Au niveau système, l'ensemble des deux modes de défaillance fermeture impossible D_2 ou intempestive D_1, sont exclusifs alors que le mode intempestif n'est pas exclusif entre les deux interrupteurs à leur niveau :

$$D = D_2 + D_1, D = (d_{21} \times d_{22}) + (d_{11} + d_{12} + (d_{11} \times d_{12}))$$

$$p(D) = p(d_{21}) \times p(d(_{22}) + p(d_{11}) + p(d_{12}) - p(d_{11} \times d_{12})) = 0{,}0203$$

F=0,9797

On pourrait calculer la défaillance D au niveau système en "ignorant" le détail des modes au niveau composant et se servir des premiers résultats trouvés pour la structure de départ avec un seul interrupteur (on note D_1 les défaillances de i_1 ; D_2 les défaillances de i_2) :

$D = D_1 \times D_2 = (d_{11} + d_{21}) \times (d_{12} + d_{22})$

$p(D) = p(D_1) \times p(D_2) = 0{,}0009$ F=0,9991

L'explication de ces deux calculs est abordée au point suivant dans le cas de structure série. Un des deux calculs serait-il faux ? Les deux calculs peuvent être vrais ! Mais pourquoi donnent-ils des résultats différents ?

b) Deux interrupteurs en série

Il n'y a qu'une seule possibilité d'explosion intempestive par deux fermetures intempestives concomitantes :

$A = d_{11} \times d_{12}$ S=0,9999

Il faut faire davantage attention au pouvoir de résolution avec lequel sont définis les évènements par rapport au niveau composant et niveau système :

- Soit on ne voit qu'une logique système de blocs élémentaires en série sans percer le détail des dépendances de niveaux et dont la fiabilité a été calculée en tout premier :

$D = (d_{11} + d_{21} = D_1) + (d_{12} + d_{22} = D_2)$ F=0,9409

En entrant plus dans le détail, d_{11} ou d_{12} joue chacune le rôle de panne dormante (le système fonctionne quand même avec un composant en panne mais il est passé dans un état dangereux "critique". On peut constater que les quatre modes de défaillances simples ont été comptabilisés au niveau système (point de vue trop prudent).

- Soit on adopte une logique système de composants où l'on distingue les effets au niveau système des modes de défaillance au niveau du composant :

$D = (d_{21} + d_{22}) + (d_{11} \times d_{12})$ F=0,9603

Seulement deux modes de défaillance "système" sont comptabilisés : 'explosion impossible par fermeture impossible de l'un ou l'autre', ou bien 'explosion intempestive si et seulement si il y a combinaison des fermetures intempestives de l'un et de l'autre' (point de vue juste, précis et prudent).

Certitude et objectivité ne sont pas à remettre en cause.

Seule la précision logique exerce son influence. C'est l'importance, de la qualité sémantique de la connaissance manipulée (fine ou grossière) et de la rigueur de raisonnement, qui est mise en évidence grâce à cet exemple.

On retrouve la ces nuances dans la partie méthodologie (arbre de défaillance) où d_{21}, d_{22}, d_{11} et d_{12} sont trois coupes minimales (voir Chap. V)

Annexe 2 Relative au paragraphe II.5.3.

Conflit entre sécurité fiabilité maintenance : matériel unique doublé triplé

Dans le cas du matériel unique

Il n'y a que deux résultats possibles soit succès complet (le matériel ne tombe pas en panne le système réussit sa mission il n'y a pas de réparation à faire) soit échec simultané sur les trois objectifs de sécurité de fiabilité et de maintenabilité.

Dans le cas du matériel doublé

- La réussite de l'objectif de sécurité d'après la consigne 2.2 est défini par :

$S_2 = 1 - A$ or $A = d \times d$ donc $S_2 = 1 - d \times d$ $\quad S_2 = 0{,}999999 \quad \overline{S_2} = 10^{-6}$

- La réussite de l'objectif de fiabilité, définie par la non interruption de la mission, se déduit de la consigne 2.1 :

$F_2 = 1 - I$ or $I = d + d$ donc $F_2 = 1 - (d + d)$ $\quad F_2 = 0{,}998001 \quad \overline{F_2} = 1{,}999.10^{-3}$

Remarque : le produit des probabilités est ici négligeable devant la somme des termes.

- La réussite de l'objectif de maintenance peut être définie par "pas d'échec de réparation en cas de panne simple" :

$M_2 = 1 - (d + d)$ donc $M_2 = F_2$ $\quad M_2 = 0{,}998001 \quad \overline{M_2} = 1{,}999.10^{-3}$

Dans le cas du matériel doublé, compte tenu des deux consignes prévues, il y a trois situations possibles (les deux matériels sont défaillants, l'un des deux tombe en panne, aucun des deux ne tombe en panne). On constate que les deux derniers objectifs de maintenabilité fiabilité coïncident.
Par rapport au cas du matériel unique, la fiabilité de cette organisation du système est paradoxalement moins bonne ! La maintenabilité qui est confondue avec la fiabilité suit la même tendance. Par contre la sécurité a nettement augmenté.
Ces calculs permettent de faire "sentir" l'influence de l'organisation technique et humaine (structure redondante, maintenance). Cette organisation est elle-même sous influence du politique et du financier.

Dans le cas du matériel triplé

La réussite des objectifs de sécurité fiabilité maintenabilité est à démontrer de la même manière et à interpréter. C'est maintenant votre affaire.
Les résultats chiffrés indiquent :

$S_3 = 0{,}999\,999\,999 \quad \overline{S_3} = 10^{-9}$

$F_3 = 0{,}999\,997 \quad \overline{F_3} = 3.10^{-6}$

$M_3 = 0{,}997 \quad \overline{M_3} = 3.10^{-3}$

Chapitre III – Invariants dans la modélisation des accidents

On retire de la considération des "faillites" innombrables et du constat de l'inépuisabilité des indésirables qui accompagnent les accidents qu'il faut chercher ce qui d'un côté met et remet en sécurité et de l'autre ce qui empêche de l'améliorer ... durablement. C'est par exemple le cas d'un coté de l'assurance et de la réassurance et de l'autre celui de la répétition de l'accident par non reconnaissance d'un défaut difficile à corriger.

Le développement de la pratique de la modélisation de la sécurité, qui passe par la modélisation des accidents, permet de signaler et dégager des invariants.

On appelle invariant ce qui a la propriété physique et mathématique globale de conservation, c'est à dire d'un équilibre de variance nulle, vis à vis d'une transformation point par point ; il y a invariance s'il y a existence qui fait loi d'une propriété intrinsèque transversale à tout changement.

Depuis une cinquantaine d'années il apparaît, de façons partielles et progressives dans différents domaines, différentes façons de s'y prendre pour éviter ou/et gérer l'accident. À coté de cette voie "négative" d'empêcher, d'éviter l'accident il y a la voie "positive" de mettre et remettre en sécurité. Ces deux voies, du phénomène et de la propriété, sont complémentaires pour aller vers une certaine maîtrise des risques des systèmes. Dans la multitude des façons il en revient cinq qui se dégagent. Cette multiplicité irréductible à un unique est signe de la complexité du sujet.

Ces cinq invariants de la sécurité, vue au travers de l'accident, sont en abrégé les suivants. Dans chaque repérage d'une invariance, dans le phénomène accident ou de la propriété sécurité, un mot clé est souligné en tant que résidu essentiel de l'invariance réparée.

N O M F C

1. Définitions et normes de respect — N
2. Défauts dans l'organisation et variables de contrôle du changement — O
3. Maintien de l'état et dépassement des bornes — M
4. Prévention et protection face aux situations accidentelles possibles — F
5. Pertes de contrôle du pilotage du système homme et machine — C

1. Définitions et normes de respect

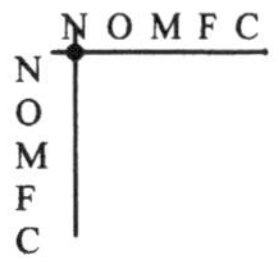

Pour faire percevoir sous toutes ses facettes l'accident quel qu'il soit, celui-ci est "modélisé" par un jeu de définitions sans ambiguïtés à bien comprendre par tous. Elles ont un caractère normatif, dont le respect s'impose d'après des normes de respect à effectivement mettre en applications, même malgré les conflits.

Exemples de facettes : tout le cycle de vie ; norme pluri professionnelle ; changement à éviter ou état à gérer ;

Sachant l'aspect récurrent des définitions (Voir II.7) et sachant que mauvaise définition, non-respect ou non application feront la trame de l'accident, repérons des assemblages singuliers à partir de trois processus constructifs et démonstratifs de la sécurité d'un point de vue réglementaire : définir, respecter, appliquer.

1.1. Définir

Définir l'accident pour définir la sécurité c'est-à-dire la construire et la démontrer et non pas définir la sécurité pour éviter l'accident.

1.1.1. Syllogisme de la sécurité

① Si la sécurité est définie par l'absence de danger. C'est un état ressenti comme étant sans soucis, il est dit sinécure.

② Or le danger est défini par la présence d'un ou plusieurs facteurs potentiels d'accident ou par une ou plusieurs défaillances pouvant aboutir à l'accident. (Voir en annexe 1 un échantillon de quelques types de défaillances).

③ Donc, La sécurité est absence de facteur potentiel d'accident.

Voilà dès son commencement une position de principe pour la sécurité fort intrigante : y a-t-il une science de l'absence ? Ce sont le "zéro accident", le "zéro défaut", mais aussi le "zéro panne", qui interpellent tous les protagonistes de la sécurité (comme le 0 degré Celsius et le 0 Kelvin). Que peut bien vouloir dire le "zéro" danger, s'il est atteignable ?

On peut néanmoins déjà retenir que mettre en sécurité c'est mettre le potentiel d'accident à zéro et donc en entrant dans le détail apparemment mettre tous les facteurs de potentiel d'accident à zéro.

L'utilisation de l'algèbre Booléenne apporte de la concision facilitant les calculs logiques. On peut traduire le raisonnement précédent par le genre d'expressions suivantes :

$S = \overline{D}$

$D = fpA$ donc $\overline{D} = \overline{fpA}$

d'après la loi de Morgan : $\overline{D} = \overline{fp} + \overline{A}$

donc $\overline{D} = \overline{A} = 1 - A$ et $\overline{fp}$ est négligeable devant $\overline{A}$

et donc $S = 1 - A$ à l'abscence de facteurs potentiels près.

(Voir annexe 12)

Avec

S	:	sécurité
D	:	danger
fp	:	facteurs potentiels
A	:	accident
$\overline{...}$	:	absence de ...

1.1.2. Notion de danger

Il y a différentes espèces de dangers qui peuvent être désignés en tant que facteurs de potentiels d'accidents typiquement présents en Génie Chimique : [WELL 96, Ch.1 p.1s]

- Dangers chimiques : (acidité, alcalinité, corrosion, explosivité, inflammabilité, réactivité ...) ;
- Dangers thermodynamiques : (pression haute, vide, transfert & transport de chaleur, de froid, températures hautes et basses, jets fluides ...) ;
- Dangers électromagnétiques : (haute tension, courants forts et faibles, électricité statique, énergie d'activation, rayonnements ...) ;
- Dangers mécaniques : (énergie potentielle et cinétique, forces et quantités de mouvement, dureté, bruits, vibrations ...) ;
- Dangers biophysiques : (radiations, contaminants, polluants, toxiques, suffocants...) ;

- Dangers biologiques : (microbes, virus, bactéries...).

Ces dangers créent des situations dangereuses (c'est à dire capables d'atteindre directement ou indirectement intégrité et santé) qu'il convient d'estimer systématiquement. Car on doit admettre que si un procédé, une machine, un processus, un produit est le siège d'un phénomène dangereux et que aucune mesure de sécurité n'existe, alors cela provoquera une atteinte à l'intégrité du système accidentellement tôt ou tard, ici ou là.

D'autres répertoires de dangers existent, par exemple celui des phénomènes dangereux associés aux machines-outils du point de vue de la réglementation française (voir annexe 2).

1.1.3. L'accident comme ci ou comme ça

L'accident peut être représenté de différents points de vues :
- Aboutissement ou commencement de tout ;
- Aléa jugé contrariant d'après la valeur des pertes occasionnées (apparaissant sous les modalités du défaut ou de la défaillance combinée);
- Symptôme d'un défaut apparent ou non et non pris en considération dans et par l'organisation ;
- Défaillance de l'organisation qui résulte en une perte accidentelle considérable ;
- Une catégorie de dysfonctionnement menaçant ;
- Comme une transformation brutale et rapide du système ;
- Comme un état qui envahit progressivement le système et qui dure.

On trouvera dans la littérature plusieurs spécimens de lexique, glossaire, qui sont des amorces de dictionnaire de la sécurité, proposant un grand nombre de définitions et de variantes en complément des sources déjà citées à propos des six termes choisis pour commencer *(cf. Chap. II.7)* : [FERR 81], [LERO 92], [OCTA 94]

Approfondissons les deux derniers points de vues, ébauches de modèles d'accidents en tant que :
- Non définition ou définition défectueuse,
- Non respect ou respect incorrect,
- Non application ou application impropre.

1.1.3.1. La sécurité définie par l'accident en tant que transformation brutale et rapide du système

Dans le cas où l'accident est une transformation non souhaitée, brutale et rapide qui conduit le système {Machine} ou {Homme + Machine} ou {Homme + Machine + Environnement} dans un état final dégradé indésirable (par l'impact négatif sur l'homme, l'environnement ou la machine), on peut réglementer la sécurité en définissant des "normes" concernant :

(a) Les états dans lesquels on ne veut pas voir le système (après l'accident) ;
(b) Les transformations amenant le système dans de tels états (pendant l'accident) ;
(c) Les facteurs potentiels ou les défaillances responsables de telles transformations (le danger critique avant l'accident) ;
(d) "La mise en absence" de ces facteurs.

Par ce dernier point on entend ce qui permet de modifier quelque chose dans le coté adverse du système. Ce sont les expériences du passé d'où sont tirées les leçons qui fondent les normalités à respecter et à appliquer.

Par ce dernier point, on entend aussi "se servir de ce qui est connu" : les expériences et/ou études antérieures qui ont permis de définir des normes de sécurité applicables à de tels systèmes. Ces normes permettent d'aider à la définition de la sécurité.

Par le terme "norme", on entend les décisions réglementaires (législation) mais on entend également les données physico-chimiques de seuils par exemple dans l'industrie chimique.

Exemple d'application : atelier de production d'un produit chimique X

Reprenons les différentes étapes de la définition de la sécurité :

(a) Dans quel état ne veut-on pas voir le système ?

Détruit

(b) Quel est l'accident qui peut détruire le système ?

Une explosion

(c) Quel sera un des facteurs potentiels de l'explosion ?

Une concentration trop importante d'un gaz G inflammable dans l'air et une étincelle

(d) Comment définit on l'absence de "concentration trop importante" (et de "étincelle") ?

Par les données physico-chimiques de limite d'explosivité de G

(Voir en annexe 3 l'illustration expliquant la limite d'explosivité)

1.1.3.2. La sécurité définie par l'accident en tant qu'état qui envahit progressivement le système

L'accident est communément défini comme un changement d'état particulier, état intermédiaire inconfortable, plus ou moins dommageable ou intolérable qui peut durer (l'état d'urgence, la crise). Dans ce cas, l'accident n'est plus un évènement ponctuel mais un état à endurer qui à un caractère d'incertitude, d'imprécision, de subjectivité.

Compte tenu de cette seconde définition de l'accident sur mode contradictoire, considéré comme un état d'urgence qui dure dans le temps, il faut compléter la définition normative de la sécurité. La sécurité devient un résultat de ce qui est fait en sorte qu'un accident ne dégénère pas. La gestion et le contrôle de la situation avant l'état d'accident fournissent des conditions pour éviter l'aggravation catastrophique.
Voilà pourquoi la sécurité peut également devenir "le maintien de la situation dans l'état d'accident" pour éviter une dérive catastrophique (c'est par exemple ce qui c'est passé pour sauver les cosmonautes d'Apollo 13)

Ainsi, aux étapes précédentes (a, b, c et d) permettant de définir la sécurité, dans le cadre de la modélisation de l'accident, en tant que transformation rapide et brutale, il faut ajouter la question suivante :

(b bis) Comment gère-t- on la situation d'accident dans laquelle on peut se trouver ?

Reprenons l'exemple de la destruction de l'atelier de production de X

Cette fois, nous considérons qu'il s'est produit dans un petit coin de l'atelier une mini explosion responsable d'un début d'incendie … l'incendie se propage.

On se trouve alors dans un état d'accident qui est la propagation de l'incendie et la destruction progressive de tout l'atelier de production de X. Il apparaît alors que la définition de la sécurité ne s'arrête pas à la définition de l'accident. Elle nécessite d'être complétée, dans le cas présent par la définition de la "gestion" de l'accident (et oui, la science de la sécurité ne se limite pas à une simple recette à appliquer, c'est une recette, dont on devient l'auteur !). C'est pourquoi, il faut prévoir dans la modélisation de la sécurité le modèle d'un tel accident et du contrôle de la situation d'accident.

Reprenons les étapes de la définition de la sécurité en y incluant la question "comment gérer l'incendie pour éviter l'aggravation catastrophique" ?

(a) Dans quel état ne veut-on pas voir le système ?
Détruit
(b) Quel est l'accident qui peut détruire le système ?
Un incendie
(b bis) Comment gérer l'incendie (l'état d'accident) pour éviter la catastrophe ?
En prévoyant une lance à incendie proche de l'atelier et en formant le personnel à la lutte contre un incendie
(c) Quel est le facteur potentiel de la déclaration d'un incendie ?
Une explosion suite à une concentration locale dans l'air d'un gaz G trop importante et à une étincelle
(d) Comment définit-on l'absence de "concentration trop importante" (et de "étincelle") ?
Par les données physico-chimiques de limite d'explosivité de G

1.2. Respecter

Il s'agit de respect des normes ou de normes de respect.

Que l'accident soit vu comme ci ou comme ça, l'occurrence de l'accident révèle toujours et partout un non respect de quelque chose ou de quelqu'un par quelqu'un ou quelque chose. C'est vérifiable en particulier pour toute pratique faisant l'objet d'une réglementation et d'une normalisation. Les définitions sont elles-mêmes à respecter sinon, elles sont sujettes à caution. D'où une nouvelle définition de l'accident établie par analogie avec l'explosion définie dans le domaine de la matière et de l'énergie. C'est une transposition dans le domaine de la communication, vue aux sens de l'information et de la relation :
« L'accident est comme une transformation non souhaitée (parce que non planifiée, dommageable, rapide, brutale ...) d'un système éco-socio-technique au cours de laquelle un grand nombre d'interactions (matérielles, énergétiques, communicationnelles ...) sont produites entre ses éléments (environnement, machine, homme) en un temps démesuré, avec une forte émission d'informations circulantes de tous types parfois trompeuses et parfois même agressives. » [GUYO 87, p.79]

"Respecter les normes", être en règle n'induit pas la certitude "pas d'accident" : c'est seulement un pas vers la sécurité. Par exemple, une norme peut être mal adaptée à la situation étudiée à cause d'un problème rédactionnel de traduction.

1.2.1. Respect de quoi pour qui

La norme est un document établi par consensus approuvé par un organisme reconnu qui fournit pour des usages communs et répétés, des règles ou lignes directrices caractéristiques pour des activités ou leurs résultats et qui vise un rapport des avantages aux inconvénients d'ordre optimal dans un contexte donné.

Par nature, les normes reflètent le niveau de sécurité le plus élevé possible compte tenu de l'état des connaissances techniques. Or la sécurité n'est pas un état pleinement accessible mais un projet idéal à réaliser. L'état de la technique résultat l'avancement d'une capacité fondée sur des découvertes pertinentes, concernant un produit, processus et procédé ("ppp"). Les conditions prévisibles d'utilisation d'un "ppp" doivent tenir compte de la pratique et de l'expérience de tous les acteurs concernés par le cycle de vie complet du "ppp".

L'élaboration d'une norme de sécurité est un acte technico-politique à dimensions socio-psycologique avec incidences économique et juridique. Elle suppose :

- coopération (couverte par des politiques horizontales et verticales), harmonisation (des exigences) ;
- accord (des libertés de circulation des marchandises, des services, des capitaux, des personnes).

Toute norme est comme une borne du domaine à respecter dans l'usage qu'elle régit. Mais que se passe-t-il lorsqu'on dépasse les bornes ? Il n'y a plus de limites !

1.2.2. Issue du néologisme

C'est ainsi qu'apparaissent ou sont apparus des néologismes dans différents domaines comme ceux par exemple de :

- L'agriculture, économie du secteur primaire ;
- L'industrie, économie du secteur secondaire ;
- Le service, économie du secteur tertiaire ;
- L'associatif, économie du secteur quaternaire.

Il est important que ces innovations culturelles du langage soient assimilées par les innombrables normes qui régissent les activités, professionnelles ou non, pour pouvoir (et c'est un devoir) faire face aux risques des innovations technologiques dans ces domaines.

On voit là un indice de plus de la transversalité de la sécurité.

Exemple :

- Défaillance catalectique, à ne pas confondre avec cataleptique ;
- Fiabilité, substantif déduit de fiable qui est une qualité de sûreté ;
- Maintenabilité et réparabilité, pour situer le maintien (maintenance préventive) ou le rétablissement (maintenance corrective) dans un état de marche désiré.

1.3. Appliquer

Appliquer c'est respecter l'intention. Respecter la norme c'est l'appliquer.

1.3.1. Domaines d'applications de l'invariant "norme"

Les domaines d'applications, c'est là où se construit le système de sécurité ad-hoc et là où se démontre la sécurité du système, donc lorsque l'identité "S = 1 – A" est reconnaissable par la réglementation et définie par rapport à la norme. On distingue deux types de représentations réglementaires :

a) La réglementation classique actuelle pour la prévention des accidents (du travail) et l'établissement de dispositifs normalisés de protection (des opérateurs) préconise d'intégrer la sécurité dans la conception des machines mais elle ne prend pas en compte les obligations de l'utilisateur. [AFNO 93] (Voir annexe 4). Et cela se retrouve non seulement dans la réglementation des activités industrielles mais aussi dans toute autre réglementation d'activités de services susceptibles de provoquer des accidents, clairement identifiés ou identifiables parce que déjà expérimentés plus d'une fois par le passé. Notons les deux exemples suivants qui font apparaître des limites d'applicabilité :

- La certification de la sécurité du Concorde qui aura servi de fondement pour celle de l'Airbus ;
- L'extension en 1984 dans toute l'Europe de la Directive CEE "Seveso" publiée le 24/06/81 en France suite à l'accident de Seveso survenu le 10/07/76.

Ces deux exemples montrent que l'utilisation de concepts anciens de danger (potentiel d'accident), de sûreté (de fonctionnement) et de risque (maîtrisable) ne suffisent plus dans certaines situations nouvelles. Il faut donc, entre autres, redéfinir ces concepts, ce qui demande aussi un renouvellement de la réglementation (et pas seulement dans les définitions). C'est bien ce que montre actuellement, suite à l'explosion en 2001 sur le site industriel de AZF implanté en zone urbanisée, un nouveau concept ou principe concernant les efforts de précautions à consentir.

b) Dans une nouvelle réglementation à venir, à caractère probabiliste, d'obligations de moyens primant sur l'obligation de résultats s'adressant, non plus à des objets et activités factuellement repérables mais à des potentiels en termes de "dangers", de "sûreté", de "risques" dont l'activation ou l'inactivation justifie le bien-fondé. Il y a donc de nouvelles définitions à intégrer dans la réglementation :

- Des dangers avec la *Cyndinique* (science des dangers) [ACAD 87] [KERV 91, p.19] ;
- Des risques des procédés et processus (chimiques) avec la *Procédique* (science des procédés) [STORK 87] ;
- De la sûreté de fonctionnement (en informatique) avec la *Dependability* (science de l'interdépendance) [FTCS 98], [IFIP 97] ;
- De la sûreté de fonctionnement des systèmes techniques, dont les performances sont variables avec la *Performability* (performance de la performance ou méta-performance).

1.3.2. Limites

Les limites, c'est là où n'est plus ni construit le système de sécurité ni démontrée la sécurité du système.

Par quelle modélisation de situation accidentelle passer quand il y a évanouissement du référentiel défini normatif, réglementaire ? En effet l'épuisement des connaissances face à l'apparition d'inconnues insaisissables provoquent des définitions et normes moins (ou plus du tout) fiables. Cela provient de :

- La nouveauté (innovation) de ce qui existe depuis peu et dont les potentiels hasardeux ne sont pas encore bien connus (OGM, ESB). L'application du principe de précaution (voir en annexe 5) tente de surmonter cette limite.
- La complexité excessive des indépendances et dépendances multiples par exemple des systèmes en réseaux (WEB) ou bien pour des risques naturels, à cause des dangers d'inondation, de tremblement de terre, de grands vents, pour lesquels la réglementation exige des plans de prévention (PPRN).
- L'incompatibilité entre des référentiels excessivement éloignés lorsque ceux-ci se rencontrent (cas de la contamination radioactive aujourd'hui des deux tiers de la Biélorussie à cause du nuage produit par l'accident de Tchernobyl en Ukraine en avril 1986).

2. Défauts dans l'organisation et variables de contrôle du changement

Cette seconde démarche de modélisation de l'accident qui stigmatise la grande variété des problèmes de sécurité, souligne le caractère relatif de ce qui est relaté et attire l'attention sur les relations concernées.

2.1. Relatifs, Relatés et Relations

2.1.1. Relatifs

La modélisation de l'accident dans un grand système complexe se rattache à l'organisation[8] par une manifestation d'une évolution non contrôlée :

- De l'activité d'une structure à finalité donnée dans un environnement donné ;
- De la finalité d'une structure d'activité donnée dans un environnement donné ;
- D'une structure à finalité donnée pour son activité dans un environnement donné ;
- De l'environnement de la structure exerçant des activités en vue d'une finalité donnée.

Il y a une ou plusieurs de ces quatre composantes en relations faisant la complexité du système et de son organisation qui partent à la dérive et vont l'accidenter. [LEMO 84]

Donc, la structure et l'activité doivent pouvoir évoluer de concert pour faire face à des changements dans la finalité ou l'environnement. Si non ! Le système risque de perdre (ou perd) sa cohérence, sa vitalité, son intégrité, son identité en raison d'une organisation devenant (ou devenue) inadaptée, destructrice, mortifère. Il est alors postulé une "évolution mauvaise", par exemple désordonnée ou bien dommageable de la structure ou de l'activité qui aboutit à une nouvelle donne "pire" de l'organisation ou du système. Le caractère relatif des jugements "mauvais" et "pire" est à remarquer soigneusement.

---

[8] Une organisation est une structure vivante (d'organes coopérant ensemble) dont l'activité ou la fonction est capable d'évolution pour maintenir sa finalité, son projet ou sa vocation malgré les changements de l'environnement. [LEMO 84]

L'accident, considéré "comme" une défaillance ou mieux encore, comme un défaut de l'organisation, peut être pris (et c'est en général le cas avec la réglementation) comme variable de contrôle des risques de changements de conduite dans l'organisation. Cette remise en cause peut également se produire en raison de l'imperfection des modèles de productions qui président aux usages dans le système. [FERR 81].

L'accident est donc vu comme une grandeur perturbatrice de l'organisation du système. On fait l'analogie ici avec la grandeur perturbatrice dans une chaîne de régulation où classiquement, dans le domaine technique, interviennent encore la grandeur réglée et la grandeur réglante.

L'accident ne peut plus être seulement vu comme un aléa soudain, brutal, complet et irrémédiable, mais aussi comme un processus (réversible) qui dure et envahit progressivement le système et son organisation (on parle dans certain milieu d'"incident" ou de "presque accident").

Pour le système dont la sécurité est requise, gérer l'accident et non pas seulement l'éviter, c'est réguler les risques d'une situation accidentelle (risk management). Cela passe par une modélisation systémique de l'organisation réelle du système réel qui ne néglige pas la complexité. Il y aura, ce qui est à la base du métier d'ingénieur, production de modèles de calculs d'erreur ou d'incertitude.

Quelque soit la façon dont l'accident est défini, son apparition dévoile des cheminements défectueux issus des grandes profondeurs de l'organisation, lesquels sont potentiellement réutilisables pour faire passer de l'impuissance devant l'accident subi à une transformation active rendant la récupération possible.

2.1.2. Relatés

Ce qui est relaté, ce sont les accidents dont il faut faire mémoire pour en tirer des leçons afin, au minimum, d'éviter la répétition à l'identique. L'histoire de l'accident mêle deux aspects, le factuel et l'interprété, qu'il convient de distinguer clairement. Quand l'accident fait l'objet d'une enquête et d'un rapport d'enquête cela devient possible d'entamer la démarche de modélisation de l'accident dont pourra s'inspirer la modélisation de la sécurité pour sécuriser un système identique ou équivalent. II est donc important à propos des accidents à relater de distinguer et considérer :

- Le dénombrement des accidents, à rapporter à l'histoire d'une espèce de systèmes qui en expérimente la répétition, par exempte le nombre de ruptures par an depuis 100ans dans le parc des enceintes sous pression en Angleterre [HAAS 92] ;
- L'énumération des accidents, pour que ces cas historiques aient un sens minimum aussi pour les observateurs qui sont en dehors des systèmes sièges de ces indésirables [LEES 80 appendix 3 Case histories p.887-927] ;
- La description attentive et certifiée la plus précise et objective possible des accidents, mémorables pour l'histoire des entreprises professions sociétés et activités des hommes (c'est par exemple le cas de rapports d'enquêtes). [PRES 86] [MINI 93] [IRNS 03]

Des histoires des accidents de l'Histoire on peut tirer au fur et à mesure avec circonspection des leçons. Celles-ci ne sont pas faciles à apprendre, comme par exemple les leçons suivantes :

1. Le système a l'opportunité de rencontrer dans l'accident le choix de se réformer ou disparaître. Mais est-ce que l'organisation le sait et le veut ?
2. Bien autopsier un système "mort" par accident permet de mieux apprécier les origines des faiblesses de la sécurité du système et d'améliorer la fiabilité des systèmes de sécurité. Mais est-ce que l'organisation cette fois le peut ou le doit ? Sans que ce soit ni trop tard ni trop tôt !
3. La requête d'exaustivité se pose plusieurs fois. Combien de fois ?

2.1.3. Relations

Pour gérer l'évitement ou le rattrapage il est nécessaire d'avoir une bonne connaissance et une bonne agilité pour reconnaître et utiliser toutes sortes de relations pour anticiper ou corriger. Les relations en cause sont soit idéalement pré-établies, soit parfaitement soit réellement avec incertitude, subjectivité, imprécision soit sont établies empiriquement ou formées spontanément "dans le feu de l'action". Dans ce dernier cas, ces relations peuvent devenir des relations "insidieuses". L'évitement et le rattrapage des indésirables, automatiquement ou manuellement, seront d'autant plus efficaces que le chaînage et le relationnel seront restés adaptés au système et à son organisation en toutes circonstances. Cela n'est possible que grâce à une démarche exploratoire supplémentaire ayant un caractère inductif et donc un impact de responsabilisation.

2.2. Exemple de Challenger

C'est un cas d'accident "majeur-mémorable" mortel à la fois pour les astronautes victimes de l'explosion et "mortel" pour la gigantesque organisation de la NASA qui sera "remise à zéro". L'accident est dû â une suite de défauts perturbant l'organisation de la NASA malheureusement incapable de s'en servir comme variables de contrôle des changements nécessaires pour éviter l'engagement dans l'irrémédiable.

Le plan du rapport établi par une commission d'enquête présidée par un prix Nobel, William P. Rogers, [PRES 86] apporte plusieurs indications concernant la problématique de la sécurité aperçue au travers d'une analyse fouillée de l'accident. Chaque chapitre du rapport est une leçon à méditer pour intégrer convenablement l'amplitude immense du champ d'actions à explorer et cultiver.

Chapitre 1 : le programme, du 12.04.81 au 28.01.86, 24 missions réussies en 57 mois, accident catastrophique à la 25ème : *planning du projet - horizon temporel de la mission.*

Chapitre 2 : les éléments constitutifs du système de transport spatial et les 5 grands ensembles de la navette spatiale : *architectures système et structures organisationnelles.*

Chapitre 3 : les retards de tirs, amplitude et fréquence : *déviations potentiellement disqualifiantes.*

Chapitre 4 : la séquence de l'accident en mission : durée de 1'57"818 (de 16h37'53"444 à 16h39'50"262) : *constantes de temps des phénomènes dangereux actualisés (le joint fuyard).*

Chapitre 5 : les causes contribuantes : *défauts dormant dans le processus de prise de décision "Go – No go" :*

- "montre mais n'empêche pas" : *faiblesse ou défaillance du pouvoir ;*
- "des conditions inconnues... pas reconnues" : *faiblesse ou défaillance du savoir ;*

- "prove safe ? or no safe ?" : *autoriser ou interdire, favorisant et déclenchant faiblesse ou défaillance du devoir.*

Chapitre 6 : enracinement historique : *la dimension culturelle et le niveau méta.*

Chapitre 7 : les silences du programme de Sécurité - Qualité - Fiabilité : *absence, lacune du système de sécurité.*

Chapitre 8 : les pressions "Economico - Politiques" sur le système : *contre pouvoirs, modes communs cachés.*

Chapitre 9 : les dix classes de recommandations pour l'avenir : *pouvoir(s) des "bonnes" résolutions.*

Et L'AMDEC[9] était au centre "méconnue ".

Ce tristement célèbre accident fait découvrir un système gigantesque situé dans un environnement spécifique immense (la NASA avec ses fournisseurs équipementiers et ses clients politico financiers). En fait, pour trouver les causes déterminantes de l'accident et comprendre ce qu'il faut faire pour éviter qu'un autre accident de ce type se reproduise, il faut découvrir dans la gigantesque organisation son unité approfondie[10], stabilisée[11] et durable[12], globalement et en détail. Or cette unité est apparemment inexistante ou affaiblie en tout cas.

Pour que la sécurité d'un système progresse, il vaut mieux passer par la mise en marche du processus de modélisation des accidents. Ce processus une fois pris en main il peut donner son fruit utile au système qui est la prise de conscience des défauts de l'organisation dans le système. Dans l'exemple de Challenger, on relève entre autres défauts de l'organisation, l'absence de traçabilité des informations, le manque d'interactions, l'inadéquation des interfaces.

Il faut donc essayer de déterminer au sein même de la modélisation des accidents les défauts de l'organisation qui peuvent toucher le système.

2.3. Détermination des défauts de l'organisation dans la modélisation des accidents du système

Pour y parvenir, il existe (parmi d'autres) deux outils performants :
- L'AMDE (ou AMDEC) : Analyse des Modes de Défaillances, de leurs Causes, de leurs Effets (et de leur Criticité), qui s'intéresse d'abord aux défaillances catalectiques affectant l'état de fonctionnement des composants et recherche ensuite les effets ressentis au niveau global système ;
- L'HAZOP (HAZard and OPerability study) qui s'intéresse aux dérives des variables de contrôle commande du système repérables sur les liaisons entre composants.

---

[9] *AMDEC : Analyse des Modes de Défaillances, de leurs Effets et de leur Criticité*
[10] *En rapport avec les différentes théories de management de projet.*
[11] *En rapport avec les différentes théories de la communication.*
[12] *En rapport avec les différentes théories de la qualité.*

Nous reviendrons plusieurs fois sur ces deux outils d'étude des dangers qui ont le mérite de :

- Correspondre à la problématique de la sécurité dans son ensemble, qui est de mettre en oeuvre un système de sécurité capable de répondre de façon interactive aux besoins de sécurité du système, lesquels se découvrent aléatoirement et se solutionnent de façon inductive, voilà pourquoi il vaut mieux se savoir en danger (en chemin) que se croire en sécurité (au but);
- Introduire à la méthodologie de la sécurité dans son ensemble, par la puissance d'ouverture sur d'innombrables possibles qu'apporte le raisonnement inductif mené de façon très simple et transparente.

Reprenons l'exemple de la destruction de l'atelier de production de X

Une lance à incendie a bien été prévue aux alentours de l'atelier. Cependant, par soucis d'économie, l'entreprise a décidé de ne prévoir qu'une lance pour trois ateliers de production. De plus, l'atelier voisin du notre, présente de plus forts risques d'incendie. De ce fait la lance a été placée très près de cet atelier donc assez loin du notre.

Toute ces données, qui ont pu être déterminées par une AMDEC ou une HAZOP, font que la lance ne sera pas suffisante pour éteindre un éventuel incendie au sein de notre atelier.

Finalement nous découvrons le défaut de l'organisation (ici le souci économique qui fait décider de ne prévoir qu'une lance) qui ne reconnaît pas l'inefficacité de la lance à éteindre un incendie dans l'atelier de production de X.

Ainsi, pour répondre à la question (b bis), il ne faudra pas tenir compte de cette lance et réfléchir à une autre solution de mise en sécurité.

Les défauts de l'organisation peuvent ainsi devenir des variables de contrôle du changement, c'est-à-dire que dans la modélisation des accidents, on rencontre l'alternative de changer quelque chose dans l'organisation au lieu de continuer de faire avec toujours plus du même. En effet, une organisation est une structure vivante dont, par exemple, l'activité est capable d'évolution pour maintenir sa finalité (sa mission) malgré des changements dans l'environnement.

2.3.1. Présentation de l'AMDE(C)

L'AMDE(C) est une modélisation inductive des dangers. Elle réalise une analyse systématique, élémentaire, mémorisable des modes de défaillances des composants, de leurs causes, de leurs effets (et de leur criticité).

Cette méthode se décompose en quatre étapes principales [CETI 95], [LIMN 83] :

Etape 1 : Initialisation

1. Définition du système à étudier
2. Définition de la phase de fonctionnement
3. Définition des objectifs à atteindre
4. Constitution du groupe de travail
5. Etablissement du planning
6. Mise au point des supports de l'étude

Etape 2 : Décomposition fonctionnelle

7. Découpage du système
8. Identification des fonctions des sous ensembles
9. Identification des fonctions des éléments

Etape 3 : Analyse AMDE(C)

Etape 3.a : Analyse des mécanismes de défaillance

10. Identification des modes de défaillance
11. Recherche des causes
12. Recherche des effets
13. Recensement des détections

Etape 3.b : Evaluation de la criticité

14. Estimation du temps d'intervention
15. Evaluation des critères de cotation
16. Calcul de la criticité

Etape 3.c : Proposition d'actions correctives

17. Recherche des actions correctives
18. Calcul de la nouvelle criticité

Etape 4 : Synthèse

19. Hiérarchisation des défaillances
20. Liste des points critiques
21. Liste des recommandations

(Voir en annexe 6 un complément d'information)

2.3.2. Présentation de l'HAZOP

Cette méthode apporte comme l'AMDEC une modélisation inductive des dangers par une analyse centrée non pas sur les états défaillants des composants (AMDE) mais sur les dérives des variables de contrôle des processus du système avec leurs causes et leurs conséquences. Cette scrutation est en dépendance étroite avec les modes opératoires mis en jeu dans la conduite du procédé. La version la plus ancienne est issue de l'IC-américaine pour laquelle elle a été conçue. Elle est plus généralement applicable en génie des procédés ce qui déborde le cadre chimique. En précisant qu'il s'agit surtout de processus continus, à régime nominal durable et stable ou pas.

Cette méthode se décompose en cinq étapes principales (la totalité des étapes détaillées est présentée en annexe 7) [LIMN 83] [LEES 80] [WELL 96] [KLET 92] :

1. Intentions et mots clés
2. Déviations
3. Conséquences dangereuses et difficultés opératoires
4. Causes
5. Préconisations

Des mots clés servent de guides de l'examen. Ce sont par exemple :

- Pas de	annulation de l'intention
- Plus (trop de)	augmentation quantitative
- Moins (pas assez de)	diminution quantitative
- Partie de	changement qualitatif de la composition
- Inverse	contraire logique de l'intention
- Autre que	substitution complète du fonctionnement normal

Ces intentions déviées s'appliquent :

- Aux conditions de conduite du procédé (température, concentration, débit ...) ;
- Aux activités (transférer, chauffer, mélanger ...) ;
- Au temps (délai, retard, avance, date, tôt, tard, fréquences ...) ;

- A l'espace (position, distance, volume, plus haut, plus bas ...) ;
- Aux substances (masse, phase, pureté, ...).

(Voir en annexe 7 l'exemple proposé)

2.3.3. Conclusion

Ces deux méthodes similaires par leur démarche fournissent en résultats des répertoires de problèmes très variés pour lesquels sont proposées différentes solutions à appliquer. On parle de "recommandations", "actions suggérées ou correctives", "observations", moyens de détection", "fréquences d'inspections ou test" et de "préconisations".

Toutes ces solutions très nombreuses et très diverses doivent être classées par degré d'importance selon des critères empiriques qui devraient faire l'unanimité entre tous les porteurs du risque, comme par exemple probabilité, gravité, délai, coût.

Leur caractère inductif redonne de l'"adaptabilité" à l'organisation. Leur caractère systématique redonne cohérence et homogénéité au contrôle. Leur caractère élémentaire, simple et direct, "linéaire" redonne de l'assurance pour gérer les couples "problèmes - solutions" découverts.

La sécurité généralement prend les deux formes de résistance ou de réaction à l'actualisation du danger qui se présente dans l'organisation. La sécurité indique comment faire face aux changements qui sont supposés intolérables pour le système ?

Deux importantes leçons sont à réécouter pour mieux les accepter et pour mieux apprendre la sécurité :
1. L'Histoire d'accidents (mortels) répétés au sein d'une même famille de systèmes fait découvrir l'alternative cruciale "Se réformer ou disparaître".
2. Des autopsies méticuleusement menées (comme par exemple pour Challenger (1986), mais aussi pour Seveso (1976), Tchernobyl (1986), Mont St Odile (1992), Toulouse (2001), etc.) émerge le même besoin formulé sous des formes différentes : "Apprécier la sécurité ou mémoriser le danger ni trop tard ni trop tôt".

2.4. Domaines et limites

Les domaines d'applications, c'est là où se démontre la sécurité du système et peut se construire le système de sécurité. C'est lorsque l'organisation devient repérable et accessible aux niveaux de ses manques (par défauts et par excès). Ces manques étant à mettre et remettre en questions depuis la conception jusqu'à la mort du système.

Trois domaines d'application de cette seconde démarche de modélisation de l'accident émergent dans les pratiques et préoccupations actuelles au sujet de la sécurité :

1. Dans le domaine des sciences de l'homme et de la société (philosophie, politique, économie, droit, sociologie, psychologie, médecine ...) lorsque intéressées par les risques qu'elles considèrent chacune ou ensembles elles sont particulièrement préoccupées par les progrès des sciences pour l'ingénieur et l'innovation technologique[13] qui font courir à la société des risques majeurs parfois inattendus ;

[13] *la technologie est le nom que prend la science lorsqu'elle s'applique aux objets fabriqués par l'homme.*

2. Dans le domaine du "Risk Managment" qui diffuse dans les grandes organisations ou entreprises et leurs grands projets ;

3. Dans le "Risk Engineering" qui se développe dans l'industrie, là où les sciences pour l'ingénieur sont poussées jusqu'à leurs limites et qu'elles tentent de dépasser.

Là où n'est ni construit le système de sécurité ni démontré la sécurité du système on trouve les limites du domaine d'application de la modélisation de l'accident. Il s'agit de la modélisation qui fait voir l'accident comme un défaut, un manque un manquement de l'organisation. Après la norme, l'organisation est un second invariant dans la modélisation de la sécurité du système. Les limites viennent des caractéristiques suivantes :

1. La trop grande complexité des systèmes et de leur organisation repoussée par des simplifications abusives. C'est le cas par exemple de la décision "Go" du "Big Boss" qui fait courir un risque excessif à Challenger ;

2. Les manques épistémologiques, par perte de sens-compréhension ou de sens-perception ou de sens-orientation. C'est par exemple le cas de l'absence d'interprétation juste des conséquences sur la sûreté du tir des retards répétés dans la décision de tir;

3. L'ampleur excessive (de 10^{18} entre 10^{-9} et 10^{9}) des nombreuses dimensions à considérer. Elle peut aller du nano quelque chose (ou moins encore jusqu'au yocto 10^{-24}) au giga quelques choses (ou plus encore jusqu'au yotta 10^{24}). C'est par exemple le cas avec :
   - Un nuage électronique de quelques nanomètres de diamètre qui est capable d'influencer le développement de phénomènes dangereux !
   - Une centaine de kilos de matière fissile qui est capable de générer et répandre des giga becquerel de radioactivité !

   C'est aussi le cas avec l'écart d'ampleur conséquente qui ne se mesure pas qu'en unités de temps entre les 118 millisecondes de la séquence d'accident de Challenger comparées aux 42 000 heures du programme écoulé depuis son début jusqu'à l'accident ;

4. L'apparition du phénomène de surcharge cognitive "COS" (cognitive overflow syndrom), comparable à un phénomène de fission de l'information circulante ou de fusion de l'information structure entraînant dans tous les cas des pertes de cohérence et de cohésion fatales.

3. Maintien de l'état et dépassement des bornes

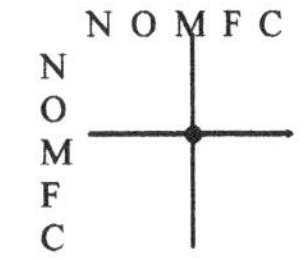

Il est postulé qu'il existe un scénario de référence par rapport auquel s'explique l'accident mettant en jeu l'utilisation, l'intégrité du système, en particulier du procédé. Cela veut dire que tous les accidents, pouvant se produire dans la continuité (ou contiguïté) indéfinie des états occupés par le procédé, malgré leur diversité, relèvent d'un même type d'accident. On parle d'"accident de référence" impliquant dans sa définition : les domaines d'états occupés par le procédé, la trajectoire des points de fonctionnement du procédé et l'excursion indésirable du point de fonctionnement. L'invariant de la sécurité passe par la reconnaissance de l'état occupé par le système. Cela est vérifiable à contrario par la modélisation de l'accident manifesté systématiquement par un dépassement des bornes limitant le domaine d'état.

Le point de fonctionnement d'un système ne doit pas être dérouté de sa trajectoire dans un des domaines d'état du système ou il doit être fait en sorte que de telles dérives soient "rattrapables" avant qu'il ne soit trop tard. La dérive du point de fonctionnement est un premier pas dans l'accident, vers l'accident accompli. S'il dérive suffisamment et dépasse les bornes, c'est l'accident.

Exemples de scénario de référence :

1. L'enceinte du réacteur semi batch, tandis qu'il est en phase de production, est mise sous pression et explose après que la masse réactionnelle passe en dérive de la température, franchissant les trois limites successives, de température T_1 de consigne de la régulation, de température T_2 d'alarme (arrêt de l'injection), de température T_3 de sécurité (ouverture de la soupape) jusque dans un domaine d'état où l'explosion est inévitable

2. L'avion s'écrase, tandis qu'il est en descente vers la piste, alors que son angle de descente (α) est plus grand que prévu, que sa vitesse de descente réelle est plus grande que celle qu'il croit avoir, que son altitude (H) est plus basse que prévue.

Remarque : leçons d'une petite expérience : soient les neuf points encadrés suivants : est-il possible de les relier par une ligne droite, brisée pas plus de trois fois, sans lever le crayon du papier. (Voir solution et commentaires en annexe 8)

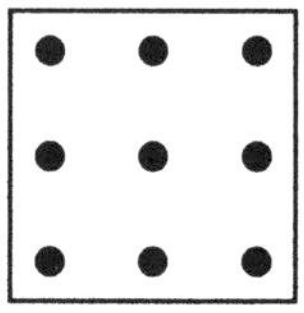

Fig. III.1 : Expérience

Indication : il suffit parfois de dépasser les bornes

3.1. Domaines d'états

On peut classer les états possibles, dans lesquels peut être trouvé un procédé (en génie chimique,...), en trois domaines d'états mutuellement exclusifs, idéalement exhaustifs, fermés, distincts, emboîtés (physiquement, logiquement, humainement) comme le montre la Fig. III.2.

1. Le domaine d'état (central) de régulation, noté **R** (marche, bon état, nominal, optimal, à défaut contrôlé) ;

2. Le domaine d'état (frontalier) d'alarme, noté **A** (alerte, seuil, borne, danger, dysfonctionnement, à défaillance gérée) ;

3. Le domaine d'état (périphérique) de sécurité, noté **S** (arrêt d'urgence, repli, sauve ce qu'on peut, à dommages prévus de l'accident circonscrit) ;

4. Ces trois domaines d'états sont situés dans un quatrième domaine environnant transparent (noté **k**), sous-jacent ou surplombant, en arrière plan des domaines précédents, contradictoirement en intersection non vide avec les trois domaines d'états précédents à comprendre comme un pseudo état (de catastrophe), imaginé possible (paradoxalement) par ignorance et impuissance.

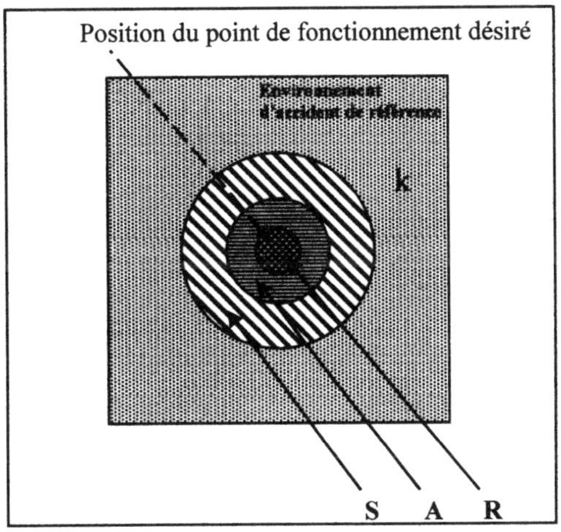

Fig. III.2 : Organisation idéale des conditions d'exploitation d'un procédé industriel

Les limites des 3 domaines 'R,A,S' sont des frontières qu'il ne faudrait pas dépasser, dont on peut cependant se rapprocher et que l'on tolère de franchir; la limite du domaine de 'k' est plutôt comme un horizon qui s'éloigne au fur et à mesure qu'on s'en approche.

Ces trois domaines d'états dans lesquels le procédé peut être "maintenu" sont ordonnés (structurés) du centre à la périphérie, du plus au moins connu, du plus au moins précis, du mieux piloté (objectivement) au moins bien maîtrisé (subjectivement), du déterminé avec certitude à l'interprétation extrêmement "improbable", du plus bénéfique au plus dommageable.

Décomposons la figure précédente :

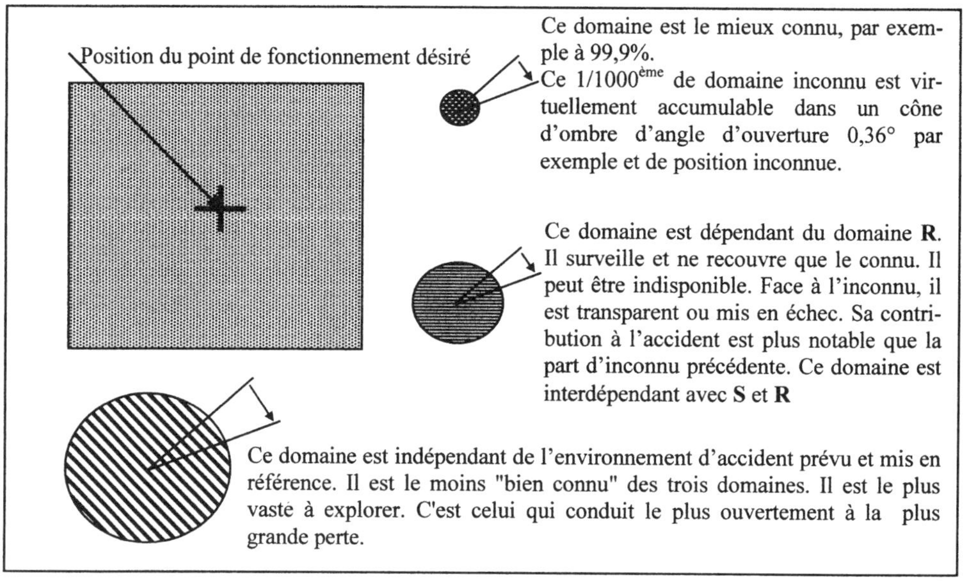

Fig. III.3 : Relations entre les trois domaines d'exploitation d'un procédé

Commentaires sur les figures Fig. III.2 & Fig. III.3 :

1. Le point de fonctionnement nominal optimal, repéré dans un environnement de référence est figuré par sa position au centre de la "cible".
2. La cible délimite les domaines de valeurs mesurées des grandeurs à partir desquelles on définit l'état du système qui dépend de l'état du contrôle commande du procédé. Ces domaines de valeurs sont ici représentés idéalement en cercles concentriques mais empiriquement, ils sont plutôt représentables par un diagramme en étoile.
   Par exemple : pour le réacteur chimique, l'étoile aura plusieurs axes pour les différentes lignes de mesures des températures de la masse réactionnelle, pour les températures du caloporteur, pour le débit de réactif entrant, etc.
3. Le domaine de régulation est supposé le mieux connu. Ce constat peut être figuré par le petit cercle central représentant 100% des états connus possibles correctement utilisés. Mais seulement 99,9% de ce domaine est validé, il reste donc 1/1000ème d'invalidité. Une telle distinction est accessible grâce à la vigilance consciente de l'état. La métaphore du radar qui tourne sur 360° pour scruter son domaine d'espace et du cône d'ombre de $1/1000 \times 360 = 0{,}36°$ représentant ce qui n'est pas aperçu, illustre cette réalité imparfaitement connue.
   Par exemple : pour l'ensemble des réactions chimiques dans un réacteur : la stoechiométrie réelle est légèrement différente de celle établie, à cause des impuretés dans les réactifs dans l'enceinte, à cause de la viscosité, de l'imperfection de forme des pales de l'agitateur, de l'importance du volume.

On postule donc qu'il est effectivement possible d'observer et d'enregistrer les variations du niveau de sécurité du procédé (de façon probabiliste) "en suivant" la trajectoire prévue et les excursions du point de fonctionnement dans les différents domaines d'états. Par exemple par des mesures statistiques des temps d'occupation des états respectifs ou bien par des mesures d'écarts sur des grandeurs physiques surveillées.

3.2. Excursion du point de fonctionnement

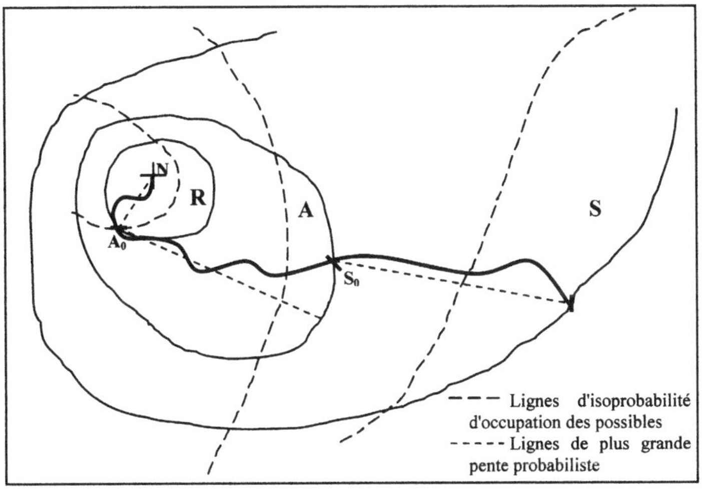

Fig. III.4 : Trajectoire du point représentatif des dysfonctionnements du système dans le champs d'occupation des possibles R, A, S

On appelle excursion du point de fonctionnement un transitoire indésirable du point de fonctionnement dérouté de sa trajectoire désirée dans un des domaines d'états. Elle est causée par un dysfonctionnement indésirable par ce que non planifié et dommageable.

[LIEV 76, p202]

Une excursion est donc formée de la suite des écarts constatés entre les valeurs réelles et les valeurs désirées des paramètres de fonctionnement et des paramètres tactiques. L'excursion peut fournir une trace de l'accident.

Commentaires sur la figure III.4 :

1. La probabilité que le point N existe peut être estimée par
   $p(N = 1) = 1 - p(D)$
   avec D l'indisponibilité (être en état de panne).
2. Le domaine R est le lieu des points de fonctionnement dans lequel tout défaut ou dérive reste sous contrôle de la régulation.
3. La frontière entre les domaines R et A symbolise le lieu des points de fonctionnement pour lesquels le système se met en "alarme" ; le périmètre de la frontière est une mesure symbolique de l'ampleur des connaissances disponibles à ce propos ; la distance entre N et un point frontière est une mesure symbolique de l'ampleur du champs d'interaction de la régulation particulière associée à cette alarme ; la probabilité qu'un point de la frontière (par exemple le point A_0) soit occupé peut être définie de façon similaire à la définition donnée dans le premier commentaire.

4. La frontière entre les domaines A et S ainsi que les parties restantes de la figure peuvent être définies de façon similaire aux commentaires précédents. Classiquement le domaine A est le domaine d'état dans lequel le système est réputé capable d'éviter l'accident, c'est le domaine des "préventions". De même, le domaine S est celui des "protections", en particulier par arrêt d'urgence. Le domaine "k" environnant le domaine S est le plus "en dehors", celui où l'imaginable et l'inimaginable se confondent, celui des "précautions".
5. On profite de ce schéma pour introduire deux notions supplémentaires extrapolées d'autres domaines d'étude de la sécurité :
   - La ligne d'isoprobabilité d'état : par analogie avec les calculs de probabilité de rupture à la sollicitation en fiabilité mécanique [LIGE 84] ; par analogie avec les calculs de sécurité des aéronefs en utilisation [WANN 69] : c'est par exemple le cas de (l'iso)probabilité conditionnelle d'accident dû à un franchissement d'une limite (de vitesse, d'incidence, de charge etc.)
   - La ligne de plus grande pente probabiliste : par analogie avec la sécurité en montagne dans le cas particulier du danger d'avalanche dont par exemple la probabilité de déclenchement dépend du degré de charge lequel est corrélé à la résistance de base au cisaillement [MUNT 92].

Une excursion sera réputée d'autant plus dangereuse qu'elle amène le système à changer plus brutalement de domaine d'états, c'est-à-dire de tomber rapidement de R dans A, ou de R dans S, ou de A dans S. Le risque de chaque excursion est "évaluable" en probabilité/gravité (c'est-à-dire par l'amplitude de la perte probable produite) bien que les calculs pour y parvenir soient très compliqués. Voir à ce propos [LIEV 76, p.41], [GUYO 87, p.145] [ZIAN 86]. Les gravités possibles des conséquences d'une excursion sont réparties en classes de gravité g qui sont à mettre en correspondances à priori avec les domaines d'états :

- g. mineures (dans R, perte d'optimalité) ;
- g. significatives (dans A, perte de productivité) ;
- g. critiques (dans S, perte de crédibilité) ;
- g. catastrophiques (dans k, perte existentielle, disparition "corps et biens").

Les correspondances préservent la cohérence et la monotonie au cours des changements.
Remarques : [LIEVENS 76, figVII.1 p.218 et figVII.3 p.222]

- Composante de la brutalité du changement, la soudaineté intervient aussi. Celle-ci peut être approchée par la notion de stabilité. En effet on constate dans bien des cas que la stabilité de l'état occupé peut aussi bien s'opposer à la sécurité que la soutenir et la consolider (exemple : plus grande est l'inertie thermique de la masse réactionnelle, moins facile sera la récupération de l'excursion ; plus grande est la puissance thermique du circuit de refroidissement, plus facile sera la récupération).
- Il apparaît avec cette voie de modélisation d'accident par scénario de référence que pour réussir le maintien de l'état désiré et donc assurer le non dépassement des bornes, il devient nécessaire de prendre en considération à la fois l'aspect statique de la mise en sécurité (ou structurel, représenté par les domaines d'états) et l'aspect "dynamique" de la remise en sécurité (ou d'activité, représenté par les excursions). Nous verrons, dans les deux invariants suivants et surtout dans les développements de la méthodologie, un peu plus clairement ce que représentent ces deux aspects statique et dynamique de la sécurité donc des deux aspects structure et activité de l'accident).

Exemple de l'atelier de production de X – Suite

Tout comme un enfant qui demande "pourquoi" puis non satisfait de la réponse va demander "pourquoi" cette réponse, nous pouvons procéder de la même façon pour la sécurité : à la réponse de l'étape (c), nous pouvons ajouter une étape (c') : "quel est le facteur potentiel d'une concentration locale trop important de G ?" :

(c') Quel est le facteur potentiel d'une concentration locale trop importante de G ?

Une défaillance du système de réfrigération de G qui a pour but de condenser G.

(Si cette réponse n'est toujours pas assez approfondie, on peut encore se demander : "et pourquoi il y a une défaillance ?" ou bien : "quel est le facteur potentiel d'une telle défaillance ?")

Cette défaillance est une excursion du point de fonctionnement du système de réfrigération.

Le point de fonctionnement est le débit optimal du fluide réfrigérant et son excursion est la chute du débit.

Si le débit chute suffisamment, il traverse les domaines d'états jusqu'à ce que du gaz s'échappe du système de réfrigération et se retrouve dans l'environnement de ce système.

Si l'excursion du point de fonctionnement n'est pas redressée à temps, il va y avoir une concentration trop importante de G dans l'air. Continuons le raisonnement en passant à l'étape (d) :

(d) Comment définit-on l'absence de "concentration trop importante" (et de "étincelle") ?

Il ne faut pas dépasser la borne : la limite d'explosivité de G.

3.3. Domaines d'applications...

... c'est-à-dire là où se construit le système de sécurité et se démontre la sécurité du système.

C'est une troisième voie de progrès de la sécurité qui a déjà été repérée et tracée avec l'expérience technologique de la conquête des milieux extrêmes (très basses, très hautes -températures, -pressions, -profondeurs, -altitudes, -vitesses, -énergies ...).

Un autre domaine d'application de cet invariant "maintien et dépassement" se trouve dans les réponses apportées aux besoins de prévention des pertes dans les procédés fixes, en particulier ceux de l'industrie chimique. Le titre d'un manuel, qui fait référence dans six pays, "Plant loss prevention" [LEES 80] est significatif de cette tendance. Le besoin se fait surtout sentir dans les projets d'automatisation ou d'informatisation de la conduite et de la surveillance des procédés, ce qui provoque la réactualisation de dangers déjà connus ou l'émergence de dangers nouveaux. Ces dangers concernent tous les procédés qu'ils soient continus, discontinus, semi continus ou semi discontinus. La sécurité du procédé dans ce cas progressera grâce à une amélioration de la gestion de l'alarme et grâce à une amélioration des procédures d'urgences (arrêt d'urgence). C'est par exemple réalisé avec la "reconnaissance de signature", la "traçabilité", la "boîte noire". [HERN 87] [AIME 91]

3.4. Limites…

… c'est-à-dire là où n'est ni construit le système de sécurité ni démontrée la sécurité du système parce que l'on constate :

- L'inexistence patente d'un domaine de régulation et d'un domaine d'alarme comme intermédiaires suffisants entre "tout va bien" et "rien ne va plus" ;
- La non-représentation du domaine d'utilisation (par trop grande complexité) ;
- La non-qualité de la surveillance qui empêche toute "traçabilité" ; si le caractère non déterministe de l'opérateur humain intervient alors qu'il est inséré dans la boucle de conduite et de surveillance et qu'il est modélisé comme un composant du système au même titre que les autres composants (type automate n'ayant aucun sentiment) ;
- Un trop grand degré d'urgence qui inhibe l'efficacité de toute intervention ;
- L'explosion combinatoire qui fait perdre l'actualité de la représentation : Cela arrive lorsque le temps de calcul de changement d'état modélisé devient nettement plus grand que le temps de changement d'état du procédé lui-même.

4. Prévention et protection face aux situations accidentelles possibles

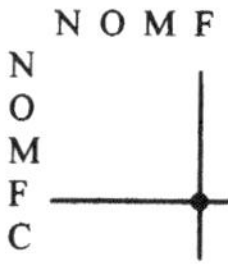

Il est postulé un ensemble structuré de séquences accidentelles avec leurs conséquences et leurs origines possibles prévues. Il y a comme un système général sous-entendu ! Quand le nombre et la variété des besoins suscités par les développements interdépendants de la technologie, de l'économie et du politique augmentent, il devient difficile sous bien des aspects de répondre de façons satisfaisantes pour tous aux besoins ressentis surtout s'ils ne sont pas exprimés méthodiquement, rigoureusement et fidèlement.

La problématique de la sécurité, en particulier de la sécurité industrielle, concerne des risques pris ou subis par le politique, l'économique, le technologique. Cette problématique dans l'ensemble se positionne sur l'axe du temps en trois catégories : le présent ou non, le passé et le futur. On distingue donc : l'accident en cours à l'instant présent, l'accident possible passé dont l'influence se fait encore sentir, l'accident possible futur dont l'influence commence déjà à se faire sentir. Y faire face (à l'accident dans toutes ses dimensions) met rudement à l'épreuve le système et son environnement. Cette mise à l'épreuve se fait sentir en particulier dans le devoir de mémoire immédiate utilisable dans l'instant, qui surprend ou non. Elle se fait sentir aussi au travers des mémoires à termes des passés

4.1. Les besoins de prévention et protection

4.1.1. Quand l'indésirable se présente et son futur fait souci

Quand c'est la trop grande amplitude des besoins de prévenir ou/et de protéger du grave ou/et du rare-improbable qui se fait ressentir alors, c'est la recherche opérationnelle qui se développe en produisant tout un ensemble de méthodes et modèles dont les "arbres de décision" en économie-politique [KAUF 72], [RAIF 73]. Fort des acquis de cette expérience un nouveau développement méthodologique a réussi à exprimer les besoins en sûreté du nucléaire civil en proposant comme solution une transposition des arbres de décision en "arbre d'événement" [USNR 75]

L'"event tree" (arbre d'évènement), méthode inductive de représentation arborescente des effets et des conséquences des in-(ter)-actions projetées et réussies ou non, apporte un nouvel outil. Celui-ci permet d'accompagner une démarche de réflexion orientée vers la prévision, la prédiction, l'anticipation et aussi d'aider à prendre ou non des risques en dépendance des futures décisions et aléas qui préfigurent l'histoire à venir du système. (Voir tout le chapitre IV qui est dédié à cette méthode)

Bien que, par définition, l'arbre d'évènement se construise à partir d'un avenir possible qui n'a pas encore été vécu, pour faire comprendre la problématique de cet invariant (quels que soient les accidents réalisés, il y a toujours eu incriminés des dispositifs de prévention et ou de protection qui n'ont pas fait face), on se servira des deux exemples d'arbre d'évènement construit à partir de circonstances vécues :

1. L'arbre d'évènement (de la figure III.5) montre le scénario d'accident de Los Alfaques qui remet en question la sécurité du système de transport routier ;
2. L'arbre d'évènement (à consulter en annexe 9) montre le scénario d'accident d'Ermenonville qui remet en question la sécurité du système de transport aérien.

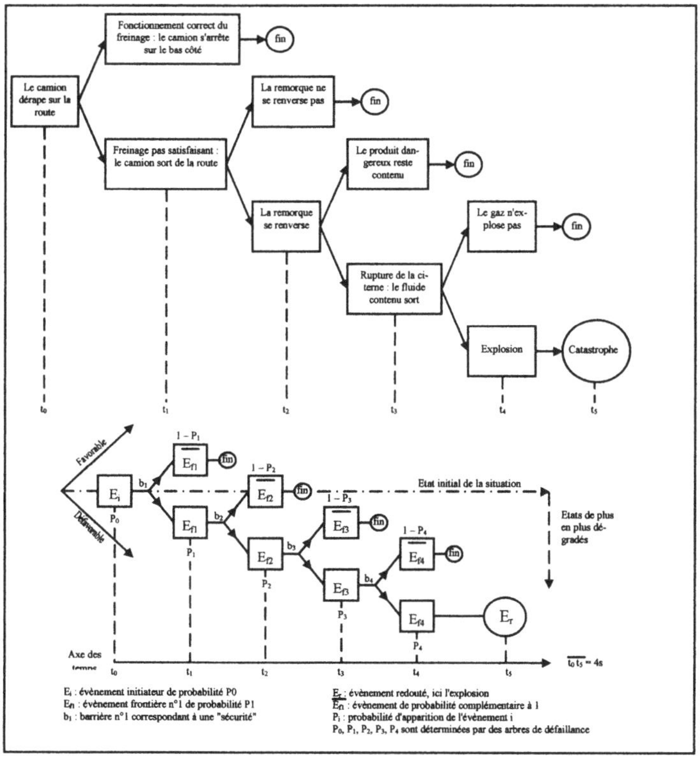

Ces deux arbres le montrent bien, les choses auraient pu se passer autrement. La réussite, éviter la catastrophe, est une succession d'erreurs redressées à temps !

Fig. III.5 : Arbre d'évènement du scénario d'accident type "Los Alfaques" [TANG 78]

4.1.2. Si l'évènement est le redouté qui interdit tout futur

Il y a certains problèmes de communications physiques et mentaux qui sont vitaux, la théorie (mathématiques) de l'information a tenté la résolution de la partie pragmatique de la communication physique d'information mentale, celle du transport et du transfert par canal unique entre émetteur et récepteur. Les problèmes d'automatisation et robotisation sont aussi névralgiques, la théorie (scientifique) de la cybernétique en formule les principes de résolution : ce sont les notions de boite noire avec entrée-sortie reliées par une fonction de transfert qui sont formalisées. Ces très importants développements méthodologiques ont en commun de produire des modèles de comportements qui sont aussi des modèles externes.

Ainsi, lorsque le développement technologique a rendu possible l'usage du stockage des systèmes d'arme nucléaire, (missiles balistiques intercontinentaux ICBM-MINUTEMAN) pour maintenir l'équilibre de la dissuasion à l'époque de la guerre froide, il a fallu définir une politique de sécurité réglementant les usages de tels systèmes. C'est pour répondre à ce besoin de prévention et de protection extrême (comment faire face au risque d'explosion intempestive qu'elle qu'en puisse être les causes?) que naquit, en 1962, dans les bureaux d'études de la "BELL" le "fault tree" (arbre de défaillance). C'est justement dans un tel cadre que se rencontrèrent plusieurs des promoteurs des développements méthodologiques évoqués plus haut. Ce nouvel outil permit d'éliminer plusieurs points faibles du programme "Minuteman" puis grâce à sa diffusion, d'en faire autant pour de nombreux autres systèmes dangereusement complexes comme ceux rencontrés dans l'industrie nucléaire, aéronautique et spatiale mais aussi des télécoms [USNR 81], [BARL 75].

Le "fault tree", méthode déductive de représentation arborescente des conjonctions et disjonctions intempestives de chaînes causales indésirables sources d'un évènement redouté qui pourrait se réaliser, permet de juger l'immense complexité de tels problèmes. Comme pour l'arbre d'évènement cette démarche de réflexion est orientée vers la prédiction, l'anticipation, la prévision et aide à prendre les décisions qui augmentent les chances d'éviter l'irréparable, la défaillance du système qui lui interdit tout futur, en provoquant sa destruction et sa disparition.

Trois exemples d'arbre de défaillance fatale, construits pour étudier la sécurité requise pour deux systèmes de taille (industrielle) très différente suivent. Bien que ce soient des extraits des arbres complets beaucoup plus grands, ils font bien comprendre la problématique de ce quatrième invariant, la nécessité de faire face à l'accident alors que celui-ci déjà expose plusieurs faces différentes (souvent conflictuelles) dans des conditions parfois très différentes ou parfois en très grand nombre :

1. L'arbre de défaillance "CANA hors service normal" du Centre Aéroportuaire de la Navigation Aérienne dit "arbre de Roissy", Figure III.6 suivante ;

2.&3. Deux arbres de "défaillance de la mise en sécurité sur place d'une chaufferie urbaine" ou de "défaillance de la mise en sécurité à distance d'une chaufferie urbaine", voir les deux figures en annexes 10 et 11.

À ce jour, aucun de ces deux systèmes n'a connu un tel mauvais sort.

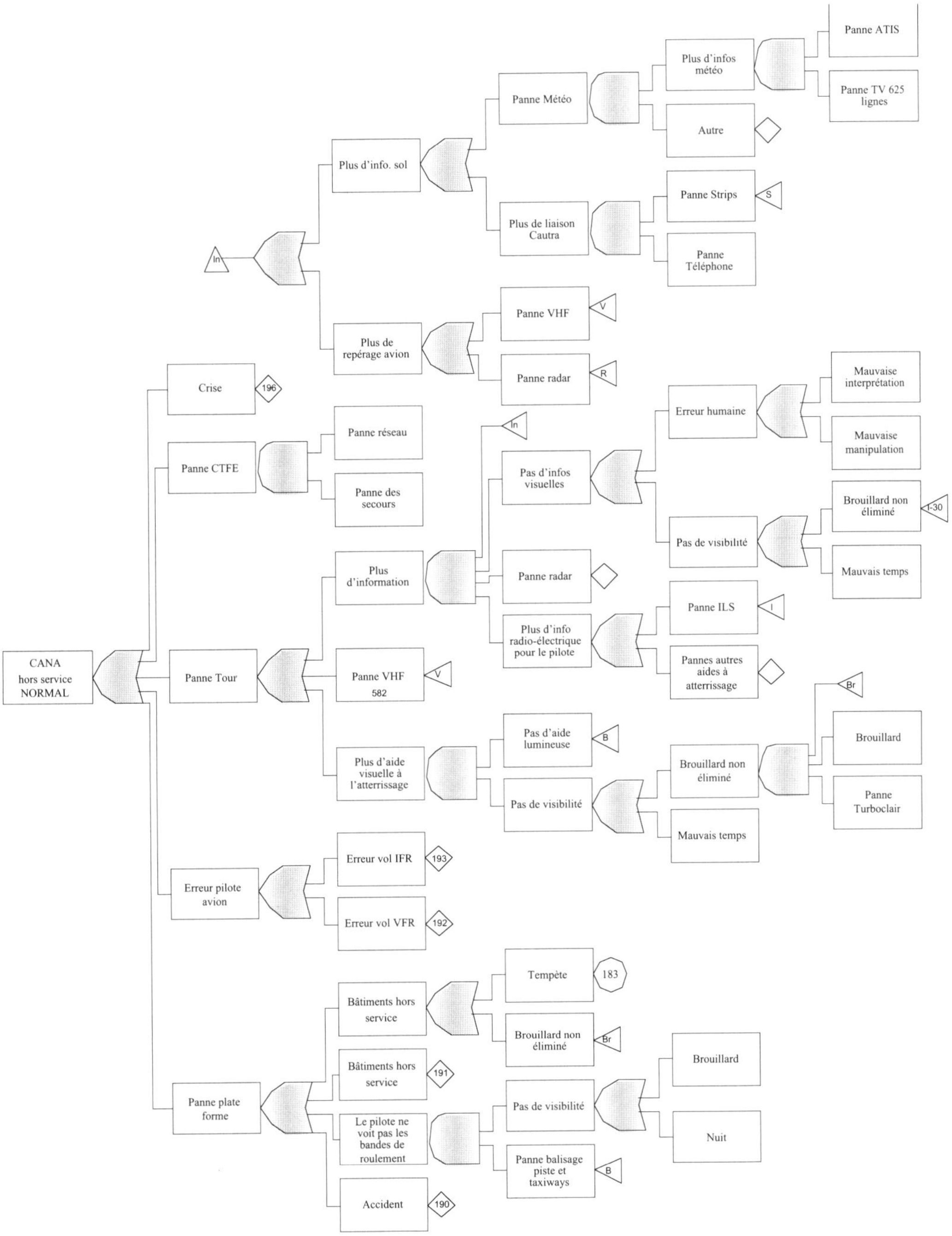

Fig. III.6 : Arbre de défaillance du scénario d'accident type "CANA hors service"
Arbre de Roissy

4.2. Contrôle à l'instant présent, coeur caché des besoins présentis

L'épicentre des problèmes que tentent de résoudre ces démarches méthodologiques, c'est la maîtrise du contrôle de la situation dangereuse actuelle. Il commence à être efficacement supporté par l'effort de recherche appliqué à la modélisation de l'espace d'états du système par chaînes et processus Markoviens, semi-Markoviens ou non-Markoviens. Les rudiments de cette modélisation sont décrits dans un chapitre de la deuxième partie Méthodologie de la sécurité. Il faut aussi faire mention de la méthodologie du réseau de Pétri augmenté. Ces modèles rendent compte des possibilités (et réalisation) réversibles ou (irréversibles) d'actions devant être accomplies ou évitées (et effectivement accomplies ou évitées) par le système.

Exemple :

Modèle global par réseau de Pétri des risques au poste de conduite du TGV-NG (voir Fig. III.7 ;

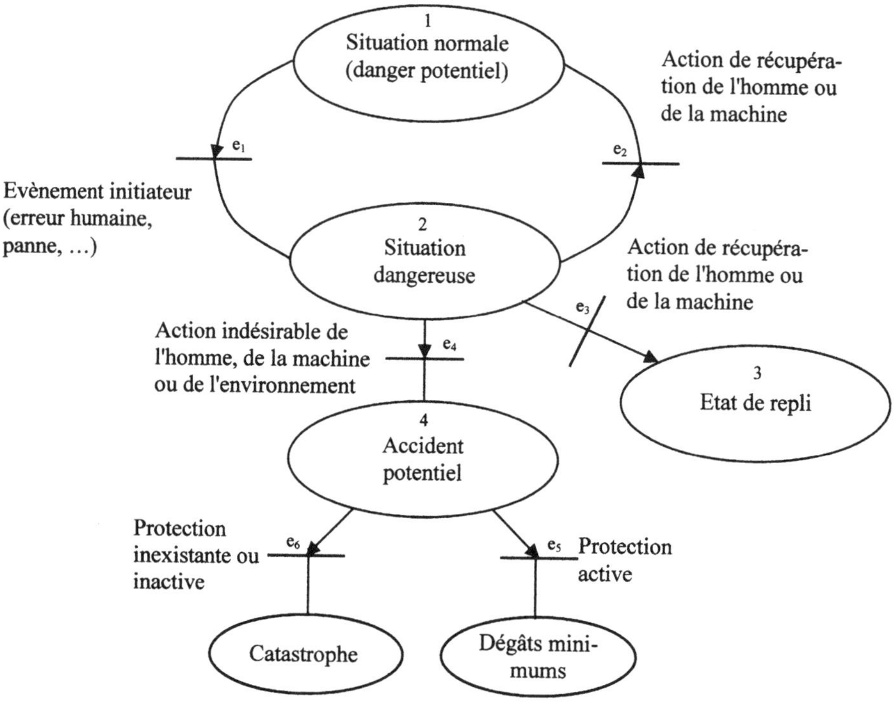

Fig. III.7 : Réseau de Pétri des risques au poste de conduite du TGV-NG

Cet épicentre des problèmes du contrôle et de sa maîtrise concrétise la volonté de maintenir une cohérence suffisante (en un mot de synthétiser", d'une part la production d'informations donnant du sens et d'autre part la consommation d'informations dissipant du sens sans oublier leur recyclage.

Dans le cas du Train à Grande Vitesse de Nouvelle Génération (TGV-NG), en période de conduite "normale", pour des longues durées et des grandes distances, la consommation d'informations vient des opérations, de tris d'évènements, de classements des états, d'analyses des situations et de rediffusion dans le système TGV-NG tout entier. Par contre, en situation d'urgence, dans un temps très court sur un espace très restreint. La production d'informations va augmenter considérablement ou se tarir et quoiqu'il en soit se détériorer en qualité. Il importe de vérifier alors :

- Si ce qui était vrai et juste jusqu'à maintenant ici est donc toujours conforme à ce qui avait été prévu avant ailleurs ;
- Si ce qui est bon (c'est-à-dire en biens protégés, en gains et en pertes enregistrés) ici maintenant le sera encore plus tard ailleurs.

On retrouve les considérations dans un autre modèle de base pour représenter, par graphe d'états, la sûreté de fonctionnement d'une station de pompage à quatre pompes (il est indiqué annexe 13).

Exemple de l'atelier de production de X – Suite

L'étape (d) (Comment définit-on l'absence de "concentration trop importante" (et de "étincelle") ?) reflète ce besoin de prévention et de protection, tout autant que l'étape (b bis) modifiée (Comment gérer l'incendie, comme un état de danger ou d'accident potentiel, pour éviter la catastrophe ?) reflète la volonté plus nette de maîtriser le contrôle de la situation dangereuse présente.

4.3. Domaines et limites

4.3.1. Domaines d'applications de l'invariant "face"...

Les domaines d'applications, c'est là où se construit le système de sécurité ad-hoc et là où se démontre la sécurité du système.

C'est à dire lorsque ces systèmes sont en phase de conception et qu'il s'agit de faire face aux accidents possibles inimaginables dans le passé, inacceptables dans le présent et jugés invraisemblables dans le futur, c'est faire face à l'inconnu dans toutes les directions menaçantes à la fois.

C'est le cas :

- De la technologie innovante appliquée à la conquête des milieux extrêmes parce qu'il y a de fortes espérances de pertes à réduire ou à minimiser et pour lesquelles il faut plus d'assurance ;

  Exemples : les grandes profondeurs sous-marines ; le traitement de déchets dangereux.
- De la technologie appliquée à l'innovation et au transfert à risques peu ou mal connus avec cette fois plutôt de fortes espérances de gains à maximiser et assurer ;

  Exemples : la robotisation avancée ; le traitement de l'information circulante dans les NTIC ; la mémorisation de l'information structure dans les Nouvelles Technologies de l'Information et de la Communication.
- Plus récemment avec la technologie de l'apprentissage, de la cognition et de la coopération dans les grandes organisations ou les projets complexes.

  Exemples : apprendre à apprendre ; pédagogie et didactique de la transmission de connaissances particulières ; faire savoir un savoir faire ; spectroscopie des risques.

4.3.2. Limites …

… c'est-à-dire là où n'est ni construit le système de sécurité ni démontrée la sécurité du système.

- Lorsque la contrainte économique n'est plus le critère unique ou principal de vérification de la réussite ;
  Exemple : quand la réponse à un appel d'offres est choisie parce que "la moins coûtant ou la moins disant".
- Lorsque la logique disparaît dans le temps et l'espace (L'instant présent est dissous dans des passés et des futurs possibles encombrant la mémoire et saturant les capacités de calculs...) ;
  Exemple : lorsque la production d'un atelier continue malgré les restrictions volontaires ou involontaires.
- Lorsque le "bon vieux" déterminisme causal objectif précis certain n'est plus la référence ;
  Exemple : lorsque la mondialisation d'un service retient un critère plutôt qu'un autre sans concertation
- Lorsque l'assemblage prometteur des niveaux micro-méga devient du nano-giga et crée alors beaucoup d'illusions (et déceptions) ;
  Exemple : lorsque le développement de la production et des usages des engrais déséquilibre à la fois l'économie et l'écologie
- Lorsque l'animation de cet ensemble de modèle, produits, qui sont des modèles RÉDUITS de la réalité à sécuriser, devient besogneuse, ruineuse, lourde et trompeuse.
  Exemple : lorsque la modernisation dans la compétition pousse au gigantisme.

5. Pertes de contrôle du pilotage du système homme machine

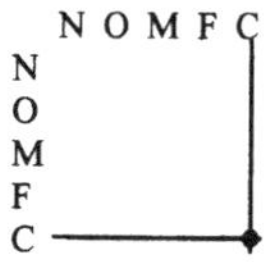

Il est postulé que l'accident (de pilotage) d'un Système {Homme, Machine} (S{HM}) peut être modélisé par une suite[14] récursive (et une série[15]) d'incidents, de trois types distincts, se produisant dans un environnement donné.

La sécurité réussie repose donc sur une certaine maîtrise du pilotage en temps réel du S{HM}. Le S{HM} de fait expérimente et vit une suite et une série d'incidents redressés à temps dans des domaines reconnus et appréciés [Voir chapitre V.1.1.] En effet, chaque terme, suite ou série peut donner lieu à un surcroît de sens concret réutilisable.

5.1. Le système

Dans le cas des systèmes pilotés du type S{HM}, le triplet {Machine, Environnement, Homme} apporte complètement (nécessaire et suffisant) sa contribution à la réalisa-

[14] *Série = couple formé d'une suite de termes se succédant d'après une loi déterminée et de la suite des sommes des n premiers termes de cette suite. Par exemple la somme des n premiers nombres entiers* $1+2+3+...(n-1)+(n)=n(n+1)/2$.

[15] *Suite = ensemble d'éléments classés dans un ordre déterminé. L'étude d'une suite consiste à déterminer quand n augmente et tend vers l'infini comment varie le terme général s'il augmente, s'il diminue, s'il oscille, s'il tend vers une limite. Par exemple le terme général* $x_n=(1+1/n)^n$ *quand* $n \to \infty$ *tend vers une limite e=2,718... base des logarithmes népériens.*

tion de l'accident (et donc aussi à la compréhension des conditions de sa non réalisation). Les trois sous-ensembles d'éléments composant le S{HM} sont décrits par les trois termes suivants :

- M : machine, matériel, matière, (ski, avion, réacteur, installation chimique) ;
- E : environnement naturel, artificiel, spécifique (pente enneigée, atmosphère, réactif) ;
- H : homme (utilisateur, pilote, opérateur, exploitant faisant une ou plusieurs tâches).

L'état global du système est composé de la façon suivante

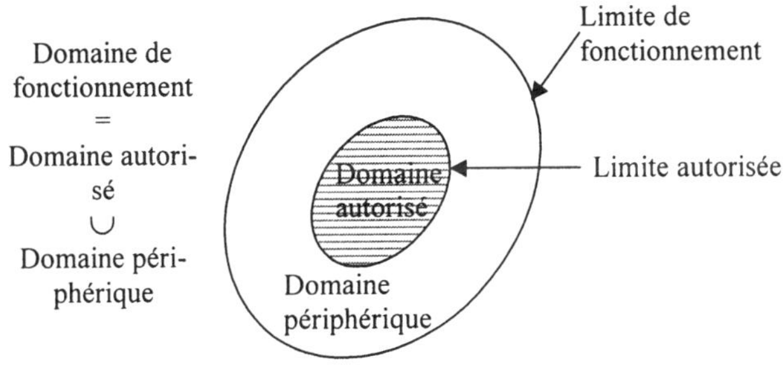

Fig. III.8 : Les domaines d'états du pilotage [LIEV 76, p.218]

Le système lors de son évolution au cours de sa mission passe par des phases et sous phases comme le montre la Fig. III.9

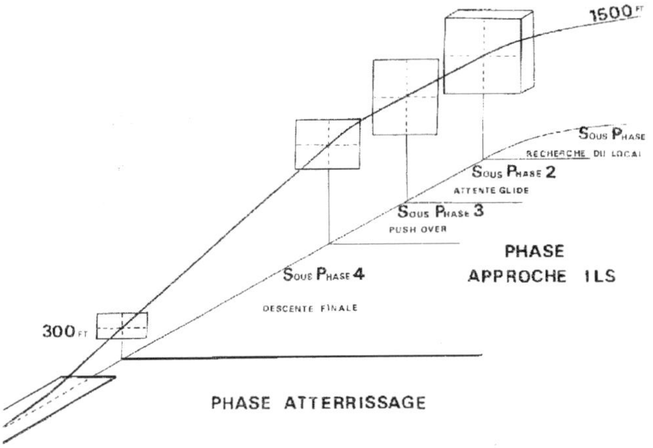

Fig. III.9 : Exemple des phases et sous phases de fin de vol
[WANN 69, p.17]

Les permutations sur les termes du triplet {MEH} telles que {HME} ou {EMH} par exemple, sont significatives de hiérarchisations différentes de l'attention et de l'importance accordées aux entités, selon qu'elles sont prises en compte d'une façon ou d'une autre, comme par exemple, dans des champs disciplinaires ou des champs professionnels différents.

L'intérêt se porte ici sur les modalités de formation ou de disparition des conditions de l'accident du S{HM} [dangerosité et sécurisation], par exemple par les questions suivantes.

q1 Quel est le premier (et le dernier) des termes qui est impliqué dans l'accident ?
Exemple : défaillance du matériel, perturbation de l'environnement, erreur du pilote...

q2 Quel est le premier (et le dernier) des termes qui est remis sous contrôle ?
Exemple : réparation de la panne, dépassement de la perturbation, correction de l'erreur...

5.2. L'accident

Pour ce type de système, l'accident est représenté (modélisé) par une accumulation d'incidents de trois types correspondant au rôle prépondérant de l'une ou de l'autre des trois composantes du système. Aucun terme de la série ainsi formée, à lui tout seul, ne devrait être capable de provoquer l'accident A (A = sortie du domaine de fonctionnement).

Il y a différentes façons de sortir du domaine de fonctionnement. Ce sont les modes d'accident du S{HM} (Voir Fig III.10) qui sont donc des arrangements différents d'incidents des trois types suivants (Voir Tab.III.1) :

Tab. III.1 : les trois types d'incidents

Types d'incidents	Précisions	Comment éviter ce mode d'accident ?
Incidents de sensibilité	Sous l'effet de perturbations externes {/E} ou internes {/M} (ondulations de la piste, rafales, distribution hétérogène du pouvoir calorifique), le point de fonctionnement du système approche ou dépasse une limite, soit parce qu'il s'est lui-même déplacé (augmentation de la vitesse, diminution d'altitude, augmentation du débit d'injection), soit parce que la limite a elle-même été changée.	Une meilleure fiabilité (de M) dans son environnement naturel et organisationnel aurait pu éviter ce mode d'accident !
Incidents de manœuvrabilité	Pour suivre la trajectoire imposée par {/E} ou pour rejoindre cette trajectoire dont il s'est écarté pour les raisons précédentes, le pilote {H} doit effectuer une "manoeuvre" qui amène, quoi qu'il fasse, le point de fonctionnement (de M) à se rapprocher d'une limite ou à la dépasser.	Un meilleur "management" de la marge de manœuvre (de M dans E par H) aurait pu éviter ce mode d'accident !
Incidents de pilotabilité	Le pilote {H} (ou l'équipage) dispose des commandes nécessaires et suffisantes pour maintenir le point de fonctionnement dans le domaine autorisé mais la charge de travail (les tâches) est trop difficile et il laisse le point de fonctionnement se rapprocher d'une limite ou même la dépasser.	Un meilleur automatisme (entre H et M) aurait pu éviter ce mode d'accident !

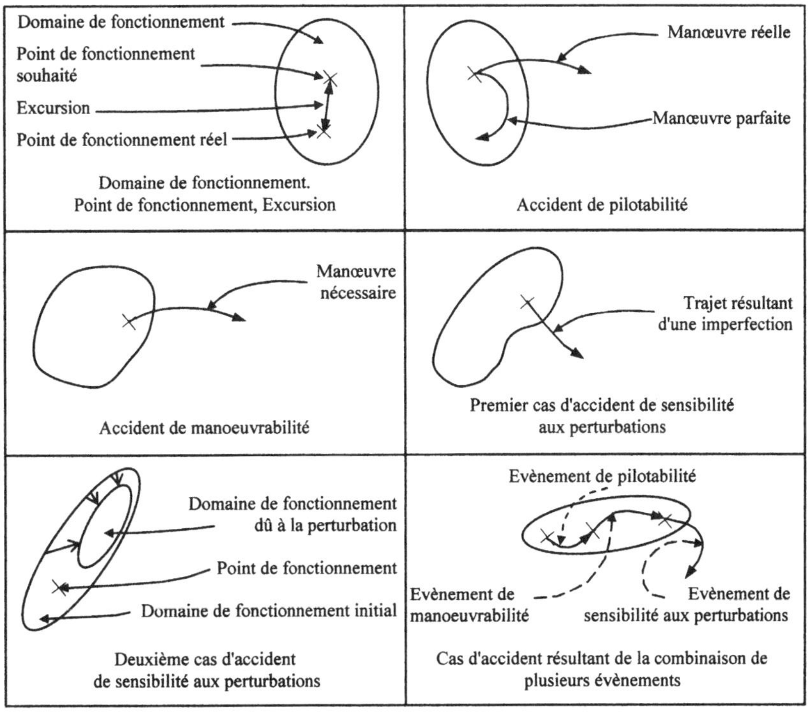

Fig. III.10 : Les modes d'accident du S{HM} [LIEV 75, p.206]

<u>Suite de l'exemple de l'atelier de production de X :</u>

Pour illustrer ce cinquième invariant, nous pouvons, entre autres, répondre à cette question (notée c") de l'enfant qui ne se contente jamais de la réponse qu'on lui donne :
(c") Quel est le facteur potentiel d'une défaillance du système de réfrigération ? Cela peut être le terme d'une suite ou d'une série d'incidents non redressés à temps :

- Soit un incident de sensibilité : une excessive chaleur environnante dont l'ampleur n'avait pas été soupçonnée lors de la conception du système de réfrigération entraîne une baisse de son efficacité ;
- Soit un incident de manœuvrabilité : le débit du fluide réfrigérant est au maximum mais ce n'est pas suffisant, il faut donc trouver une autre solution. La seule solution possible, le fluide réfrigérant étant un gaz, est d'effectuer une plus grande détente de ce gaz afin que sa température soit encore plus basse. Problème, cette opération ne peut être effectuée lorsque le système de réfrigération est en fonctionnement.
- Soit un incident de pilotabilité : à vous de faire preuve d'imagination ou de mémoire.

Donc l'accident d'un système piloté est le résultat d'une série (une accumulation) d'incidents des trois types non redressés à temps et qui lui font finalement dépasser la limite de fonctionnement. La contraposée est que "la réussite du contrôle du pilotage est représentable par une succession d'erreurs redressées à temps".

5.3. Domaines d'application ...

... c'est-à-dire là où se construit le système de sécurité et se démontre la sécurité du système.

Le cinquième invariant dans la modélisation de l'accident est donc la perte de contrôle, l'échec du contrôle, qui ne réussit pas à piloter, à manoeuvrer, à bien sentir, le système sans le faire sortir de son domaine de fonctionnement. En supposant qu'un S(HM) est un système qui est (ou devrait être) capable de faire croître sa fiabilité opérationnelle à cause de la présence nécessaire de l'homme dans la boucle de pilotage, le domaine d'application de cet invariant dans la modélisation des accidents et par là de la sécurité est celui de la démonstration de la capacité d'apprentissage. La démonstration de l'apprentissage de la sécurité d'un S{HM} est qu'il doit être capable de faire croître sa fiabilité opérationnelle.

Selon le modèle précédent tout accident de système piloté est une combinaison de au moins trois incidents qui devraient être de natures distinctes. Par conséquent une condition de progrès de la sécurité est de disposer des ressources dans les trois sous-ensembles (M,E,H) et à les déployer dans les deux domaines Autorisé Périphérique.

Ainsi l'apparition d'un incident qui met en cause un manque dans l'une des trois ressources, dans l'un ou l'autre des domaines de fonctionnement dégrade la sécurité du système piloté. A titre d'exemple de la sécurité du système, il sera considéré comme "intolérable" qu'un seul ou même que deux à la fois fasse sortir le S{HM} de son domaine de fonctionnement. Par contre il sera hypothésé comme supportable sous certaines conditions de gravité et de rareté que certaines combinaisons des trois types d'incidents puissent faire sortir le système de son domaine de fonctionnement, l'amenant dans un état absorbant dommageable repéré à priori, l'état d'accident prévu.

II y a trois exemples de ces domaines d'application où se construit le système de sécurité adapté et se démontre la sécurité du système capable de faire face aux pertes de contrôle du pilotage d'un S{HM}. Ce sont les trois domaines suivants de la technologie :

- En aéronautique : la procédure de certification du bon niveau de sécurité d'un aéronef réclame l'existence d'au moins une quintuple panne (c'est-à-dire, dans un arbre, une ou plusieurs coupes minimales de longueur supérieure ou égale à cinq) pour décréter que le niveau potentiel d'accident "n'est pas inacceptable" compte tenu de la culture dominante.
- Dans le nucléaire : le modèle des trois barrières de confinement de la radioactivité dans le circuit primaire, dans le circuit secondaire et dans l'enceinte externe a été longtemps une base pour la réglementation de sa sûreté de fonctionnement.
- En circulation routière : différents acteurs du système dont l'état commencent à prendre en considération que pour améliorer la sécurité routière il faut tenir compte des combinaisons des défaillances du conducteur, du véhicule et de l'environnement routier. Ce sont les causes nécessaires et d'égale importance structurelle explicatives d'un accident de la route.

5.4. Limites ...

... c'est-à-dire là où n'est pas construit le système de sécurité ni démontrée la sécurité du système et on constate :

♣ Une limite apparaît lorsque le S{HM}, dans lequel l'homme est intégré, ne peut décemment plus l'assimiler au seul rôle d'un exécutant servile qui exécute la tâche de façon automatique sans réfléchir et sans état d'âme (H dans la figure III.11, "the man in the loop").

En effet l'homme qui pilote un système (véhicule, procédé) le fait en exécutant des opérations sur 3 niveaux : (1) les opérations conscientes, manuelles, dites cognitives, à un niveau où s'explique un comportement qui est immédiatement dirigé par l'acquisition de connaissance au fur et à mesure (le suivi d'un itinéraire pour la première fois d'après une carte du terrain), (2) les opérations semi-conscientes ou semi-réflexes dites instinctives, à un niveau où s'explique un comportement dirigé par des règles (le changement de vitesse dans une voiture), (3) les opérations réflexes non-conscientes dites automatiques, à un niveau où s'explique un comportement dirigé par une agilité bien entraînée (conduire à vitesse quasi constante plusieurs minutes sur une départementale pas encombrée). Ne retenir que ce troisième niveau abaisse l'homme au rôle de robot supposé contrôlé en tant qu'exécutant servile.

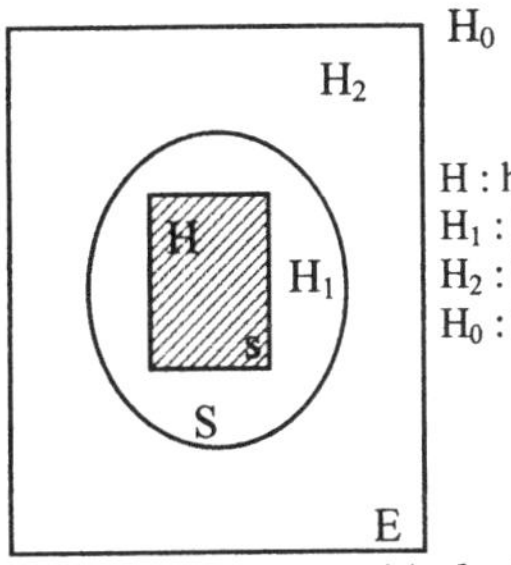

H : homme dans le sous système s du système auquel on s'intéresse (the man in the loop)
H_1 : homme dans le système S
H_2 : homme dans l'environnement E
H_0 : homme observateur du système dans son environnement

Fig.III.11 : Type(s) de fonction, position et rôle tenus par un homme [GUYO 87]

♣ Une autre limite apparaît lorsque la variété et le grand nombre des configurations de S{HM} et donc le trop grand nombre de combinaisons des états possibles vouent à l'échec toute tentative d'attacher une probabilité statistiquement démontrable à un point de dysfonctionnement particulier. C'est l'explosion combinatoire qui réduit à néant l'intérêt de modéliser les accidents.
Il y a plusieurs types de systèmes pilotés selon le nombre et la nature des rôles et fonctions mis en communications. Ce qui est résumé dans la figure suivante :

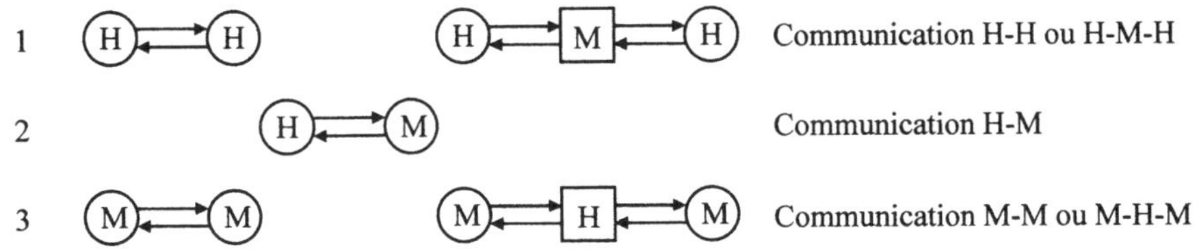

Fig.III.12 : Types de systèmes [GUYO 87]

♣ Une autre limite apparaît lorsque les exigences qui découlent de la sécurité requise, c'est le cas des risques majeurs concentrés ou diffus, font émerger des conflits d'ordre éthique et politique surtout s'ils sont attisés par les chocs des cultures.

♣ Une autre limite enfin lorsque le travail de vérification des hypothèses, des modèles et des calculs est trop important (toute demande de validation reste sans réponse convaincante) ou bien lorsque la valeur de la démonstration, "par comparaison" qui n'est que relative, n'a pas de fondement épistémologique.

6. Conclusion du chapitre III et de la Partie I

6.1. Voies et démarches de progrès

6.1.1. Le moteur du questionnement

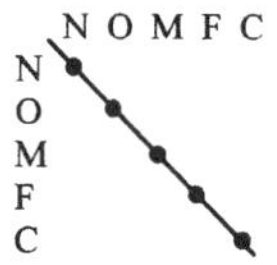

Le moteur du mouvement de progression commun à toutes ces voies, c'est le questionnement interminable sur les dangers, la sûreté et les risques associés. Un tel moteur est sans cesse réalimenté par les occurrences des indésirables de toutes sortes autant sinon bien plus que par les succès des réalisations désirées.

La mise en application, de ces cinq types de démarche de progrès de la sécurité correspondant à chacune de ces cinq voies de modélisation de l'accident, a été réalisée séparément un très grand nombre de fois depuis une cinquantaine d'années. Cette expérience aide à ne pas confondre modèles produits et processus de modélisation "mis en route". De tels travaux ont déjà apporté des résultats sectoriels non négligeables, mais ils restent encore très insuffisants, vu la puissance innovatrice actuelle en pleine expansion.

Les rapprocher et les combiner (voir l'exemple de l'atelier de production d'un produit chimique) au cas par cas contribue à apporter une aide précieuse pour tendre vers une conduite et un contrôle plus sûrs et donc en remontant à la source, une construction et une conception plus sûres des installations, des engins et plus généralement des systèmes qui sont réputés dangereux ou soupçonnés d'entraîner des risques élevés à la limite de l'insupportable ou de l'inacceptable.

Ce sont les cinq voies de synthèses de la sécurité "norme-organisation-maintien-face-contrôle" qui aident à faire face à l'inconnu ou au méconnu côtoyant l'indésirable dangereux. Nous y apprenons à conjuguer risques et confiance avec déterminisme et certitudes et progresser dans l'exploration et la conquête des cinq sens de la sécurité ("compréhension", "direction", "orientation", "perception", "signification").

La sécurité entraîne vers l'abstrait, l'accident ramène au concret.
[WANN 69], [LIEV 76, p3à83], [GUYO 87], [VILL 88, p1à102]

6.1.2. Exemple de l'atelier de production d'un produit chimique X (Suite et fin)

(a) Les états dans lesquels on ne veut pas voir le système (après l'accident) ;
(b) Les transformations amenant le système dans de tels états (pendant l'accident) ;
(c) Les facteurs potentiels ou les défaillances responsables de telles transformations (le danger critique avant l'accident) ;
(d) "La mise en absence" de ces facteurs.

Reprenons les :

(a) Dans quel état ne veut-on pas voir le système ?
Détruit
(b) Quel est l'accident qui peut détruire le système ?
Une explosion
II.1.1.3.1 (c) Quel est le facteur potentiel d'une explosion ?
Une concentration trop importante d'un gaz G inflammable dans l'air et une étincelle
(d) Comment définit on l'absence de "concentration trop importante" (et de "étincelle") ?
Par les données physico-chimiques de limite d'explosivité de G

Cette fois, nous considérons qu'il s'est produit dans un petit coin de l'atelier une mini explosion responsable d'un début d'incendie … l'incendie se propage.

On se trouve alors dans un état d'accident qui est la propagation de l'incendie et la destruction progressive de tout l'atelier de production de X. Il apparaît alors que la définition de la sécurité ne s'arrête pas à la définition de l'accident. Elle nécessite d'être complétée, dans le cas présent, par la définition de la "gestion" de l'accident (et oui, la science de la sécurité ne se limite pas à une simple recette à appliquer, c'est une recette dont on devient l'auteur !). C'est pourquoi, dans cet exemple, il nous faut prévoir dans la modélisation de la sécurité le modèle d'un tel accident et du contrôle de la situation d'accident.

Reprenons les étapes de la définition de la sécurité en y incluant la question "comment gérer l'incendie pour éviter l'aggravation catastrophique" :
I.1.1.3.2 (a) Dans quel état ne veut-on pas voir le système ?
Détruit
(b) Quel est l'accident qui peut détruire le système ?
Un incendie
(b bis) Comment gérer l'incendie (l'état d'accident) pour éviter la catastrophe ?
En prévoyant une lance à incendie proche de l'atelier et en formant le personnel à la lutte contre un incendie
(c) Quel est le facteur potentiel de la déclaration d'un incendie ?
Une explosion suite à une concentration locale dans l'air d'un gaz G trop importante et à une étincelle
(d) Comment définit-on l'absence de "concentration trop importante" (et de "étincelle") ?
Par les données physico-chimiques de limite d'explosivité de G

Une lance à incendie a bien été prévue aux alentours de l'atelier. Cependant, par soucis d'économie, l'entreprise a décidé de ne prévoir qu'une lance pour trois ateliers de production. De plus, l'atelier voisin du notre, présente de plus forts risques d'incendie. De ce fait la lance a été placée très près de cet atelier donc assez loin du notre.

Toute ces données, qui ont pu être déterminées par une AMDEC ou une HAZOP,
§III.2.3 font que la lance ne sera pas suffisante pour éteindre un éventuel incendie au sein de notre atelier.

Finalement, nous découvrons le défaut de l'organisation (ici le souci économique qui fait décider de ne prévoir qu'une lance) qui ne reconnaît pas l'inefficacité de la lance pour éteindre un incendie dans l'atelier de production de X.

Ainsi, pour répondre à la question (b bis), il ne faudra pas tenir compte de cette lance et réfléchir à une autre solution de mise en sécurité.

Tout comme un enfant qui demande "pourquoi" puis non satisfait de la réponse va demander "pourquoi" cette réponse, nous pouvons procéder de la même façon pour la sécurité : à la réponse de l'étape (c), nous pouvons ajouter une étape (c') : "quel est le facteur potentiel d'une concentration locale trop important de G ?" :

(c') Quel est le facteur potentiel d'une concentration locale trop importante de G ?

Une défaillance du système de réfrigération de G qui a pour but de condenser G

Si cette réponse n'est toujours pas assez approfondie, on peut encore se demander : "et pourquoi il y a une défaillance ?" ou bien : "quel est le facteur potentiel d'une telle défail-
§III.3.2 lance ?" ... Nous pouvons répondre à cette question de la façon suivante :

Cette défaillance est une excursion du point de fonctionnement du système de réfrigération.

Le point de fonctionnement est le débit optimal du fluide réfrigérant et son excursion est la chute du débit.

Si le débit chute suffisamment, il traverse les domaines d'états jusqu'à ce que du gaz s'échappe du système de réfrigération et se retrouve dans l'environnement de ce système.

Si le point de fonctionnement n'est pas redressé à temps, il va y avoir une concentration trop importante de G dans l'air. Continuons le raisonnement en passant à l'étape (d) :

(d) Comment définit-on l'absence de "concentration trop importante" (et de "étincelle") ?

Il ne faut pas dépasser la borne : la limite d'explosivité de G.

L'étape (d) (Comment définit-on l'absence de "concentration trop importante" (et de "étincelle") ?) reflète ce besoin de prévention et de protection, tout autant que l'étape (b
§III.4.2 bis) modifiée (Comment gérer l'incendie, comme un état de danger ou d'accident potentiel, pour éviter la catastrophe ?) reflète la volonté plus nette de maîtriser le contrôle de la situation dangereuse présente.

Pour illustrer ce cinquième invariant, nous pouvons, entre autres, répondre à cette question (notée c") de l'enfant qui ne se contente jamais de la réponse qu'on lui donne :

(c") Quel est le facteur potentiel d'une défaillance du système de réfrigération ? Cela peut-être un terme d'une suite ou d'une série d'incidents non redressés à temps :

- Soit un incident de sensibilité : une excessive chaleur environnante, dont l'ampleur n'avait pas été soupçonnée lors de la conception du système de réfrigération, entraîne
§III.5.2 une baisse de son efficacité ;
- Soit un incident de manœuvrabilité : le débit du fluide réfrigérant est au maximum mais ce n'est pas suffisant, il faut donc trouver une autre solution. La seule solution possible, le fluide réfrigérant étant un gaz, est d'effectuer une plus grande détente de ce gaz afin que sa température soit encore plus faible. Problème, cette opération ne peut être effectuée lorsque le système de réfrigération est en fonctionnement.
- Soit un incident de pilotabilité : à vous de faire preuve d'imagination ou de mémoire !

6.2. Deux exemples vécus très instructifs

6.2.1. Modélisation de l'accident par emballement thermique d'un réacteur chimique semi continu

Une recherche financée par la CEE [HERN 87] puis par le CNRS [AIME, 91] a permis de poser le problème de la sécurité d'un tel procédé plus correctement du "Comment assurer, vis à vis du danger d'emballement thermique en phase condensée aussi bien en marche normale qu'incidentelle, un réacteur chimique du type semi-continu ?". La voie ouverte a été de passer d'une représentation des dangers adoptant les températures (et leurs dérivées) en fonction du temps comme critère unique du danger à une représentation éventuellement atemporelle des puissances en confrontation évoluant selon plusieurs critères : énergie thermique produite par les réactions variant avec le volume réactionnel, énergie thermique produite par les réactions elles mêmes dirigées par le débit de réactif entrant, le débit et la température du caloporteur circulant.

6.2.2. Modélisation de l'accident de Tchernobyl

A partir d'une description de l'accident de Tchernobyl, extraite en six pages de [ROZO 92] (voir annexe 14), une représentation arborescente type arbre des causes ou arbre d'évènement est réalisable. Il est pratique de discerner d'abord les grandes étapes successives du déroulement de l'accident, durant 87823 secondes entre le 25/04/86 à 1h00 et le 26/04/86 à 1h23min43.

A ce propos, il convient de remarquer les côtés à la fois précis mais aussi subjectif et incertain de la datation d'un instant "début" et d'un instant "fin".

Pour bien comprendre l'accident (situation pas courante) il faut d'abord comprendre le fonctionnement ordinaire et habituel (normalement). En particulier, avoir une connaissance détaillée de la distribution de puissance, de la rétroaction prompte de température et de l'effet du vide. Et alors il devient judicieux d'agrandir sa compréhension des circonstances qui font que le fonctionnement devient dangereux et critique, que ce changement (cette évolution) soit réalisé(e) accidentellement ou volontairement.

L'état critique d'un réacteur nucléaire provient de l'équilibre qui existe entre deux processus dynamiques : la création et l'élimination des neutrons. Un léger écart entre le taux d'élimination et le taux de formation peut mener à une variation importante de la population de neutrons donc du taux de fission. Lorsque cet équilibre délicat est perturbé, il est important pour le rétablir de connaître l'évolution temporelle de la densité neutronique.

Il est pratique de subdiviser en plusieurs classes, selon les constantes de temps, les phénomènes physiques engagés :

- Intervalles en millisecondes, secondes, minutes. Causées par des changements intentionnels ou accidentels, des variations plus ou moins rapides de densité neutronique se produisent qui sont importantes pour le contrôle commande et la sûreté de fonctionnement.
- Heures, jours. L'accumulation et la décroissance de certains produits de fission influent sur la réactivité et peuvent affecter la conduite du réacteur.
- Semaines, mois, années. Ce sont des durées liées aux effets d'évolution du combustible dont les transformations affectent la distribution de puissance. La maîtrise de ces transformations oblige d'avoir une gestion ad-hoc du combustible.

6.3. Leçons à tirer

6.3.1. Redéfinitions

Issues de l'aménagement partiel et progressif des carrefours où se rencontrent de plus en plus fréquemment des compétences issues de disciplines et professions différentes pour des mises en commun et des échanges de connaissances théoriques et pratiques, les deux définitions complémentaires et duales suivantes sont proposées. Ces deux définitions montrent la complexité incontournable, des croisements et chocs inévitables, aperçus dans plusieurs facettes de la réalité technologique :

<u>1. Définition théorico-pratique de la sécurité d'un système (et de son organisation)</u>

La sécurité d'un système, qui est une de ses propriétés qualifiantes, repose sur l'organisation complexe de trois ensembles de garanties respectivement de nature physique, mathématiques et politiques en un ensemble ordonné de donnée floues (ou nettes), c'est-à-dire (im)précises, (in)certaines, (sub)objectives, nécessairement convaincantes mais parfois pénibles, pour la prévention et la protection des accidents du système exposé inévitablement au danger.

<u>2. Définition théorique et pratique de l'accident apparaissant au travers de l'organisation (du système)</u>

L'accident est un phénomène de transformation, indésirable et non souhaitée de l'organisation d'un système éco-socio-technique, non planifiée, rapide, dommageable au cours de laquelle un grand nombre d'interactions se produisent entre les éléments en des temps très courts avec de fortes émissions d'informations circulantes de tous types souvent trompeuses et même parfois agressives.

6.3.2. Transition

Vouloir résoudre les problèmes que pose la sécurité, en général et en particulier avec la technologie, en faisant de son mieux pour apporter une solution, laisse entier le problème initial parce qu'il enferme, intempestivement pour l'acteur que la sécurité préoccupe pour une raison ou pour une autre, un infini questionnement sur les dangers, la sûreté et les risques. Pour résorber cette insécurité latente, il importe épistémologiquement parlant de chercher à bien reposer les problèmes, d'affiner les méthodes capables de les résoudre et ne pas cesser de veiller les solutions trouvées, le tout étant dans un équilibre instable perpétuellement en expansion. Il ne faut pas conclure hâtivement que la mise en sécurité n'est donc qu'une seule épreuve de force et d'intelligence.

La norme, l'organisation, le maintien, la face, le contrôle semblent bien avoir chacun une propriété physique et mathématique globale de conservation vis à vis d'une transformation point par point dans le système général. En effet il y a bien existence, qui fait loi, de propriétés intrinsèques transversales à tout changement dans l'environnement ou la finalité ou l'évolution ou la structure ou l'activité du système. Ce sont les cinq propriétés que désignent les cinq termes retenus à partir des différentes façons de modéliser la sécurité par l'accidentel.

Le quintuplet des composantes de l'invariance, qui explicite la résistance au changement d'un coté et de l'autre l'inimaginable prolifération des accidents, ceinture la problématique de la sécurité. L'approche systémique d'un système quelconque fournit la trame qui rend possible la prise en charge des problèmes par la méthodologie. Et dans le cas particulier de la sécurité, la leçon à tirer c'est de trouver dans les problèmes l'invariance et de s'en servir avec des méthodes principalement arborescentes pour les solutionner.

a) Les 5 pôles de complexité d'un système

b) Les 5 invariants de la sécurité

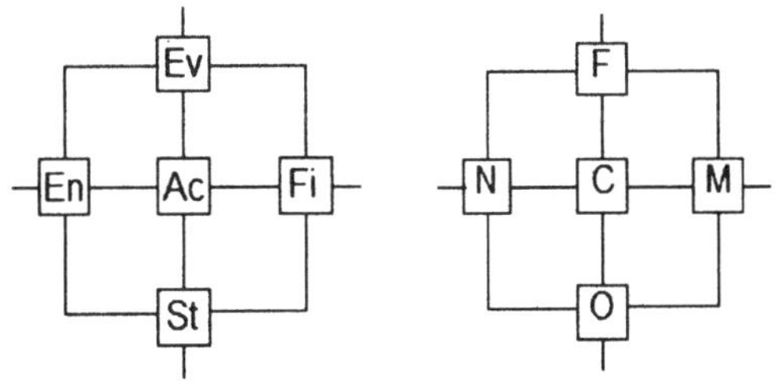

a)	b)
Finalité	Norme
Evolution	Face
Activité	Contrôle
Structure	Organisation
Environnement	Maintien

Fig III.13 – Schéma des correspondances

Améliorer les méthodes existantes et en découvrir de nouvelles se déduit de l'état des lieux méthodologiques et peut constituer un défi intéressant à relever pour aller dans le bon sens pour la sécurité. Donc voyons d'abord quelles sont les méthodes actuelles les plus aptes à sécuriser tel ou tel système, comment et pourquoi ? C'est à dire à quel problème précisément chaque méthode est-elle bien adaptée ? La mise à l'épreuve de la solution reste le leitmotiv pour le couple "problème-méthode" affectant tout système en situation de sécurité comme d'insécurité.

Deux termes clés peuvent inaugurer l'exposé de la seconde partie méthodologique : Bornes et Irréversibilité. Ils apparaissent comme les solutions du travail préliminaire passé, qui vient d'être présenté dans les 3 chapitres précédents. Mais, ils sont aussi des sources de nouveau(x) problèmes par la suite. Retenons notre jugement sans enrager.

Annexes du Chapitre III

Annexe 1 Relative au paragraphe III.1.1.1.
Echantillon de types de défaillances

1. Défaillance bénigne	Défaillance dont les conséquences sont du même ordre de grandeur que le bénéfice procuré par le service délivré en l'absence de défaillance
2. Défaillance catalectique	Soudaine et complète (vitesse infinie et envahissement total) (par analogie avec la mort cataleptique)
3. Défaillance catastrophique	Défaillance dont les conséquences sont incommensurablement différentes du bénéfice retiré de la délivrance du service en l'absence de défaillance
4. Défaillance cohérente	Défaillance perçue identiquement par tous les utilisateurs
5. Défaillance de mode commun	Défaillance résultant de fautes corrélées
6. Défaillance incohérente	Défaillance dont les utilisateurs du système peuvent avoir des perceptions différentes
7. Défaillance par arrêt	L'activité du système n'est plus perceptible aux utilisateurs
8. Défaillance partielle et progressive (ou dérive)	Défaillance par dégradation des variables de contrôle du système

Annexe 2 Relative au paragraphe III.1.1.2.
Phénomènes dangereux associés aux machines du point de vue de la réglementation française
[AFNO 93]

Phénomènes dangereux :

1. De nature mécanique par écrasement, cisaillement, coupure, happement, enroulement, entraînement, emprisonnement, choc, perforation, piqûre, abrasion, friction, éjection, déstabilisation, glissade, chute ;
2. De nature électrique, magnétique, thermique, sonore et vibratoire par contact, à distance par rayonnement (électrique, laser, ionisant ...) ;
3. De nocivité et toxicité des matériaux et produits ;
4. De nature ergonomique et de combinaison aléatoire ;
5. De privation, manque par disparition, panne (d'alimentation,...) intempestive ;
6. D'absence et inadéquation des mesures de sécurité (protection, arrêt d'urgence, signalisation ...).

Annexe 5 Relative au paragraphe III.1.3.2.
Le Principe de Précaution

Incitation à une gestion active des risques même dans le doute, le principe de précaution est apparu dans les années 80 lors de débats relatifs aux problèmes internationaux d'environnement. Il est invoqué explicitement en 1987 dans un texte fondateur adopté à la deuxième conférence internationale sur la protection de la mer du nord : « Une approche de précaution s'impose afin de protéger la mer du nord des effets dommageables éventuels des substances les plus dangereuses. Elle peut requérir l'adoption de mesures de contrôle des émissions de ces substances avant même qu'un lien de cause à effet soit formellement établi au plan scientifique. »

Il a reçu une consécration publique à la conférence de Rio en 1992. La loi du 2 février 1995 dite loi Barnier à l'article L.200-1 du code rural en fournit une définition : « l'absence de certitudes compte tenu des connaissances scientifiques et techniques du moment ne doit pas retarder l'adoption de mesures effectives et proportionnées visant à prévenir un risque de dommages graves et irréversibles à l'environnement à un coût économiquement acceptable ».

[KOUR 00, p.11-15]

Les précautions de principe sont que :

1. Tout risque doit être défini et gradué ;
2. L'analyse des risques doit comparer les scénarios d'action et d'inaction ;
3. Toute analyse de risque doit déboucher sur une confrontation économique coût/bénéfice avant décision ;
4. L'indépendance doit être coordonnée ;
5. Les solutions adoptées doivent être proportionnées et réversibles ;
6. L'obligation de recherche pour sortir de l'incertitude s'impose ;
7. Décisions et dispositions doivent être cohérentes et efficaces ;
8. Les circuits entre décisions et dispositifs sécurisants doivent être fiables ;
9. L'obligation de transparence impose étiquetage et traçabilité ;
10. L'information et la participation du public doivent être ajustées par le pouvoir politique.

Annexe 6 Relative au paragraphe III.2.3.1.
AMDE(C)
[VILL 88 p.123]

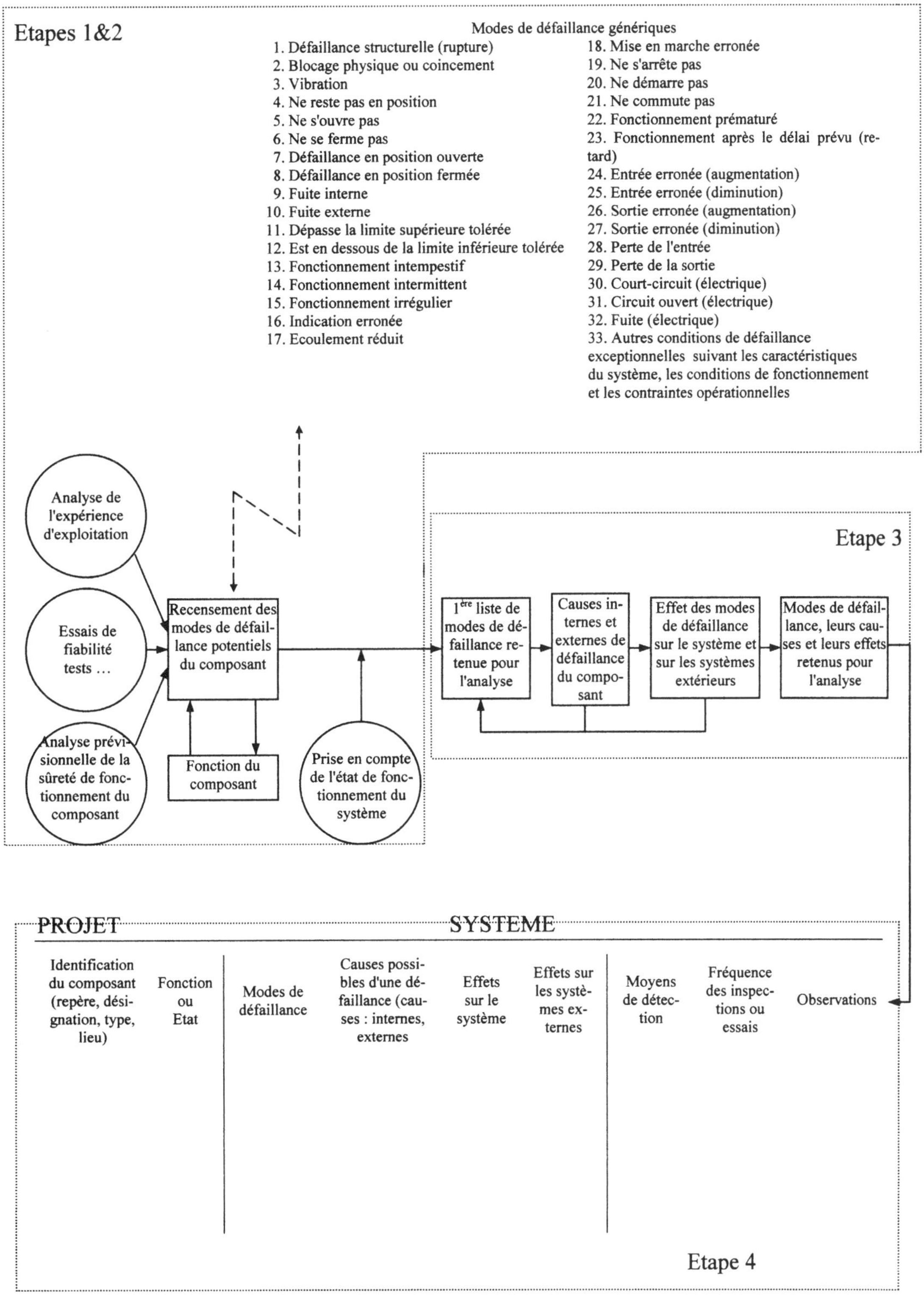

Annexe 7 Relative au paragraphe III.2.3.2.
Les étapes de la méthode HAZOP et exemple
[LEES 80]

Commencement

1. sélectionner une enceinte dans le "flow-sheet"
2. expliquer l'intention générale de l'enceinte et de ses lignes
3. sélectionner une ligne
4. expliquer l'intention de la ligne
5. appliquer le premier des mots du guide (voir paragraphe III.2.3.2.)
6. développer une déviation signifiante
7. examiner les causes possibles
8. examiner les conséquences
9. détecter les dangers
10. faire les recommandations ad - hoc
11. répéter de 6 à 10 pour toutes les autres déviations ayant un sens à partir du premier des mots
12. répéter de 5 à 11 pour tous les mots
13. marquer la ligne examinée
14. répéter de 3 à 13 pour chaque ligne
15. sélectionner un auxiliaire
16. examiner l'intention de l'auxiliaire
17. répéter 5 à 12 pour cet auxiliaire
18. marquer l'auxiliaire examiné
19. répéter 5 à 18 pour tous les autres auxiliaires
20. expliquer l'intention de l'enceinte
21. répéter 5 à 12
22. marquer l'enceinte examinée
23. répéter 1 à 22 pour toutes les enceintes
24. marquer le "flow-sheet" examiné
25. répéter 1 à 24 pour les autres "flow-sheet"

Fin

Mots Guides	Déviation	Conséquences	Causes	Actions suggérées
Pas de	Pas de débit d'acide phosphorique	Excès d'ammoniac dans le réacteur Envoi vers la zone de travail	- Vanne A se ferme de façon intempestive -Alimentation en acide phosphorique épuisée -tuyau bouché, rupture du tuyau	Fermeture automatique de la vanne B en réponse à la perte de débit d'acide phosphorique
Moins	Moins de débit d'acide phosphorique	Excès d'ammoniac dans le réacteur. Envoi vers la zone de travail avec quantité envoyée dépendante de la réduction quantitative dans l'alimentation	-Vanne A partiellement fermée - bouchon partiel dans le tuyau ou fuite du tuyau	Fermeture automatique de la vanne B en fonction du degré de réduction du débit d'acide phosphorique
Plus	Plus de débit d'acide phosphorique	Excès d'acide phosphorique dégrade le produit Pas de risque pour la zone de travail Membre de l'équipe doit calculer la toxicité en fonction de la réduction du débit		
Partie de	Débit normal d'acide phosphorique dont la concentration diminue	Excès d'ammoniac dans le réacteur Envoi vers la zone de travail avec quantité envoyée dépendante de la réduction quantitative dans l'alimentation.	- matière première ou matériel de mauvaise qualité - erreur dans le remplissage du réservoir d'acide phosphorique	Vérification de la concentration de l'acide phosphorique du réservoir après son chargement

Annexe 8 Relative au paragraphe III.3.
Solution de l'expérience des points encadrés

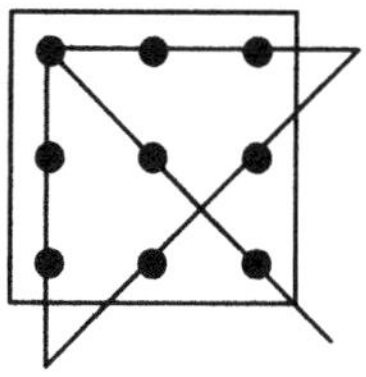

Dans la modélisation des accidents, il est important de savoir ce qui se passe au-delà des limites pour savoir comment y faire face en cas de dépassement de ces limites. Cela pourrait permettre des prises de « prévention » à la place de prise de "précautions" qui prennent parfois en considération des risques qui n'en sont pas en fait.

Remarquons que la solution, apparemment impossible ou empêchée puis trouvée, en cache plusieurs autres ..., qui font apparaître un nouveau périmètre pour "borner" les itinéraires, sans"effractions"

Annexe 9 Relative au paragraphe III.4.1.1.
Arbre d'évènement du scénario d'accident type "Ermenonville"
[GUYO 79]

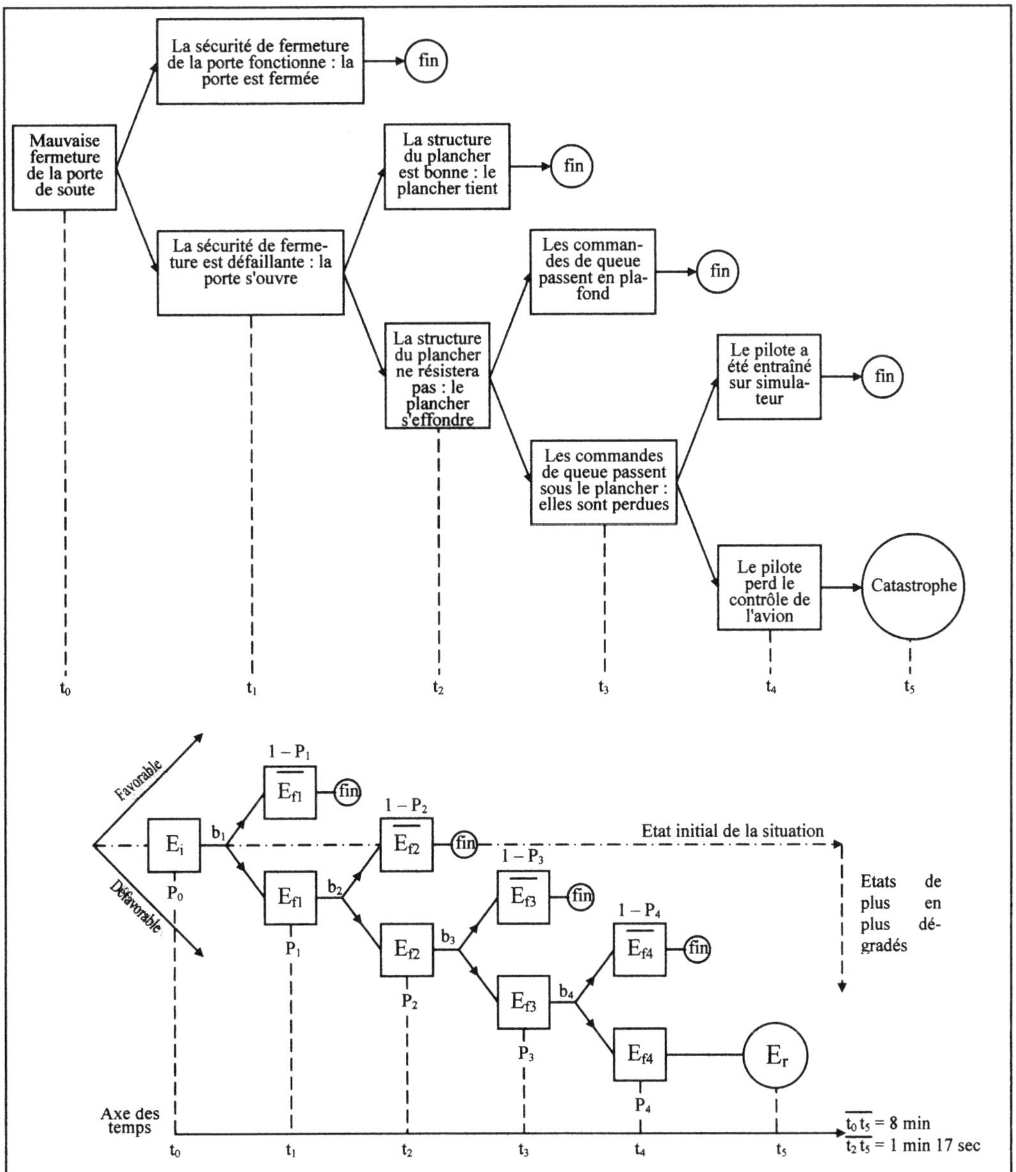

E_i : évènement initiateur de probabilité P0
E_{f1} : évènement frontière n°1 de probabilité P1
b_1 : barrière n°1 correspondant à une "sécurité"
E_r : évènement redouté, ici le crash de l'avion
$\overline{E_{f1}}$: évènement de probabilité complémentaire à 1
P_i : probabilité d'apparition de l'évènement i
P_0, P_1, P_2, P_3, P_4 sont déterminés par les arbres de défaillance

Annexe 10 Relative au paragraphe III.4.1.2.
Arbre de défaillance du scénario d'accident type "défaillance de la mise en sécurité sur place d'une chaufferie"
[CASS 80]

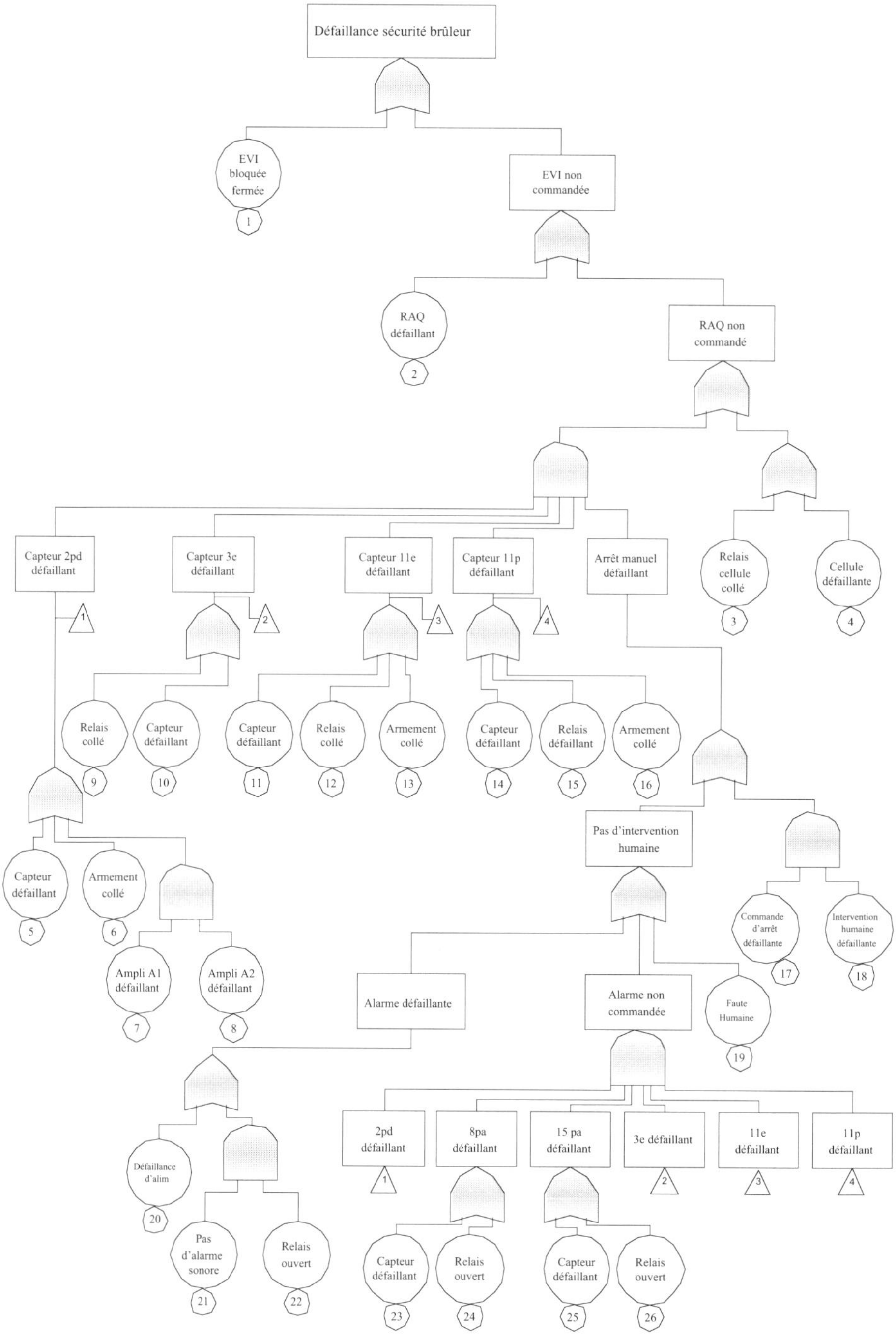

Annexe 11 Relative au paragraphe III.4.1.2.
Arbre de défaillance du scénario d'accident type "défaillance de la mise en sécurité à distance d'une chaufferie" [CASS 80]

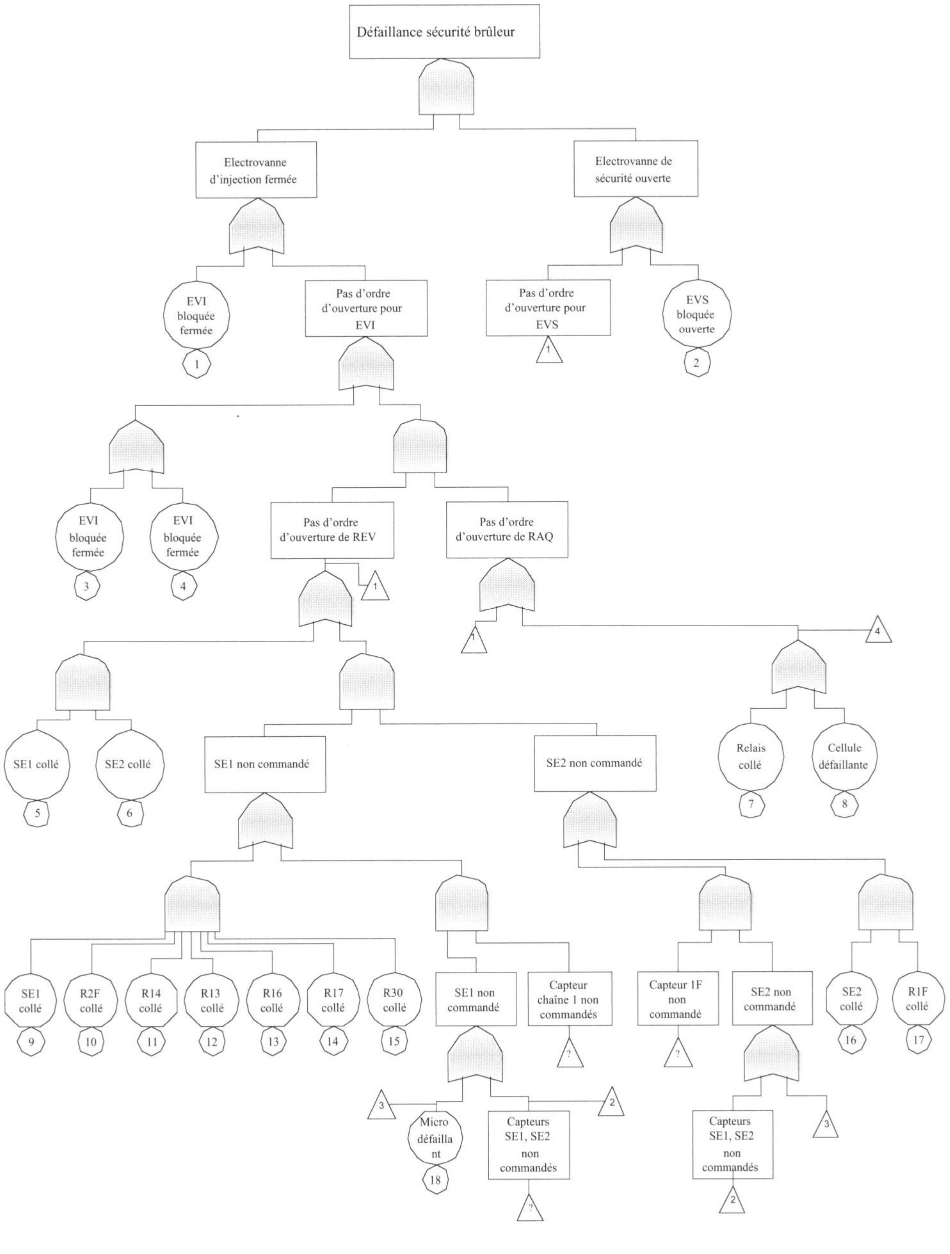

Annexe 12 Relative au paragraphe III.1.1.
Définir l'accident pour définir la sécurité

On peut dire que "absence" = "pas de présence". Mais il faut remarquer que "absence de danger" cache "absence de dangers", comme l'arbre cache la forêt! L'expression facteur potentiel d'accident est un tout vague que l'on désigne par un terme unique "danger". fpA=D, D=fpA

D'autre part on peut rencontrer diverses situations dangereuses :

- (11) ı danger" peut être "un facteur potentiel d'un accident", c'est une correspondance ique **1fp---1A**, comme par exemple il y a une flaque d'huile sur le sol --- le passant ;se dessus.
- (1m) ı danger" peut être"un facteur potentiel de plusieurs accidents", c'est une corres- ıdance logique **1fp---mA**, comme par exemple il y a une panne de courant dans la r ---plusieurs occupants se font mal.
- (n1) usieurs dangers" peuvent être "plusieurs facteurs potentiels d'un accident", c'est une respondance logique **nfp---1A**, comme par exemple il y a des vapeurs d'essence ıs l'air et plusieurs fumeurs ---une explosion se produit.
- (mn) usieurs dangers" sont "plusieurs facteurs potentiels" de "plusieurs accidents", c'est : correspondance logique **nfp---mA** entre n dangers et m accidents (m peut être egal à n).

Donc, "absence de danger", qui se dit $\overline{\mathrm{fpA}}$, est la négation d'un tout vague qui peut vouloir désigner plusieurs situations de sécurité : pas de facteurs potentiels donc pas d'accidents (logique n---m qui comprend les trois autres). On retrouvera toutes ces nuances avec la méthode de l'arbre de défaillance pour exprimer "pas de facteur**s** potentiel**s** d'accident" combinée avec celle de l'arbre d'évènement pour exprimer "pas de facteur potentiel d'accident**s**". Ainsi, ($\bar{f} + \bar{p} + \bar{A}$), veut dire que "pas de facteur" ne dit rien tout seul, ou de même "pas de potentiel", ce qui s'écrit $\bar{\mathrm{f}} + \bar{\mathrm{p}} = 0$. Donc il ne reste que "pas d'accident"= "pas de danger".

On peut penser que "pas de facteur d'accident" **et** "pas de potentiel d'accident" peuvent vouloir dire quelque chose de différent par différentiation de la nature des causes d'accident. Et évidemment "pas de facteur potentiel d'accident" est alors un terme vague. Il va donc falloir y faire très attention, puisque c'est un point de départ possible, d'ailleurs souvent utilisé dans les études actuelles de la sécurité. Ce commentaire s'écrit $\overline{\mathrm{fA}} \times \overline{\mathrm{pA}} = \overline{\mathrm{fpA}} = \bar{\mathrm{A}} + \mathrm{fp} = \bar{\mathrm{A}}$ (on remarque que $\bar{A} \equiv \overline{fp}$, puisque $1\mathrm{fp} = 1\mathrm{A}$). Cette dernière remarque reste "vraie" dans une logique binaire exclusive exhaustive et simple (la première des quatre situations rapportées plus haut).

On peut donc dire en raccourci "la sécurité, c'est pas d'accident". Ce qui peut s'écrire $\mathrm{S} = \bar{\mathrm{A}}$, et donc S=1-A par définition, en ayant court-circuité l'intermédiaire explicatif "danger". Ce court-circuit néglige la part potentielle présentie, ressentie, crainte qui fait souci, ce qui fait dire qu'il vaut mieux se savoir en danger que se croire en sécurité. Travailler aux niveaux des dangers c'est prendre quelques longueurs d'avance sur une sécurité qui s'y prend forcément trop tard en travaillant au niveau de l'accident.

On vérifie logiquement que "sécurité = zéro accident" est vrai (puisque A=0=>S=1), mais cela désigne une limite vers laquelle on tend asymptotiquement donc une borne qui ne peut être dépassée. Mais d'autre part on peut dire "quand on dépasse la borne il n'y a plus de limite". Qu'est ce que cela peut bien vouloir dire ? Nous verrons par la suite de façon imagée que c'est ce qui fait la différence entre l'horizon infranchissable et la frontière qu'il l'est.

Ces définitions exprimées en langage booléen renvoient à un raisonnement d'ouverture du binaire simple ($V+\overline{V}=1; B+\overline{B}=1; b+\overline{b}=1$) vers la complexité, illustrée par la formulation de propositions disposées en carré où la négation ne se confond pas avec l'opposition, où l'équivalence ne se confond pas avec la ressemblance comme pour les exemples suivants :

Vrai – pas vrai	Sécurité – pas sécurité	Beau – pas beau
I I	I I	I I
Pas faux – faux	Pas danger – danger	Pas moche – moche

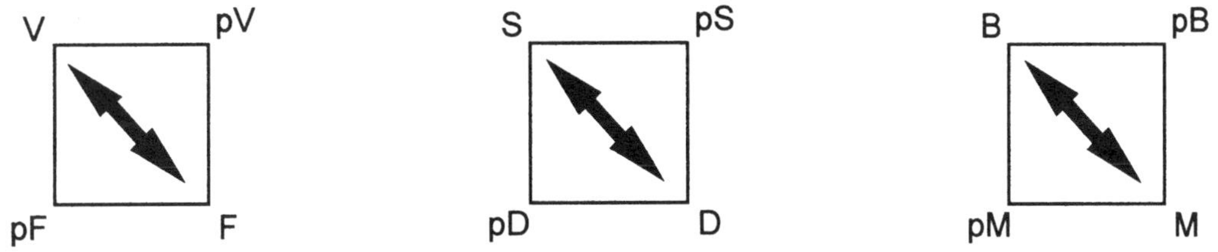

Fig. III.13 : Carré sémantique

De même passer de "la bouteille vide (donc complètement vide)" ou de "la bouteille pleine (donc complètement pleine)" à la bouteille "à moitié vide et (donc) à moitié pleine", c'est passer en bref du net au flou, de l'achevé (du complètement) à l'inachevé (à l'incomplètement), cette fois dans le cas de formules un peu plus complexes.

Par ailleurs en mathématiques, on ne démontre pas qu'un théorème est vrai mais plutôt qu'il n'est pas faux, tant que "le faux" n'aura pas été (dé)montré. De même dans l'expression artistique une oeuvre peut être estimée "belle" (donc valoir sans doute beaucoup) et "moche" (donc sans doute valoir peu) à la fois. Ce qui apparaît subjectivement possible ne l'est plus objectivement.

Ainsi en est-il de la sécurité dans son "rapport au danger et (donc) à l'accident". Voilà pourquoi on pose que pour démontrer la sécurité et réussir la sécurisation (bien sûr c'est "du système" dont il s'agit) il vaut mieux passer par la définition de l'accident et s'efforcer de maîtriser complètement le danger qui l'annonce et l'accompagne.

La figure suivante Fig. III.14 fait apercevoir la richesse d'information à extraire du potentiel "danger d'accident" d'un point de vue théorique. Mais pour en profiter il faut s'attendre à un gros travail de dépouillement dans la mise en pratique de tout ce qu'implique la sécurité à sécuriser.

Fig. III.14 : Les dilemmes de la sécurité et de l'accident

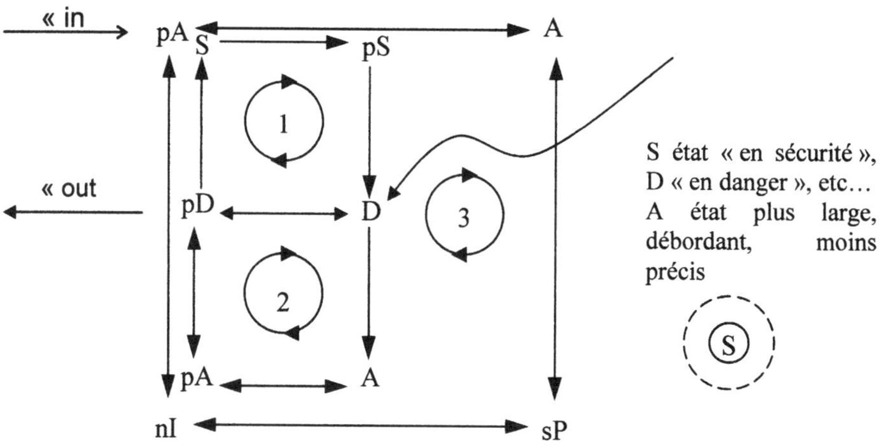

Noeud-sommet	arc-coté
carré 1 (S,pS,D,pD)	
S sûr, pour "en sécurité"	S → pS opposition du contraire
pS pas sûr … "pas en sécurité"	pS → D passage à l'acte du dit
D dangereux, pour "en danger"	D → pD réforme par prévention
pD pas dangereux … "pas en danger"	pD → S confirmation Protectrice

Noeud-sommet	arc-coté
carré 2 (pD,D,A,pA)	
pD pas dangereux … "pas en danger"	pD → D prise de conscience par montée des pertes potentielles
D dangereux, pour "en danger"	D → A passage à l'acte de faire
A fin accidentelle, en accident	A → pA prise en main en secours
pA pas en accident mais pas hors de danger	pA → pD mis à l'abris hors de danger

Noeud-sommet	arc-coté
carré 3 (pA,A,sP,nI)	
pA sécurité comme « état de pas d'accident » mais pas hors de danger,	pA → A apparition historique et création de l'accidentel
A l'accident est un début toujours possible qui fait sortir du pas accidentel	A → sP il est suffisant que tout soit possible pour sortir de l'accidentel
sP un seul suffit et tout devient possible mais,	sP → IN du suffisant au nécessaire et du possible à l'impossible
nI il est nécessaire d'expérimenter l'impossibilité d'être en sécurité (en situation accidentelle)	nI → pA(=S) il est nécessaire de dépasser la sécurité comme état sans accident possible, en expérimentant l'impossibilité d'être en sécurité en situation accidentelle

Annexe 13 Relative au paragraphe II.4.2.

Base pour représenter par graphe d'états la sûreté de fonctionnement d'une station de pompage

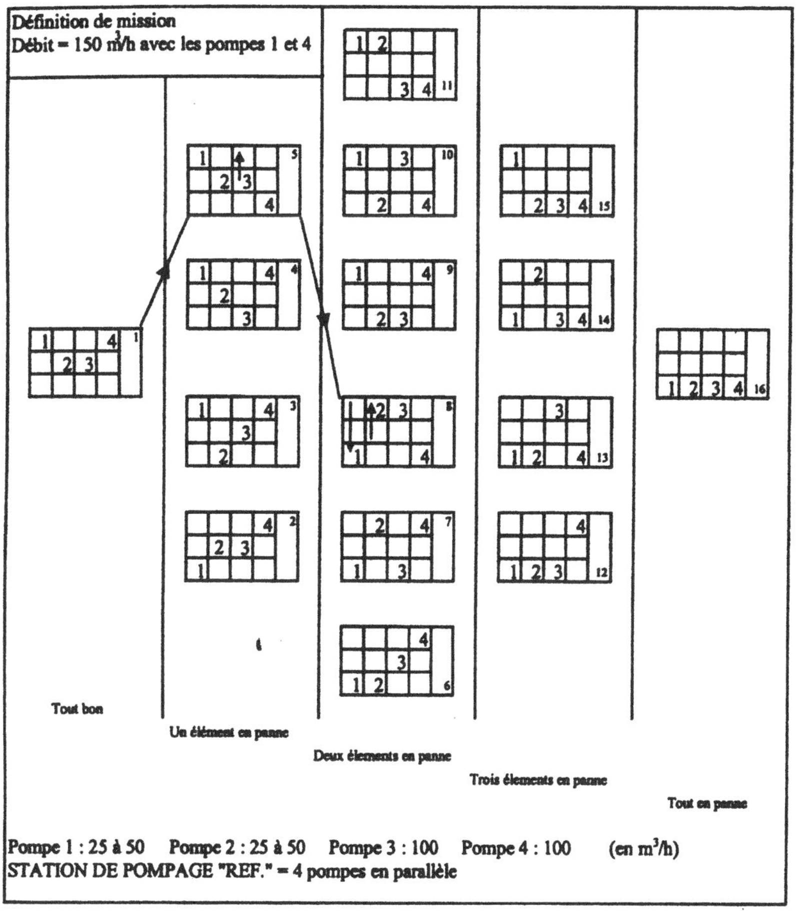

Le petit cadre rectangulaire (marche-dispo-panne) indique en 5me colonne l'état global de la station de pompage, état n°i ici de 1à16, positionné en haut pour signifier visuellement le succès de la mission en cours (150 m3/h), ou en bas pour l'échec. Il y a 9combinaisons possibles d'état de succès-mission et 7combinaisons d'état d'échec (les 6,11à16).

Les 4 autres colonnes indiquent l'état de chaque pompe 1ère ligne en haut si elle est en cours de fonctionnement en 2me ligne si elle est en attente supposée en bon état de marche (disponible) avec donc un risque qu'elle ne démarre pas à la sollicitation parce qu'elle est tombée en panne à l'arrêt (avec un taux de défaillance en attente λ_a) ou bien parce que la commutation est défaillante (avec un taux de défaillance à la sollicitation γ).

Les 5 colonnes du tableau global d'aspect carré représentent les 16 combinaisons réparties en 5 sous-ensembles d'états logiquement possibles de "Toutes en marche" à gauche à "toutes en panne" à droite. Le nombre des permutations est beaucoup plus grand.

On commence la mission avec les pompes 1 et 4.

- La première transition qui peut être signalée est celle qui mène la station de l'état 1 à l'état 5, qui s'explique par la défaillance de 4, qui passe de la ligne du haut à la ligne du bas, estimée par le taux de défaillance par heure de fonctionnement λ_{t4}, arrangée avec la mise en marche réussie de la pompe 3 avec un taux de succès estimé par $(1-\lambda_{a3}).(1-\gamma_3)$.
- Une seconde transition qui peut être signalée est celle qui fait passer la station de l'état 5 à l'état 8 avec la panne de 1 qui est signalée par la descente de la ligne du haut à la ligne du bas, arrangée avec la mise en marche réussie de la pompe 2 et signalée par la montée de la ligne du milieu vers la ligne du haut.
- Ces deux transitions conservent l'état de marche désiré de la station défini par un débit de 150m3/h (qui n'est pas le débit maximum mais presque).
- Une troisième transition peut être signalée (en partant de l'état 8).

À vous la main ! C'est un début dans la problématique du contrôle à l'instant présent coeur caché des besoins pré-sentis.

Annexe 14 Relative au paragraphe III.6.2.2.
L'accident de Tchernobyl
Extrait de [ROZO 92]

B.1 Introduction

Le 26 avril 1986, à 1h23, l'unité n°4 de la centrale de Tchernobyl, en URSS, a été le lieu d'un grave accident qui a entraîné la destruction totale du réacteur et de la majeure partie du bâtiment qui l'entourait. Tous les gaz nobles et une fraction importante des produits de fission du combustible se sont échappés à l'extérieur. Dans les jours qui ont suivi, un important secteur a été contaminé dans le voisinage immédiat de la centrale, ce qui a entraîné des conséquences écologiques désastreuses. Transportés par les vents, des produits de fission ont été détectés jusqu'à des milliers de kilomètres de la centrale.

Lors de l'accident de Three Mile Island (TMI) en mars 1979, le cœur du réacteur a été détruit, à la suite d'une perte de caloporteur (par une soupape du pressuriseur) et de l'inaptitude de l'opérateur à maintenir le refroidissement du combustible alors que le réacteur était à l'arrêt. Bien qu'il y ait eu une fusion partielle du cœur et une contamination massive de l'enceinte de rétention, les émissions radioactives dans l'environnement ont été limitées, et aucune conséquence sur la santé publique n'a pu être attribuée à l'accident (Hatch, 1990).

L'accident de Tchernobyl a quant à lui été provoqué par une rampe positive de réactivité et par une configuration des barres de contrôle particulièrement inefficace, qui ont conduit le réacteur dans le domaine prompt-surcritique. Comme il a été démontré au chapitre 7 (du livre [ROZO 92], il en résulte généralement une ou plusieurs impulsions au cours desquelles une quantité excessive d'énergie est produite.

L'énergie déposée dans le combustible a rapidement atteint le seuil de rupture mécanique, ce qui a provoqué une fragmentation rapide dans la portion inférieure du cœur et une surpression du circuit primaire. La rupture des tubes de force a alors pressurisé l'enceinte du réacteur, la vaporisation de l'eau au contact du graphite étant immédiate. La force du choc a été suffisante pour soulever le couvercle de béton de plus de 1000 t recouvrant la fosse du réacteur et pour projeter des fragments de combustible sur les toits environnants.

B.2 Description de l'accident

L'accident est survenu alors que l'on effectuait un test relié à la sûreté de l'unité n°4, juste avant l'arrêt annuel planifié du réacteur. Une série d'événements sont survenus, qui ont placé le réacteur dans un état précaire. La transitoire de réactivité et la montée rapide de la puissance ont été causées par une combinaison des conditions d'exploitation, de la configuration des barres, de la violation des procédures par les opérateurs et des propriétés inhérentes à ce type de réacteur.

B.2.1 Test prévu

Un accident contre lequel une centrale nucléaire doit se prémunir est la perte de caloporteur combinée à une perte de réseau (classe IV). Dans le RBMK, le système de refroidissement d'urgence (RUC[16]), qui doit assurer le refroidissement à court terme de la boucle atteinte par la rupture, contient 3 branches à 50% : 2 sont passives (réservoirs pressurisés), 1 est active (pompe). Etant donné le rôle de cette pompe, on doit se préoccuper de son alimentation lors de la perte du réseau.

Il peut s'écouler 25 s entre la perte du réseau et le temps où les génératrices diesel d'urgence démarrent et sont connectées à la pompe du RUC. Pendant cette période, il était prévu que les pompes du RUC seraient alimentées à partir de l'énergie de rotation de la turbine. Lors de tests précédents conçus pour démontrer ce type d'opération, la tension était tombée plus rapidement que prévu. Cela a nécessité des modifications aux contrôles de la génératrice, et le but du test de sûreté était de déterminer si les modifications permettaient de prolonger suffisamment la période de haute tension.

Le test prévoyait donc :

1- La réduction de la puissance du réacteur à 700-1000 MWth (= 25-30% PP[17]) ;
2- La dérivation de toute la vapeur vers une des deux turbines (TG 8) ;
3- Le débranchement de la turbine ;
4- L'utilisation de l'inertie de la turbine pour alimenter la pompe pendant quelques dizaines de secondes ;
5- L'observation de la chute de tension.

On note qu'il n'était pas vraiment nécessaire de garder le réacteur en puissance après le débranchement de la turbine. La puissance du réacteur devait être maintenue seulement si l'on désirait répéter le test.

Comme il n'était pas question de provoquer l'injection d'urgence pour tester la pompe du RUC, il a fallu simuler son fonctionnement en utilisant une pompe de circulation principale du caloporteur.

On observe que 4 des pompes sont reliées au réseau pour assurer un débit continu dans le cœur durant la dérive de la turbine, alors que les 4 autres sont alimentées par cette dernière. On note qu'au début du test, avant la dérivation de vapeur, les 4 pompes dans chaque boucle fonctionnaient, ce qui a produit un débit plus élevé que la normale (normalement 3 pompes par boucle).

Tableau B.1 La séquence détaillée des évènements précédant l'accident de Tchernobyl

Heure	Evénement	Commentaires
25 avril 01:00	Début de la réduction de puissance	La puissance est réduite graduellement pour atténuer la montée de la concentration du xénon.
13:05	La puissance atteint 50% PP (1600 MWth) et est maintenue. La turbine	Ces actions sont effectuées en prévision du test. Configuration

[16] *Refroidissement d'Urgence du Cœur*
[17] *Pleine Puissance*

	TG 7 est débranchée. Les pompes et les autres équipements sont branchés sur TG 8 (qui reçoit toute la vapeur).	pompes : 4 connectées à TG 8, 2 connectées au réseau et 2 en réserve (sur le réseau)
14:00	Le RUC est isolé, en préparation pour le test. Par ailleurs, la conduite du réseau exige de maintenir la puissance à 50% PP jusqu'à nouvel ordre[4].	On vise ainsi à éviter une injection par inadvertance. Violation d'un principe de sûreté en laissant fonctionner le réacteur plusieurs heures sans RUC.
23:10	Reprise de la baisse contrôlée de puissance. On vise 700-1000 MWth.	Niveau choisi au dessus du minimum "permis" (=700 MWth).
26 avril 00:28	Transfert du contrôle local automatique (LAC) au contrôle global (AC[18]). Erreur de jugement, car les procédures d'exploitation indiquent que le contrôle spatial est requis jusqu'à 10-20% PP. Erreur de procédure, l'opérateur ayant négligé de spécifier le point de consigne. La puissance tombe à 30 MWth	*Cette erreur double a été très coûteuse*. La baisse rapide de la puissance provoque une montée rapide de xénon. Le débit étant trop élevé, la densité du caloporteur augmente. Ces deux facteurs font diminuer la radioactivité. *L'opérateur doit retirer plusieurs barres pour garder le réacteur critique.*

[4] On note que les opérateurs ont été avisés que, si le test n'était pas terminé avant l'arrêt planifié, il ne pourrait être repris avant le prochain arrêt planifié, soit un an plus tard. Les opérateurs étaient donc pressés de terminer le test avant l'arrêt.

01:00	L'opérateur réussit à élever la puissance jusqu'à 200MWth.	Pour atteindre cette puissance, *l'opérateur a dû retirer plus de barres que ne le permettent les (nouvelles?) procédures d'exploitation.*
01:03	La 4e pompe (en réserve) est activée sur chaque boucle.	A cause de la basse puissance; l'augmentation de débit a provoqué une baisse importante du vide. La température du caloporteur approche de la saturation. La réduction du vide entraîne un effet négatif en réactivité, ce qui nécessite le *retrait d'autres barres*. Elle entraîne aussi une chute de pression et *une baisse de niveau* dans le séparateur.
01:19	*L'opérateur augmente le débit d'alimentation.*	Afin de rétablir de niveau d'eau dans le séparateur. Cela provoque une chute additionnelle du vide dans le circuit primaire (l'eau est

[18] *Automatique contrôle*

		plus froide à l'entrée du cœur).
01:19:30	Le débit d'alimentation est 3 fois plus élevé que la vapeur d'équilibre. Le niveau d'eau monte dans le ballon de vapeur.	*Il ne reste pratiquement plus de vapeur dans le cœur* (fraction de vide =0). La vapeur se trouve essentiellement dans la tuyauterie de sortie et dans le ballon.
01:19:58	L'opérateur ferme la soupape de vapeur au condenseur.	Afin de maintenir la pression, qui diminue.
Entre 01:20 et 01:22	L'opérateur bloque les signaux du système d'arrêt d'urgence sur haute pression et bas niveau. Les barres de contrôle automatique (AC) sortent du cœur. *Retrait manuel de barres.*	Afin d'éviter un déclenchement du SAU[19] sur ces paramètres, alors que l'opérateur éprouve des difficultés à rétablir manuellement l e niveau dans le ballon. L'élimination du vide provoque le retrait automatique des barres (AC). Pour permettre aux barres automatiques de s'insérer (et pour conserver une marge de manœuvre).
01:21:50	Le débit d'alimentation est 4 fois trop grand. Le niveau monte toujours et la pression diminue. L'opérateur diminue rapidement le débit d'alimentation.	La position des barres est constante, la baisse de pression produisant suffisamment de vide pour compenser le débit d'alimentation additionnel. Le nouveau débit est au 2/3 de la valeur d'équilibre. Il en résultera dans la minute qui suit une augmentation continue de la température à l'entrée du cœur.
01:22:10	Initiation du vide dans le cœur. Le titre de vapeur commence à augmenter.	Cela est dû à la température plus chaude à l'entrée. Les barres automatiques s'insèrent graduellement pour compenser l'initiation du vide.
01:22:30	La distribution de puissance est imprimée.	A la demande de l'opérateur. Cette information indiquait que la marge de réactivité des barres était largement insuffisante, leur absence produisant une forme de flux anormale (de 6 à 8 barres effectives au lieu des 30 présumément requises). *L'opérateur aurait dû arrêter le réacteur immédiatement.* Il prétend cependant que l'information ne lui a pas été remise à temps (Nucleonics Week 1991).

[19] *Système d'Arrêt d'Urgence*

01:22:45	Le débit d'alimentation est stabilisé. Le titre de vapeur cesse d'augmenter dans le cœur. La pression augmente légèrement.	L'opérateur y voit un état pseudo-stationnaire et décide d'aller de l'avant avec le test. *Grave erreur de jugement* étant donné la transitoire en cours.
01:23:04	L'opérateur bloque le signal du SAU sur le débranchement de la turbine.	Pour éviter l'arrêt du réacteur durant le test (bien que la puissance n'était pas requise pour la poursuite du test).
	Fermeture de la vanne d'alimentation de la turbine TG 8.	*Début du test.* La fermeture de la vanne prive le réacteur de débouché pour évacuer la chaleur, sauf par le biais des vannes de sûreté (délestage de vapeur).
01:23:10	Le premier groupe de barres automatiques commence à sortir.	Le vide diminue à cause de l'augmentation de pression.
01:23:21	Deux groupes de barres automatiques commencent à se réinsérer.	*Réduction du débit* (4 des pompes sont reliées à la turbine en dérive) et introduction d'eau chaude dans le cœur.
01:23:31	La puissance se met à augmenter.	*Les barres ne parviennent pas à compenser l'effet positif du vide.* Le coefficient positif du vide accentue le déséquilibre en réactivité.
01:23:40	L'opérateur presse le bouton d'*arrêt d'urgence* (manuel).	Aucun effet n'est observé (les barres sont complètement sorties et sont lentes). Pendant ce temps, le vide continue d'augmenter et, à mesure que le caloporteur atteint la saturation, il se propage rapidement le long du canal. Il en résulte une *augmentation très rapide de réactivité.*
01:23:43	La puissance diverge très rapidement, atteignant plus de 100 fois la pleine puissance. L'énergie produite étant excessive, le cœur est détruit : rupture massive des tubes de force, entraînant une *explosion de vapeur.*	Il est probable que la dernière insertion des barres d'arrêt a eu un effet positif sur la réactivité en début d'insertion à cause de la *forme particulière de flux au moment du test, qui a contribué à la gravité de l'accident.*

Par la suite, l'interprétation des événements devient plus spéculative. L'explosion de vapeur a arraché la partie supérieure de la structure, entraînant le reste des tubes de force. Environ 30% du cœur s'est désintégré. Une deuxième explosion a été entendue et pourrait être attribuée aux réactions graphite-eau et zircaloy-eau, ou encore à une deuxième impulsion.

Fig. B.3 La séquence des événements précédant l'accident de Tchernobyl

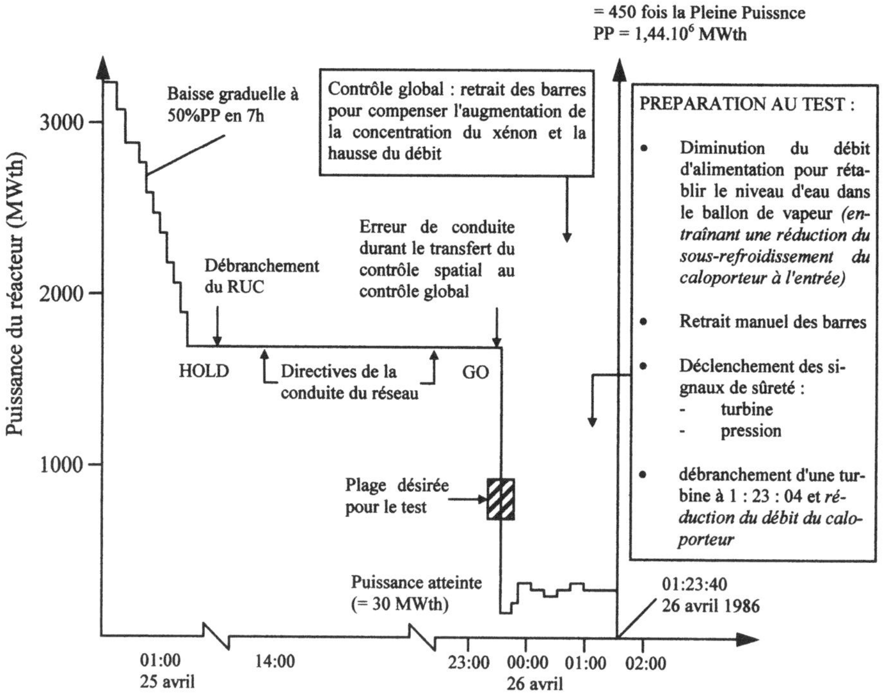

B.5 Conclusion

L'accident dans l'unité n°4 de la centrale de Tchernobyl a été causé par une rampe positive de réactivité qui a rendu le réacteur prompt-surcritique. L'énergie déposée dans le combustible a provoqué la destruction du cœur et la fusion du combustible. En résumé, les causes principales de l'accident ont été :

- Le débranchement des systèmes d'arrêt avant le début du test ;
- Un coefficient de vide positif, qui a contribué à la gravité de l'accident ;
- L'erreur de procédure des opérateurs lors de la réduction de puissance à partir de 50%, qui a entraîné une transitoire xénon importante, laquelle a nécessité le retrait d'une quantité excessive de barres absorbantes pour maintenir le réacteur critique ;
- La réduction du débit d'alimentation par l'opérateur vers 01:21:50 et l'élimination subséquente du sous-refroidissement à l'entrée, qui a mené à l'établissement du vide dans le bas du réacteur, là où l'importance neutronique était élevée à cause de la forme particulière du flux dans le réacteur ;
- La témérité des opérateurs dans leur choix d'effectuer le test dans des conditions qui n'étaient pas prévues, alors qu'une transitoire thermohydraulique était en cours et que le réacteur était particulièrement instable du point de vue neutronique (découplage neutronique haut-bas) ;
- L'effet positif en réactivité des barres d'arrêt au moment de leur insertion, dont l'importance a sans doute constitué l'élément déclencheur de l'excursion rapide de puissance.

Parmi les leçons que l'on peut tirer de cet accident, nous retenons que la meilleure façon de faire face à une perte de régulation dans n'importe quel réacteur est de disposer d'un système d'arrêt d'urgence rapide et efficace. De plus, la configuration du réacteur (burnup, barres...) ne doit jamais compromettre l'efficacité du système d'arrêt.

DEUXIEME PARTIE

METHODOLOGIE DE LA SECURITE

Chapitre IV – Modélisation de la sûreté par la méthodologie de l'arbre d'événement

Introduction à la Méthodologie de la sécurité

L'objectif **théorique** pour l'étudiant ingénieur est de devenir capable de structurer la mise en application des nombreuses mesures préventives *(de prévention)* et correctives *(de protection)* qui s'imposent pour faire face aux dangers plus ou moins nombreux, divers et plus ou moins intenses, connus de plus ou moins longue date, ou qui sont nouveaux et peu ou pas connus.

Il y a toutes sortes de dangers :

- Des procédés (exemple : de stockage en silos à grains, de réfrigération en usine de produits congelés) ;
- De l'industrie (exemple : de chimie fine, de sidérurgie, pétrolière) ;
- Du génie chimique (exemple : lors de la conception et construction d'une colonne à distiller pour séparer l'hexane de l'heptane) ;
- De la technologie (exemple : de neutralisation des déchets chimiques en laboratoire de recherche) ;
- Des activités de l'homme dans la nature (Environnement naturel) (exemple : agriculture industrialisée) ;
- Et dans la société (Environnement socioculturel) (exemple : réseaux de distribution d'eau, de gaz).

Ce répertoire n'est pas exhaustif. Et d'un point de vue sécurité humaine et sans rapport immédiat, causal, déterministe, il faut faire mémoire d'autres types de dangers (et ce n'est pas encore tout) :

- Des dangers d'ordre éthique de l'individu tels que suicides, violences ;
- Des dangers d'ordre socio-politiques tels que mal-nutrition, révolutions, grandes pauvretés.

Les données chiffrées sur les risques associés sont aussi éloquentes que celles qui sont mises en jeu directement par la technologie.

L'intensité (la pression) du danger augmente avec l'augmentation de complexité, due notamment aux développements des performances, de l'automatisation et de l'informatisation. Cette croissance de complexité est un effet secondaire le plus souvent indésirable des réponses à l'augmentation des besoins, demandes, exigences des hommes. (Exemple : que faire pour respecter des objectifs, critères, contraintes de qualités contractuellement définis ?)

Face à tous ces dangers il doit exister des mesures, des dispositions, ou bien déjà connues et entérinées par normes, règles et toutes sortes de lois (ce seront par exemple des dispositifs dits de prévention ou de protection), ou bien qui sont encore à découvrir et à éprouver (on parle dans ces cas de "précautions"). Avant de s'imposer réglementairement, au grand nombre ces mesures sont d'abord pensables, puis possibles et réalisables. Et donc leur installation et leur mise en oeuvre sont à préconiser, à décider et à contrôler, valider, surveiller.

L'objectif **pratique,** pour l'ingénieur, est de prendre en main les méthodes actuelles de calculs de sûreté pour constituer un noyau dur minimum de compétence méthodologique en évaluation de sûreté des systèmes techniques et/ou technologiques, notamment ceux issus du génie des procédés chimiques ou autres. Une telle compétence consiste à savoir quelles méthodes choisir et les appliquer avec rigueur, permettant ainsi de *"prendre des risques calculés sans faire des calculs risqués".* Ne pas prendre la bonne méthode ou ne pas la mettre en oeuvre convenablement est autant dommageable pour la sécurité que sont les dangers indomptés.

Méthodes d'analyse ou de synthèse, démarches de calcul ou de raisonnement, toutes ces "techniques" (plus ou moins "pratiques" à la main) permettent (grâce à l'ordinateur) de se représenter (idéalement de façon rigoureuse et lisible mais néanmoins imparfaite) les états possibles (futurs ou passés) d'un système en relation avec les états possibles (passés ou futurs) de ses composants, **connaissant l'état présent ou non**. La problématique commune à toutes ces méthodes peut être illustrée par le schéma suivant (Fig. IV.1). Il faudra de plus faire attention au fait que certitude, objectivité et précision des données seront plus ou moins accessibles et démontrables selon la nature des problèmes de sécurité.

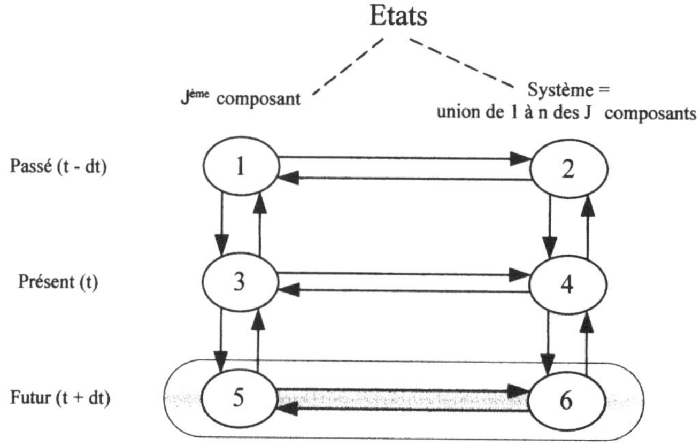

Fig. IV.1 : Interdépendances des états système et composants dans le temps

Constatons, sans le déplorer, que (en bref) :

- Le passé n'est plus,
- Le futur n'est pas encore,
- Le présent échappe tout le temps ...

Justification du plan d'exposition des méthodes et modèles (M).

Les méthodes et modèles (M) qui sont présentés sont utilisables en général pour des calculs de sûreté. Ils permettent en particulier d'identifier, modéliser, simuler, représenter, et évaluer non seulement la sûreté mais aussi les dangers et les risques. Itérations et récurrence, qui sont nécessaires pour adhérer à la réalité, au terrain, demandent des temps de calculs qui ne sont accessibles utilement que par l'informatique. En effet, ces M peuvent être transcrits en algorithmes et deviennent dès lors accessibles aux ordinateurs. La plupart le sont déjà. De nombreuses publications de la recherche dans le domaine les exposent. Les plus utilisées actuellement sont dans les circuits commerciaux.

L'ordonnancement de l'exposé des méthodes et modèles tient compte de ce qui m'est apparu, au fil des recherches menées pendant près de 28 ans comme le plus important pour une modélisation de la sécurité et des risques d'accident conduite de façon méthodique, en abrégé "la sécurisation", d'un système :

1. De bons rapports entre la simplicité indispensable et les complications envahissantes. Donc, commençons par le simple et puis prolongeons dans le compliqué.
2. Les accidents manifestent les complications, l'irréversibilité des changements complexes et de l'irrémédiable. Donc, devenons attentifs et utiles au bon relationnel, à l'inter-x (x = face, dépendance, action, etc.) en cultivant les représentations graphiques particulièrement les arbres (qui sont à la fois des figures de vie et des schémas intelligibles).
3. Le principe de découverte inépuisable par l'entrée en lice de la complexité reconnue. Donc passons de la multiplication des points de vues, par l'augmentation du nombre des acteurs composant le système par exemple, à la démultiplication des moyens et des buts par un questionnement sans fin ou presque.
4. La préférence pour les réponses et les solutions qui satisfont sans l'effet secondaire néfaste de l'extinction radicale de leur source (pour le questionnement et les difficultés comme principes d'évolution orientée). A celui qui dit "j'ai faim" on peut donner un poisson où (et) lui apprendre à pécher. Donc accordons une préférence à la modélisation par rapport aux modèles.

Les méthodes et modèles organisés face aux problèmes rencontrés peuvent être classés par types, sous-types et sous-sous types d'après un critère de pertinence (de la méthode au problème, de la solution au système en question, etc.). La classification qui dirige l'ordonnancement (pédagogique) est la suivante :

- <u>1er type</u> : Les M[20]. génériques (*Domaines d'application : à tout système)*
  - <u>1er sous-type</u> : Les M. arborescentes (les ARBRES) (Simples ; Statique ; Irréversibilité ; Ouverts).
    - <u>1er sous sous-type</u> : La méthodologie (inductive) des Arbres d'Évènements (AdE)
    - <u>2ème sous sous-type</u> : La méthodologie (déductive) des Arbres de Défaillances (AdD)

- rappels des BASES pour l'approfondissement et d'éventuelles extensions (chiffrage, calculs compliqués)
    1. Bases de Logique Binaire (Algèbre de Boole (LB)
    2. Bases de Probabilités (Pr)
    3. Bases de Statistiques (St)
  - <u>2ème sous-type</u> : Les M. cycliques (les RÉSEAUX) (Pointues ; Dynamique ; Réversibilité ; Fermés)
    - <u>1er sous sous-type</u> : Les Chaînes de Markov (CdM)
    - <u>2ème sous sous-type</u> : Les Processus de Markov (PdM)
    - <u>3ème sous sous-type</u> : Les États de MArche Critique (EMAC)

- <u>2ème type</u> : Les M. spécifiques (*pour des systèmes particuliers et des enjeux limités concrets*)
  - <u>1er sous-type</u> : M. d'analyses du Facteur Humain : (AFH)
    - La Fiabilité Humaine (FH)
    - La technique de prédiction du taux d'erreur humaine (THERP)
  - <u>2ème sous-type</u> : M. d'analyses préliminaires des dangers (et des risques) des procédés (APD)(APR)

---

[20] *M : méthodes et modèles*

L'Analyse des Modes de Défaillance, de leurs Effets (et de leur Criticité) AMDE(C)
Analyse des dangers des modes opératoires (HAZOP)
3ème sous-type : Bases et banques de Données pour la sûreté (BD)

La Fig. IV.2 présente cet ordonnancement :

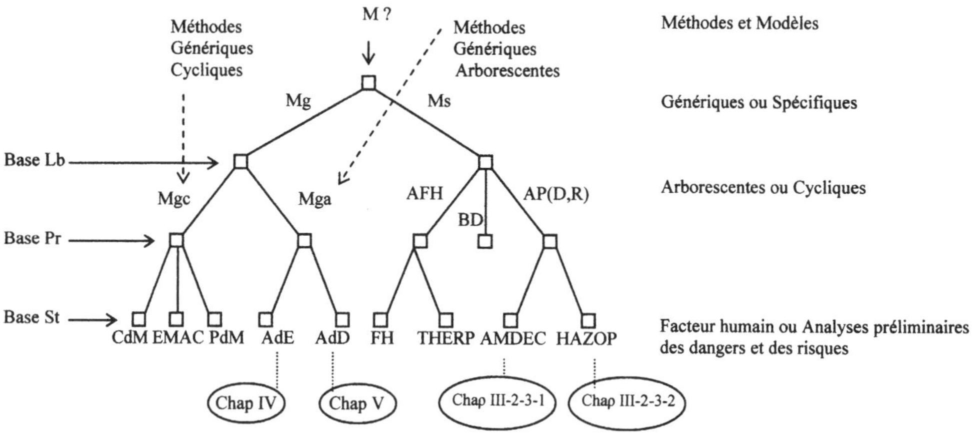

Fig. IV.2 : Ordonnancement des M

Ce répertoire des M n'est pas exhaustif. L'échantillon de "M" présenté qui semble réduit répond surtout au besoin de confiance à satisfaire grâce à toutes ces démarches de quantification des qualités. Il faut noter que ces démarches sont fortement influencées par les efforts et progrès des recherches scientifiques dans de nombreuses disciplines et de nombreux thèmes transversaux.

La carte esquissée par la Fig. IV.2 représente le territoire de modélisation de la sûreté et des risques explorés pour aller à la découverte des dangers à "dompter, dominer, réduire, maîtriser au hasard des systèmes rencontrés". Les nuances méthodiques et modélisatrices sont bien plus nombreuses que les quatre présentées aux Chap III, IV, V.

1. Concepts généraux de l'arbre d'événement

1.1. Origine, définition, but principal, cheminement

La méthode de l'arbre d'évènement est une extension des arbres de décisions [RAIF 68]. Elle a été initialement utilisée pour l'évaluation probabiliste des risques des centrales nucléaires [USNR 75].

La méthode de construction d'un arbre d'évènement (AdE) est inductive. Elle est utilisée pour la représentation graphique des conséquences de perturbations qui peuvent apparaître dans un système à partir d'un évènement initiateur indésirable.

Elle sert essentiellement à représenter, estimer[21] et évaluer[22] les scénarios[23] ou séquences envisageables conduisant au succès, à l'échec ou à des situations mitigées de la

[21] *Estimer : calculer la probabilité de quelque chose*

mission du système. C'est une méthode qui modélise accidents ou incidents affectant le système en interaction avec son environnement spécifique.

Un AdE (figure en IV.1.4.) représente plusieurs scénarios possibles, caractérisés à partir d'un même évènement initiateur (premier évènement déclenchant, mode commun de défaillance, etc...) et d'une succession de défaillances et/ou de bons fonctionnements des composants ou sous-ensembles dont les états (ou les réponses) sont impliqué(e)s par l'évènement initiateur. Ces défaillances, ou bon fonctionnement des composants du système sont appelés, dans l'AdE, évènements intermédiaires ou évènements frontières.

1.2. Deux types de scénarios

On distingue deux types de scénarios d'après l'ordre chronologique :

Type 1 : Il regroupe tous les scénarios où l'ordre chronologique d'apparition des évènements n'est pas important. La méthode de l'AdE peut être alors en concurrence avec d'autres (Diagramme Blocs de Fiabilité (DBF), Arbre de Défaillance (AdD)).

Exemple : Un système dont les composants sont tous en mode « actifs » et indépendants. (Voir exercice 2 en IV.3.1.)

Type 2 : Il concerne les scénarios dont l'ordre chronologique d'apparition des évènements est important.

Exemples :

a) Des systèmes qui comportent certains composants ou sous-ensembles en attente (mode « stand-by ») ou qui fonctionnent en respectant une séquence chronologique. (voir exercice 3 en IV.3.2.)
b) Des systèmes de protection, sollicités en cas de franchissements de seuils de consigne et d'alarme, qui réussissent ou échouent le rattrapage.

La forme générale de l'AdE de ces deux types de scénarios sera semblable, excepté que l'état ou l'évènement de départ de l'arbre est différent :

- Dans le cas des systèmes du **Type 1**, l'état de départ considéré est le bon état de fonctionnement du système. L'arbre est construit à partir des séquences d'évènements combinant les succès et échecs des ses composants ou fonctions.
- Dans le cas des systèmes du **Type 2**, en particulier les systèmes de sécurité, l'évènement de départ est une perturbation indésirable, initiateur de situation dangereuse qui sollicite le système de sécurité, ou provoque un accident. L'arbre est construit à partir des séquences d'évènements arrangeant[24] (en combinant[25] ou en permutant[26]) les succès et échecs des ses composants ou fonctions.

---

[22] *Evaluer : Décider d'accepter ou de rejeter (un résultat...)*

[23] *Scénario : du latin scène : 1° canevas d'une pièce de théâtre, d'un roman; document qui décrit la/le...; 2° dans une BD le récit par opposition au graphisme; 3° au figuré, déroulement programmé d'une action*

[24] *Arrangement : tout groupement de p objets pris parmi n se distinguant par la nature et l'ordre des objets rassemblés. Nombre d'arrangement de n éléments pris p à p :* $A(np) = n(n-1)\dots(n-p+1)$

[25] *Combinaison : tout groupement à p éléments d'un ensemble à n éléments* $(p < n)$. *Nombre de combinaisons de p éléments d'un ensemble de n éléments :* $C(np) = \dfrac{n!}{p!(n-p)!}$

[26] *Permutation de m éléments : ensemble formé par ces m éléments classés dans un ordre déterminé.* $P(m) = m!$

L'AdE a aussi pour but d'identifier les conséquences possibles résultantes d'une séquence d'évènements indésirables liés au système et de les classifier sous différentes classes. Une classe regroupe toutes les séquences ayant la même gravité des conséquences.

Chaque séquence dans l'arbre est une combinaison (l'ordre ne compte pas) ou une permutation (l'ordre compte) d'évènements binaires[27] (ou duals[28]) qui aboutit à des états différents de succès ou d'échecs du système (différentes gravités des conséquences).

Ainsi, des défaillances ou des échecs du système de sécurité dans le système protégé peuvent conduire à différents niveaux de conséquences qui seront jugées comme :

- Inacceptables (CI) : elles seront dénommées classes des séquences inacceptables (exemple : classe 4 de la Fig. IV.3, qui correspond à l'échec du système selon la séquence 7) ;
- Acceptables (CA) : elles seront dénommées classes des séquences acceptables (exemple : classe 1 de la Fig. IV.3, qui correspond au succès du système de sécurité) ;
- Des combinaisons de ces nuances dans des situations intermédiaires (exemple : classes 2 et 3 de la Fig. IV.3, qui correspondent réciproquement à un succès partiel et un échec partiel).

1.3. Risques d'explosion combinatoire de la méthode

Le nombre de séquences d'un AdE augmente rapidement quand on augmente le nombre d'entités considérées (sous-ensemble, composant, fonction).

Le nombre N de séquences (ou branches) de l'arbre construit pour un système à n composants (ou fonctions) dans lequel chaque composant (ou fonction) peut prendre 2 états (bon ou défaillant) est égal à $N = 2^n$.

Le nombre de séquences est encore plus grand si (certains ou) tous les composants peuvent se trouver dans a états ($a > 2$). Dans ce cas, le nombre de séquences N est égal à a^n.

Exemples : une pompe qui a différent niveaux de fonctionnement : très grand débit, grand débit, petit débit, très petit débit, dans ce cas $a = 4$. Ou encore un interrupteur qui "fonctionne" ou s'il "ne fonctionne pas", est "bloqué fermé ou ouvert", dans ce deuxième cas $a = 3$.

Exercice 1 : *Risque d'explosion combinatoire*

Calculer le nombre de séquences envisageables pour un système ayant 5 fonctions pouvant interagir et occupant chacune 3 états possibles (bon, défaillant, intempestif) à partir de 4 initiateurs indésirables différents. [Voir §IV.5.1]

Remarque :
Le risque d'explosion combinatoire de la méthode augmente plus vite avec le nombre de composants qu'avec le nombre d'états des composants.

---

[27] *Binaire : de binis, deux par deux ; qui met en jeu deux éléments ; qui a pour base un nombre de deux chiffre 0 et 1 ; relation d'un ensemble dans lui-même ; division en deux parties.*

[28] *Dual : de dualis (deux), qui comporte deux unités deux éléments, souvent en relation d'interaction ou de réciprocité. Système de pensée (coexistence de deux, (opposés)), dualisme. Principe d'échange des propriétés entre entités (ex : coupe-echec / chemin-succès). Manichéisme : religion fondée sur un strict dualisme opposant deux principes du bien et du mal. Conception qui divise toute chose en deux parties dont l'une est considérée toute entière avec faveur et l'autre rejetée sans nuance.*

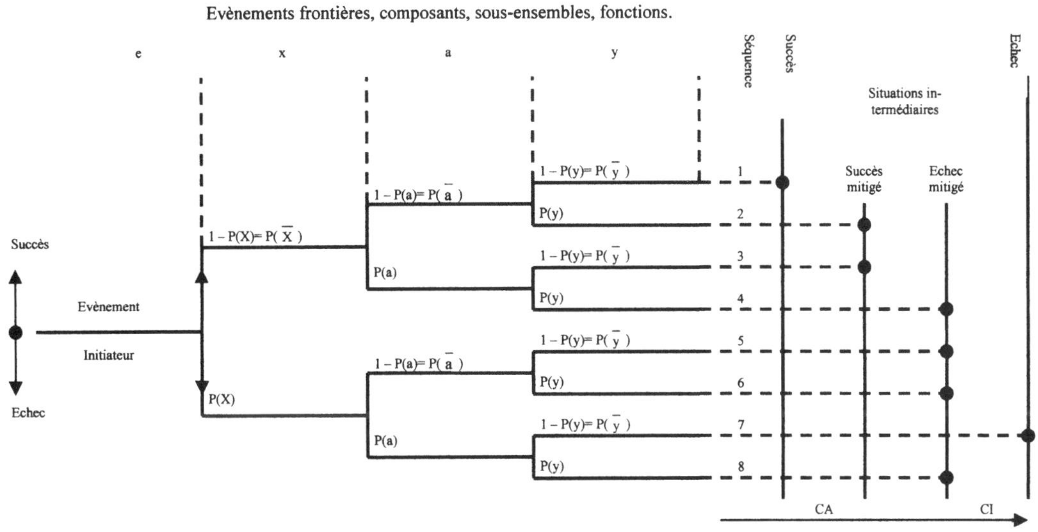

Fig. IV.3 : Schéma type d'un AdE

1.4. Réduction du nombre de séquences.

La réduction est partiellement résolue en construisant un arbre réduit, équivalent à une réduction booléenne, par :

1. L'élimination d'une portion de séquence inutile parce qu'elle n'a plus aucune influence sur le résultat final de la séquence complète quel que soit l'état intermédiaire déclaré ; c'est-à-dire suivant que l'évènement frontière existe ou n'existe pas, est vrai ou faux le résultat est pourtant le même (voir exercice 2 question n°3 en IV.3.3.).
   Ce qui peut être traduit en logique booléenne par : $x \cdot (\overline{a} + a) = x$
2. L'élimination des séquences devenant incohérentes (~ non cohérentes[29]) parce que la conjonction de deux états sensés possibles est de fait impossible, incompatible (voir exercice 3 en IV.3.2.)
   Ce qui peut être traduit en logique booléenne comme on peut le voir dans l'exercice 3 avec la séquence 10, par : P(E) Q(AL) P(D) P(P1) Q(P2) = 0 (Si il n'y a plus d'alimentation électrique, il ne peut plus y avoir de détection)
   la conjonction Q(AL) P(D) = 0 a pour conséquences la non existence des séquences 9 et suivantes.
3. La construction uniquement des séquences (ou branches) qui aboutissent à un résultat qui comporte un intérêt pour l'étude.
   Exemple : Si on ne s'intéresse qu'à la défiabilité d'une structure (voir exercice 2 question 3) alors on peut ne construire que les séquences résultant en un échec du système ; et réciproquement avec les séquences de succès. (Voir Fig. IV.13 en §IV.5.2.)
4. La construction de l'arbre réduit sans passer d'abord par l'arbre complet. Cette façon de faire est préférable lorsque le système comporte de nombreux composants intéres-

[29] *Non cohérente : une logique de fonctionnement est dite non cohérente par exemple lorsque la réparation d'un composant met le système en panne, ou lorsque le branchement d'un appareil en bon état sur un circuit fait disjoncter ce circuit.*

sants. Elle est liée à la progression de la connaissance des états de fonctionnement et de dysfonctionnement du système qui doit se faire avec un extrême prudence pour éviter omission et contradiction.

En résumé, la réduction est illustrée simplement par la Fig. IV.4

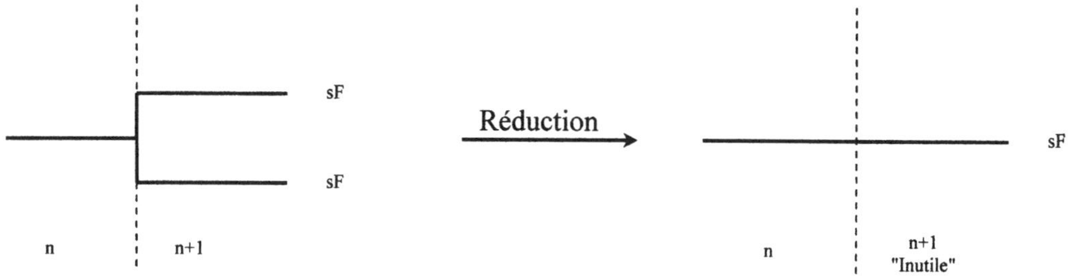

Fig. IV.4 : Illustration de la réduction d'un arbre

Exemple de la logique non cohérente [ZIAN 86] : Supposons un carrefour avec des feux tricolores qui fonctionnent correctement, deux véhicules a et b se suivent sur la voie 1, un véhicule c arrive sur la voie 2. Cherchons la probabilité que le premier véhicule a ait un accident A :

- soit a respecte le feu rouge et b lui rentre dedans ($A = a \,.\, b$);
- soit a ne respecte pas le feu rouge et c lui rentre dedans ($A = \bar{a} \,.\, c$).

Donc $A(a, b, c) = a \,.\, b + \bar{a} \,.\, c$

Cette fonction logique est non cohérente. Parce que A(a, b, c) n'est pas monotone décroissante, en effet nous pouvons constater que A(0, 0, 1) = 1 > A(1, 0, 0) = 0).

2. Démarche d'analyse par arbre d'évènement

Afin de réaliser une analyse d'un système par AdE qui soit rigoureuse, il est utile de suivre le plan "d'action" suivant :

1. Description systémique[30] du système: par schéma structurel des fonctions du système et des fonctions de sûreté (des sous-systèmes de sûreté en redondances actives ou passives);
2. Définition de l'événement initiateur e_i ;
3. Construction de l'AdE (e_{Fj} ou $\overline{e_{Fj}}$)
4. Détermination de l'état final du système pour chaque séquence et des classes de conséquences des séquences (de même gravité) ;
5. Réduction de l'arbre ;
6. Evaluation qualitative et quantitative de l'AdE:

6.1 Analyse logique booléenne pour énumérer les coupes et chemins dans l'AdE ;

6.2 Calculs de probabilité d'occurrence de chaque séquence de l'arbre et des classes associées.

7. Recommandations d'amélioration de la sûreté du système (fiabilité, sécurité,...) ; avec appel à d'éventuels *arbres de défaillances*[31] pour déterminer les probabilités des e_{Fj} importants d'après leurs causes.

---

[30] *Systémique: 5 pôles de représentations différents du même : par la structure, l'activité, l'environnement, la finalité, l'évolution du même. [LEMO 84]*

[VILL 88], [BILL 84], [BILL 83], [HENL 81], [APOS 80]

Déduction des coupes et chemins

Les coupes sont les combinaisons le plus souvent recherchées car par définition elles représentent les modes de défaillances du système.

Les notions de coupes et de chemins sont définies plus en détail dans le chapitre suivant sur la modélisation de la sûreté par la méthodologie de l'arbre de défaillance.

Dans les cas de systèmes complexes[32], dont la fonction de structure ne peut être développée de façon cohérente, on déduit les coupes et les chemins (de succès) à partir de l'AdE (de type 1) (voir exercice 2).

La notion de "fonction de structure", évoquée dans la première partie sur la problématique, est à développer plus en détail dans un autre chapitre, en la confrontant avec la notion duale de "fonction indicatrice d'événement".

On déduit les coupes et les chemins des deux façons suivantes :

1- En utilisant les séquences qui aboutissent à la défaillance du système

On détermine **les coupes** à partir de l'AdE en n'énumérant que les composants défaillants dans chaque séquence qui provoque la défaillance du système. (Voir questions 1 à 4 dans l'exercice 2)

2- En utilisant les séquences qui n'aboutissent pas à la défaillance du système

On déduit **les chemins** de succès à partir de l'arbre en n'énumérant que les composants non défaillants, dans les séquences qui aboutissent au succès du système.

Remarque : Est-ce qu'une coupe, dans un AdE, est un arrangement? (Voir IV.5.1)

2.1. Système à fonctionnement continu

Exercice 2 : *Structure complexe en fonctionnement continu.*

Considérer le système de la Fig. IV.5

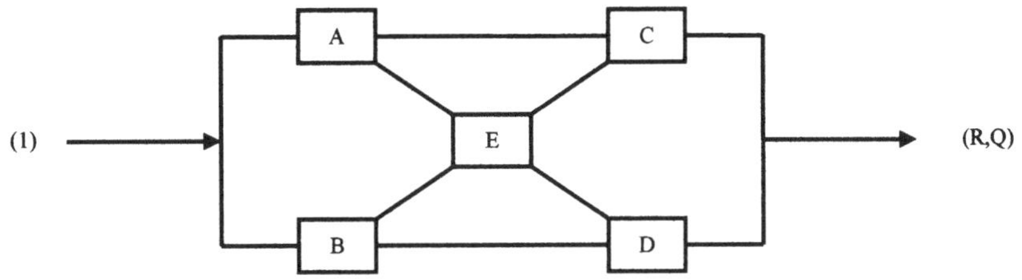

Fig. IV.5 : Structure complexe

On suppose que tous les composants sont indépendants et peuvent prendre deux états mutuellement exclusifs (bon ou défaillant). Dans cet exercice, nous ne nous intéres-

---

[31] *Arbre de défaillance : c'est une méthode de modélisation et d'analyse, de la sûreté et des risques que nous verrons au chapitre suivant.*

[32] *Complexe : est complexe ce qui ne peut être ramené à un seul schéma de blocs en série et/ou en parallèle mais qui nécessite deux schémas équivalents ou plus (voir le développement de cette notion dans un autre chapitre).*

serons pas à la définition de l'évènement initiateur, ni à la détermination des classes de conséquences.

1- Construire l'arbre d'événement complet de ce système *(nombres de séquences n_s= ?).*

2- Interprétation de cette structure, par un système physique, dont elle pourrait être un modèle. Circuit hydraulique : chaque composant est une vanne manuelle ouverte (le liquide passe, si le circuit est alimenté) ou fermée (le liquide ne passe pas). Si le liquide attendu en sortie du circuit est présent, c'est le succès de la mission du système, quantifié par une valeur probabiliste notée R. Sinon c'est l'échec noté Q. Une autre réalité technique serait celle d'un circuit électrique, où chaque composant représenterait par exemple un interrupteur.
Quelle prise de conscience ces interprétations permettent-elles?

3- Identifier l'état résultant pour le système correspondant à chaque séquence s du système. Le succès de la mission d'un composant i sera noté R_i et son échec Q_i. Les séquences de succès seront notées « sS » et celles d'échecs « sF » *(nombre de séquences n_{sS}= ?, n_{sF}= ?).*

4- Déterminer l'AdE réduit équivalent. *(nombre de séquences de l'arbre ainsi réduit n_s réduit = ? n_{sSr} = ? n_{sFr} = ?).* Déduire de l'arbre réduit sa version tronquée aux seules séquences défaillantes.

5- A l'aide de l'arbre (réduit), déterminer les séquences, chemins, chemins minimaux[33], coupes et coupes minimales du système.
- nombre de coupes nk/sF = ?,
- nombre de coupes minimales nkm/sF = ?,
- nombre de chemins nt/sS = ?,
- nombre chemins minimaux ntm/sS = ?
- est-ce qu'une combinaison de pannes d'une séquence de succès est une coupe ?
- est-ce qu'une combinaison de succès d'une séquence d'échecs est un succès ?

6- Calculez la probabilité de chaque séquence s. On notera R_{sS} la probabilité de succès de la séquence sS et Q_{sF} la probabilité d'échec de le séquence sF pour l'arbre complet.

7- Calculer la probabilité de succès $R(\cup R_{sS})$ et d'échec $Q(\cup Q_{sF})$ du système en utilisant l'arbre complet. De même, calculez $R(\cup R_{sS})$réduit, $Q(\cup Q_{sF})$réduit à l'aide de l'arbre réduit. Discuter les résultats.

8- Application numérique : Tous les composants ont une probabilité de succès égale à 0,99

[33] *Minimal signifie que la combinaison désignée (coupe->coupe minimale ou chemin → chemin minimal) est réduite à son ensemble logique le plus petit possible (sans répétition d'un même terme ni permutation entre ses termes).*

2.2. Système à séquence logique ou en stand-by

La méthode décrite précédemment s'applique également aux systèmes à séquences logiques ou en "stand-by", c'est le cas où il faut tenir compte de l'*ordre chronologique d'apparition des événements* pour la construction de l'arbre.

Exercice 3 : *refroidissement de secours en attente*

Considérer le système de refroidissement du processus continu indiqué dans la Fig. IV.6. On considère la "rupture de la conduite d'eau de refroidissement normal" comme l'événement initiateur e_i. Quand e_i apparaît, le détecteur du flux D déclenche le fonctionnement des pompes de secours P1 et P2 qui sont en stand-by. On suppose que :

- Le succès est à 100% si les deux pompes fonctionnent ;
  Le succès est de 50% (ou succès partiel) si une seule pompe fonctionne.

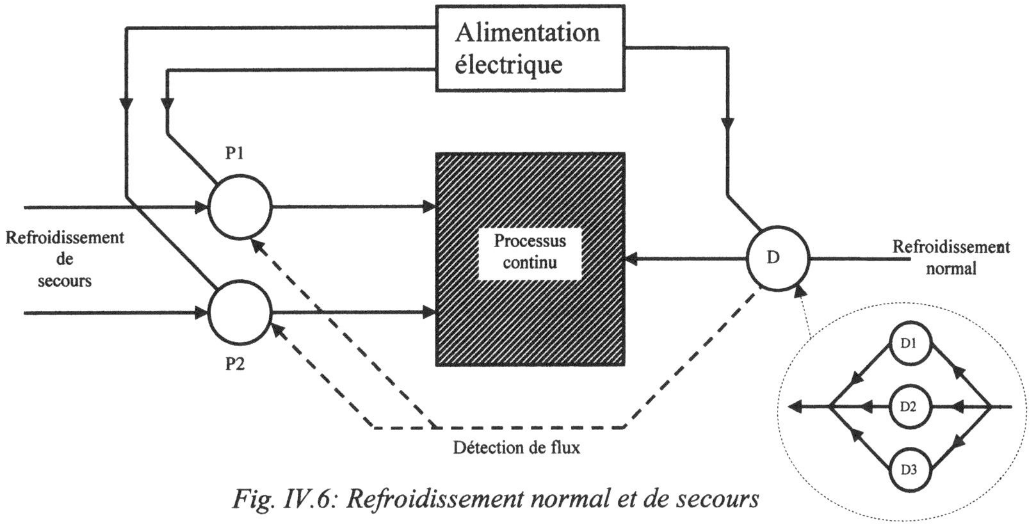

Fig. IV.6: Refroidissement normal et de secours

Questions :

1- Construire l'arbre d'événement (complet) de ce système ;

2- Déterminer les classes de gravité ;

3- Réduire l'arbre ;

4- Trouver les coupes minimales qui provoquent une échec partiel du système et celles qui provoquent l'échec total du système. Intérêt ?

5- Calculer les probabilités des séquences possibles ;

6- Application numérique : probabilité de succès de chaque s/système est égale à 0,99 ;

7- Si on met 3 détecteurs (probabilité de succès d'un détecteur, $P(D_i) = 0{,}99$) en redondance active, calculer les nouvelles probabilités de succès correspondant aux choix d'interventions suivants:
   a) tous les détecteurs doivent fonctionner (3 sur 3) ;
   b) 2 doivent fonctionner (2 sur 3) ;
   c) 1 doit fonctionner (1 sur 3).

Remarque : Résoudre la question 7 à l'aide de la méthode AdE appliquée au sous système de détection composé par les trois détecteurs [Voir chapitre IV.5.3.].

3. Autres applications de la méthodologie

Les quatre applications suivantes, utilisant la même méthodologie de l'arbre d'événement, donnent un petit échantillon de la variété des questions et problèmes de sûreté et de risques auxquels elle peut répondre.

3.1. Exercice 4 : analyse des causes et conséquences

Considérer le système de la Fig. IV.7. Il permet à un opérateur de commander à distance le fonctionnement du moteur; pour cela l'opérateur appuie sur le bouton pression (BP) provoquant l'excitation du relais, la fermeture du contact associé et l'alimentation du moteur. Lorsque l'opérateur relâche le BP, le moteur s'arrête. Un fusible permet de protéger le circuit électrique contre tout court-circuit. On suppose que le fil AB traverse une zone où se trouve des gaz inflammables. On admet que l'analyse préliminaire des risques (APR) a démontré qu'il y a un évènement indésirable redouté lié à "***la surchauffe du fil AB.***" [VILL 88, p.277]

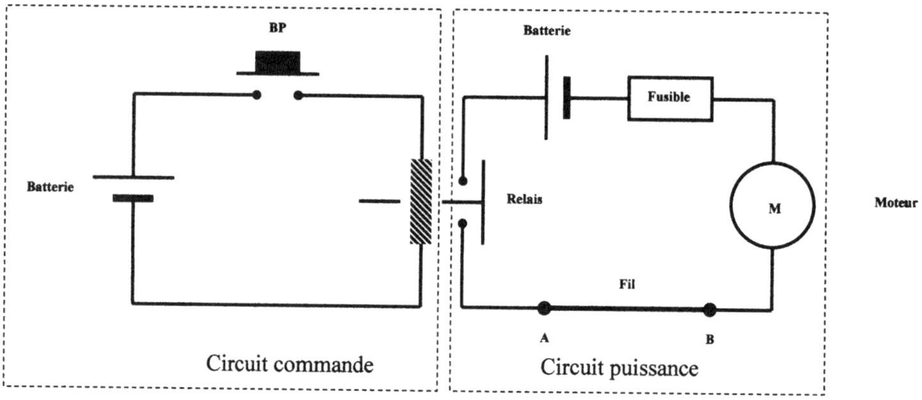

Fig. IV.7 : Système de protection

Il existe plusieurs façons de réaliser l'analyse par arbre d'évènement, l'une d'elle consiste à regrouper en plusieurs sous-ensembles associés à des fonctions de sûreté différentes.

<u>Questions</u> :

1- a) Indiquer les 2 fonctions de sûreté de ce système en précisant les composants qui les

assurent et les modes de défaillance concernés.
b) Préciser l'identité des deux indésirables qui encadrent la surchauffe du fil AB pour former le triplet de l'évolution dangereuse du système.

2- Construire l'arbre d'événement pouvant conduire à l'échauffement du fil AB, à partir de l'évènement initiateur EI ***"le court-circuit du moteur"***.

3- Faire une analyse qualitative et quantitative de cet AdE

4- Application numérique:
  - le contact du relais reste bloqué fermé: 0,005
  - le fusible est défaillant (il n'ouvre pas le circuit) : 0,01
  - le BP reste bloqué : 0,003

Commentaires ?

3.2. Exercice 5 : analyse préliminaire des risques

L'analyse préliminaire des risques d'un réacteur nucléaire en cas de défaillance (fuite dans le circuit primaire) fait apparaître l'importance de la fiabilité du système de sécurité prévu à cet effet : le circuit de refroidissement d'urgence. Il est utilisé pour compenser des fuites éventuelles dans le circuit primaire du réacteur. Le circuit simplifié est décrit par la Fig. IV.8

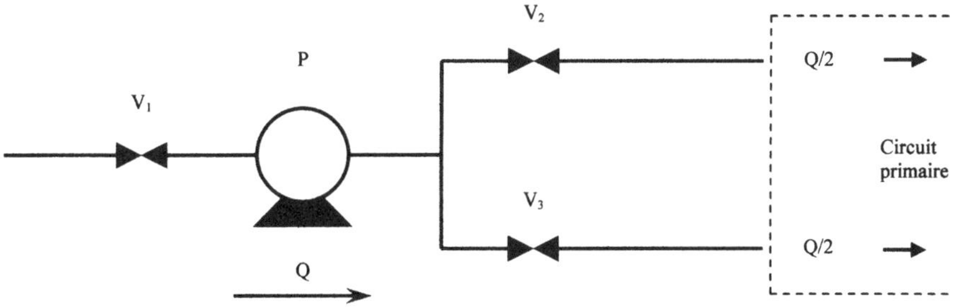

Fig. IV.8 : Circuit de refroidissement d'urgence

1- Construire l'arbre d'événement non réduit de ce système de sécurité.

2- Faire une réduction de l'arbre.

3- Ayant identifié les 3 classes de conséquences possibles, donner leurs équations logiques.

4- Soient P, P_1, P_2 et P_3 les probabilités de défaillance des éléments respectifs P, V_1, V_2 et V_3 du système considéré. Calculer les probabilités des classes trouvées étant donnée la fuite du circuit primaire de probabilité P_0. Donner l'expression simplifiée quand $Pi \ll 1, \forall i$.

5- Sachant que la pire des conséquences ($Q = 0$) est catastrophique, et que la situation $Q = 50\%$ est critique, écrire les 2 inéquations à prouver pour vérifier les objectifs à démontrer.

6- Application numérique : $P_0 = 10^{-5}$ (probabilité d'occurrence de l'e_i : sollicitation du système de refroidissement de secours) ; $P_1 = P_2 = P_3 = 10^{-4}$, $P = 10^{-3}$; $P_{critique} = 10^{-7}$, $P_{catastrophique}=10^{-9}$.

Conclusions concernant points faibles et préconisations ?

3.3. Exercice 6 : allocation d'objectifs et spectroscopie des risques

Préambule

L'allocation d'objectif a pour objet une répartition acceptable de la globalité des risques du système.

Les objectifs partiels alloués sont les objectifs de sûreté que chaque partie du système sera censée respecter avec succès.

L'allocation sous-entend une répartition des fonctions de sûreté, dont la fiabilité sera à valider.

Cette répartition déclarée de la globalité des risques en classes de risques peut être faite à partir d'arbres d'évènements.

Une classe de risque est déterminée par la gravité de la situation décrite par une ou plusieurs séquences de l'AdE.

Chaque classe de risque fait l'objet d'un jugement de valeur, normatif.

Par exemple en déclarant :
- que telle situation (séquence1) est de gravité mineure (très petite libération de fluide radioactif) et qu'elle sera tolérée même si elle est fréquente ($P_1 \leq \pi_1$).
- que telle situation (séquences 6 ou7) est de gravité catastrophique (très grande libération de fluide radioactif) et qu'elle est encore tolérable seulement si elle est extrêmement improbable ($p_1p_3p_4 + p_1p_2 < p_{(classe\ 5)}$)

On entend par spectroscopie des risques l'activité de modélisation et calculs aboutissant à la présentation de "spectre" de risques[34] . C'est à dire ici, l'ensemble des points G(P) dans le plan R(PG) confrontés à la ligne de démarcation entre les R(PG) acceptables et les R(PG) inacceptables.

Ici dans cet exercice il y a la qualification de 5 classes de gravités différentes (objectivables d'après la quantité libérée) et donc aussi de 5 classes de probabilités (seuils).

Questions : d'après l'AdE donné Fig. IV.9

1- Rappeler les 5 fonctions de sûreté envisagées.

2- Définir les classes de gravités G, de probabilités P (fréquences).

3- Etablir la grille des classes de risques G(P) correspondantes.

---

[34] *Terminologie choisie par association d'idée avec le nom du logiciel (utilisé en TP) "risk spectrum" (tome 3 de l'UV TS02). Expression utilisée par analogie avec sa définition en physique "ensemble des raies résultant de la décomposition d'une lumière complexe et plus généralement répartition de l'intensité d'une onde ou d'un faisceau en fonction de la fréquence de l'énergie mise enjeu".*

4- Imaginer une allocation d'objectifs à respecter; faire figurer sur la grille le référentiel obtenu.

5- Positionner les points représentatifs des situations de risques déterminées par l'AdE, avec $P_i = p \forall i$.

6- Discuter la globalité des risques, par exemple en reliant les 5 points G(P) par ordre de gravité croissante. [Voir IV.5.6.]

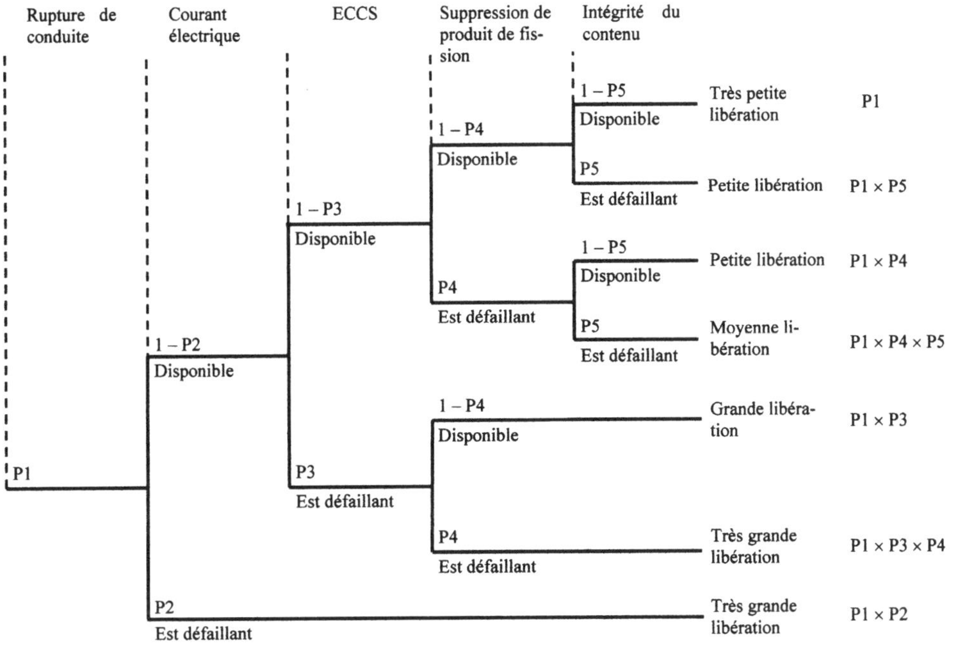

Fig. IV.9 : Arbre d'évènement simplifié pour un "LOCA"
Accident par perte de refroidissement dans une centrale nucléaire (d'après [USNR 75])

3.4. Exemple du détonateur

Considérons le cas d'un système de mise à feu en attente, dans trois conceptions, qui conduisent à des fiabilités et des sécurités différentes [Voir Fig.IV.10]. La mission à assurer et le danger à éviter étant les mêmes : l'explosion. Dans tous les cas, l'interrupteur comporte deux types de défaillance :

1. Fermeture prématurée : $p_1 = 0{,}01$
2. Fermeture impossible : $p_2 = 0{,}02$

Voir en II.5.2, en quels termes est exposé le problème de conflit entre sécurité et fiabilité

Questions :

1- Déterminer la fiabilité et la sécurité de chaque conception de ce système en se servant de l'arbre d'évènement.

2- Confronter cette démarche modélisatrice avec les considérations sur le conflit dans la problématique de la sécurité, abordées dans le Chap. II.5.2 & annexe l. [Voir IV.5.7.]

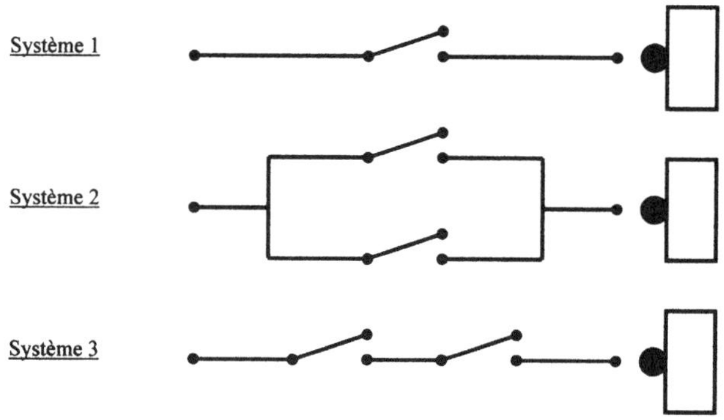

Fig. IV.10 : Schémas des détonateurs

4. Eléments de réponses et de solutions

4.1. Exercice 1 : risque d'explosion combinatoire

Réponse : 3 × 3 × 3 × 3 × 3 × 4 = 972
Concernant la remarque en fin d'introduction : une coupe dans un AdE est un arrangement si l'arbre n'est pas de type I

4.2. Exercice 2 : structure complexe en fonctionnement continu

Interprétation par un système physique. La notion d'état est très complexe : du jugement de valeur (bon, défaillant) ; logique abstraite (1,0) ; physique du matériel (ouvert, fermé) ; physique du flux (passe, ne passe pas) ; du système (composant, structure) ; de fonctionnement (discret, continu) ;
La complexité du réel (le factuel) engendre facilement beaucoup de complications dans la modélisation (ce qui est interprêté par les notations par exemple). Le retour à la simplicité devient vite nécessaire.

1- Construction de l'arbre complet
Nombres de séquences : $n_s = 2^5 = 32$ (Fig. IV.11)

2- Identifier les états finaux
Nombre de séquences de succès : $n_{sS} = 16$, nombre de séquences d'échec : $n_{sF} = 16$

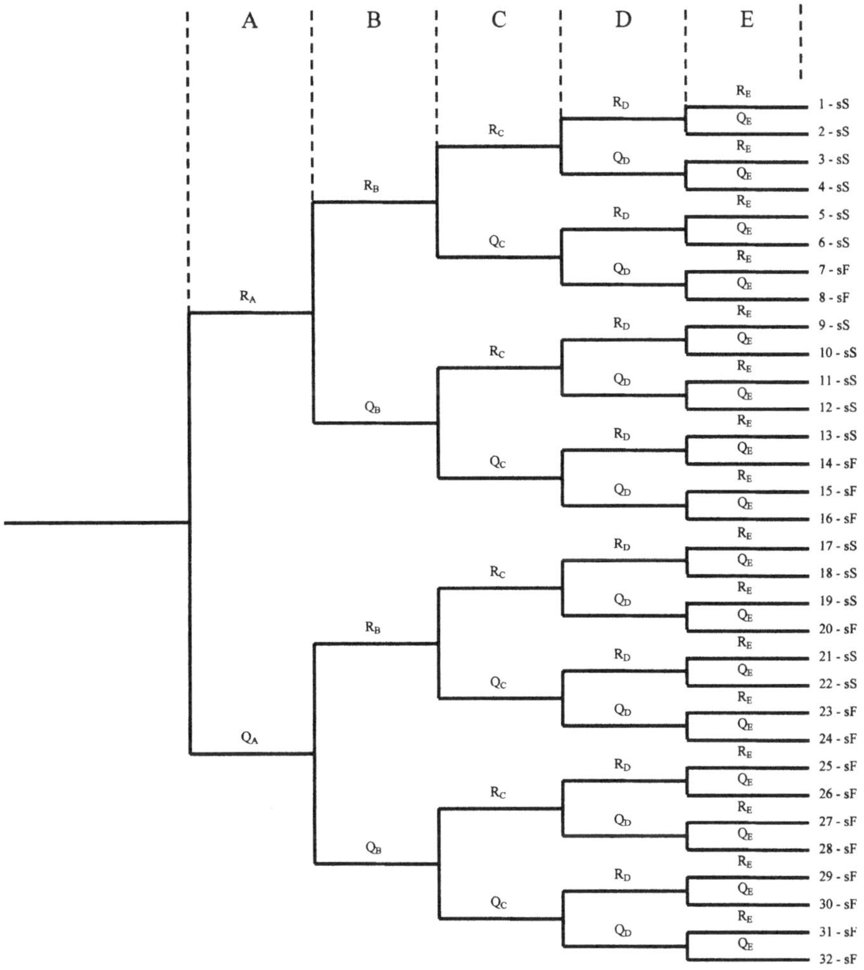

Fig. IV.11 : Arbre d'événement complet et états finaux du système.

3- AdE réduit.
$N_{s\ réduit} = 13$

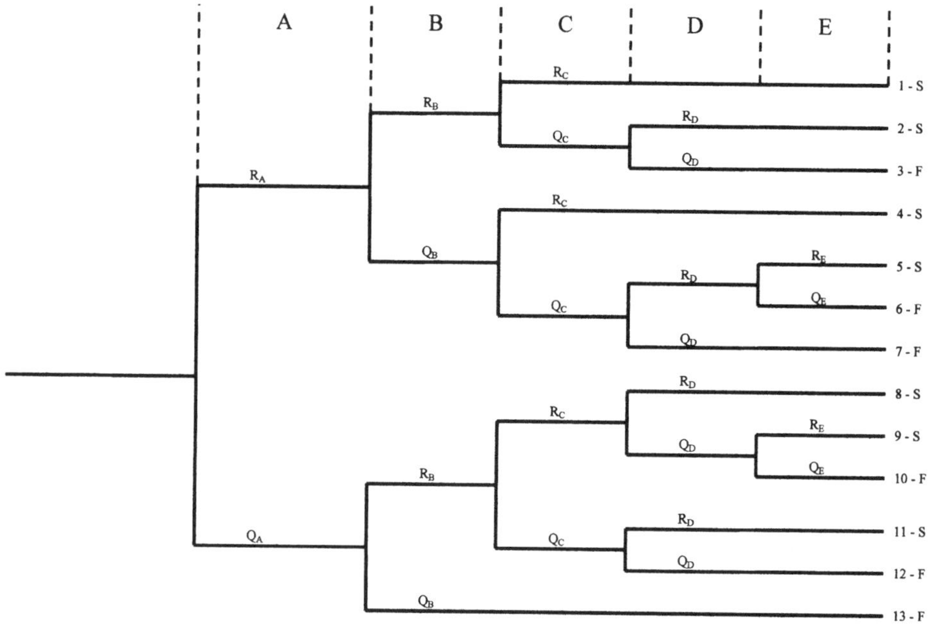

Fig. IV.12 : Arbre d'évènement réduit

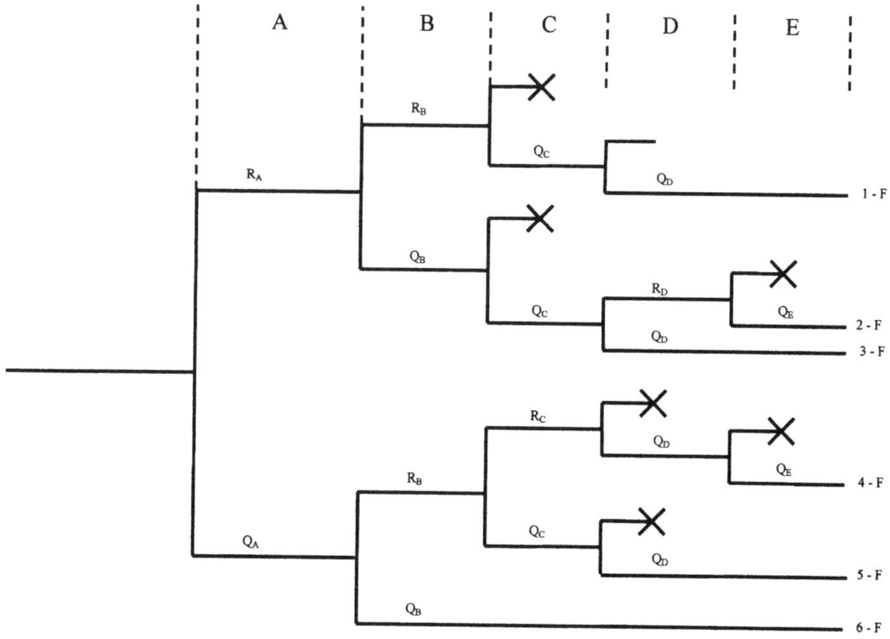

Fig. IV.13 : Arbre tronqué (aux séquences d'échecs)

4- Séquences, chemins, chemins minimaux, coupes et coupes minimales du système.

Tab. IV.1 : Récapitulatif des coupes et chemins

	Séquences	**Chemins**	**Chemins minimaux**	**Coupes**	**Coupes minimales**
$\mathbf{S_{1/S}}$	$R_AR_BR_C$	$R_AR_BR_C$	R_AR_C		
$\mathbf{S_{2/S}}$	$R_AR_BQ_CR_D$	$R_AR_BR_D$	R_BR_D		
$\mathbf{S_{3/F}}$	$R_AR_BQ_CQ_D$			Q_CQ_D	Q_CQ_D (K_1)
$\mathbf{S_{4/S}}$	$R_AQ_BR_C$	R_AR_C	R_AR_C (T1)		
$\mathbf{S_{5/S}}$	$R_AQ_BQ_CR_DR_E$	$R_AR_DR_E$	$R_AR_DR_E$ (T2)		
$\mathbf{S_{6/F}}$	$R_AQ_BQ_CR_DQ_E$			$Q_BQ_CQ_E$	$Q_BQ_C\,Q_E$ (K_2)
$\mathbf{S_{7/F}}$	$R_AQ_BQ_CQ_D$			$Q_BQ_CQ_D$	Q_CQ_D (K_1)
$\mathbf{S_{8/S}}$	$Q_AR_BR_CR_D$	$R_BR_CR_D$	R_BR_D		
$\mathbf{S_{9/S}}$	$Q_AR_BR_CQ_DR_E$	$R_BR_CR_E$	$R_BR_CR_E$ (T3)		
$\mathbf{S_{10/F}}$	$Q_AR_BR_CQ_DQ_E$			$Q_AQ_DQ_E$	$Q_AQ_DQ_E$ (K_3)
$\mathbf{S_{11/S}}$	$Q_AR_BQ_CR_D$	R_BR_D	R_BR_D (T4)		
$\mathbf{S_{12/F}}$	$Q_AR_BQ_CQ_D$			$Q_AQ_CQ_D$	Q_CQ_D (K_1)
$\mathbf{S_{13/F}}$	Q_AQ_B			Q_AQ_B	Q_AQ_B (K_4)

Il y a donc quatre coupes minimales K_i et quatre chemins minimaux T_j :

- K_1 : Q_CQ_D
- K_2 : $Q_BQ_CQ_E$
- K_3 : $Q_AQ_DQ_E$
- K_4 : Q_AQ_B

Voici deux contre exemples pour mieux comprendre :

- La combinaison Q_BQ_C dans la séquence n°5 n'est pas une coupe.
- De même R_BR_C dans la séquence n°10 n'est pas un chemin.

5- Probabilité de chaque séquence s.
Elle est égale au produit des probabilités des états constitutifs de la séquence considérée.
<u>Ex</u> : $P_{S8} = P_{Q_A} \times P_{R_B} \times P_{R_C} \times P_{R_D}$

6- Calcul de la probabilité de succès $R(\cup R_{sS})$ et d'échec $Q(\cup Q_{sF})$ du système.
A partir de l'arbre complet:
$R(\cup R_{sS}) = p((1\cup\ldots 6)\cup(9\cup\ldots 13)\cup(17\cup\ldots 19)\cup 21\cup 22)$ Somme de 16 termes
$Q(\cup Q_{sF}) = p(7\cup 8\cup(14\cup\ldots 16)\cup 20\cup(23\cup\ldots 32))$ idem

A partir de l'arbre réduit:
$R(\cup R_{sS})_{\text{réduit}} = p(1\cup 2\cup 4\cup 5\cup 8\cup 9\cup 11)$ Somme de 7 termes
$Q(\cup Q_{sF})_{\text{réduit}} = p(3\cup 6\cup 7\cup 10\cup 12\cup 13)$ Somme de 6 termes

<u>*Discussion*</u> *:*

On peut également se servir des coupes minimales et des chemins minimaux. Le calcul est plus rapide : $R(\cup T_j)$ et $Q(\cup K_j)$

La probabilité de l'union ($\cup$) est la somme des probabilités des termes parce que les intersection ($\cap$) sont nulles.

Les différentes façons de réduire l'univers des possibles compensent les différentes raisons qui peuvent s'accumuler et produire l'explosion combinatoire.

<u>Remarque :</u> L'analyse combinatoire permet de résister (un peu) à l'explosion du nombre d'opérations à faire pour déterminer l'état du système. La représentation graphique (ici l'arborescence) permet aussi de résister (beaucoup) à cette explosion.

7- Application numérique
R = 0,999798
Q = 0,000202

4.3. Exercice 3 : refroidissement de secours en attente

1- Construire l'arbre
Il y a une séquence à succès, 2 à succès partiel, et 13 provoquant l'échec de la mission du système.

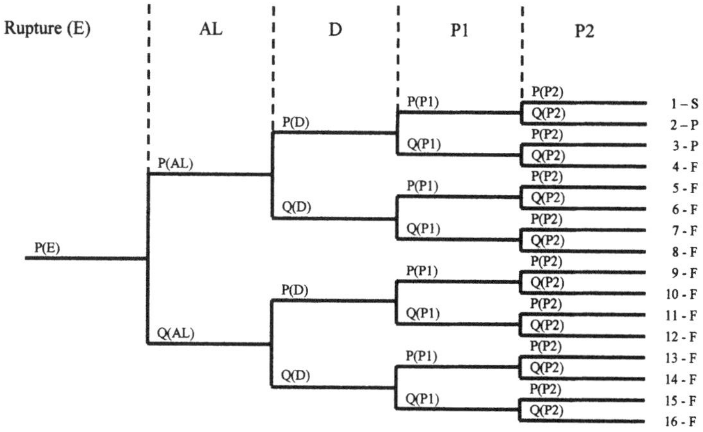

Fig. IV.14 : Arbre d'évènement complet du refroidissement de secours en attente.

2- Classes de gravités (d'après le débit). Il y a 3 classes de gravité :
- succès : tout fonctionne, 100% du débit, séquence 1
- succès partiel (à 50%) : une des deux pompes, séquences 2 et 3
- échec : débit nul, séquences 4 à 16

3- Arbre réduit : Il y a une séquence à succès, 2 à succès partiel, et 3 provoquant l'échec de la mission du système.

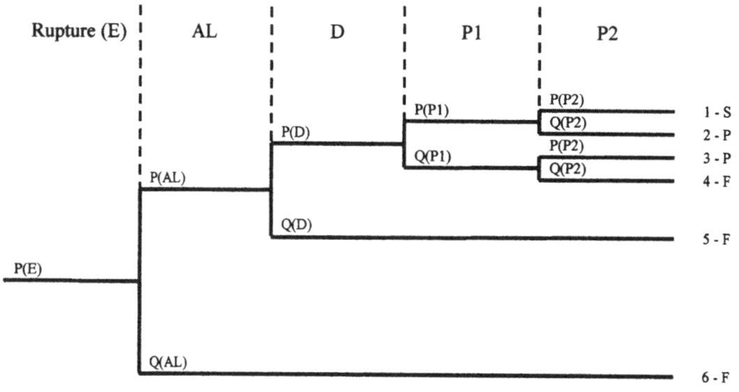

Fig. IV.15 : Arbre d'évènement réduit du refroidissement de secours en attente.

4- Coupes minimales provoquant l'échec partiel ou total F du système.

Tab. IV.2 : Coupes minimales provoquant l'échec partiel et total du système

		Séquences	Coupes minimales
Classe P	S2/P	P(AL) P(D) P(P1) Q(P2)	Q(P2)
	S3/P	P(AL) P(D) Q(P1) P(P2)	Q(P1)
Classe F	S4/F	P(AL) P(D) Q(P1) Q(P2)	Q(P1) Q(P2)
	S5/F	P(AL) Q(D)	Q(D)
	S6/F	Q(AL)	Q(AL)

5- Probabilités des séquences possibles
Succès du système : R_{100} = P(AL) P(D) P(P1) P(P2)
Succès partiel : R_{50} = P(AL) P(D) P(P1) Q(P2) + P(AL) P(D) Q(P1) P(P2)
$R_{(100 \text{ ou } 50)}$ = P(AL) P(D) P(P1) P(P2) + P(AL) P(D) P(P1) Q(P2) + P(AL) P(D) Q(P1) P(P2)
Echec : F = Q(AL) + P(Al) Q(D) +P(Al) P(D) Q(P1) Q(P2)
ou F = 1 - $R_{(100 \text{ ou } 50)}$

6- Application numérique
R_{100} = 0,960596
R_{50}= 0,019406
$R_{(100 \text{ ou } 50)}$ = 0,980002
F = 0,019998

7- Avec 3 détecteurs
On peut considérer les détecteurs comme 3 évènements frontières binaires D1, D2, D3. Il est donc possible de construire un arbre d'évènement à 8 séquences. On passe du composant "détecteur" à la fonction de "détection" réalisée en redondance.

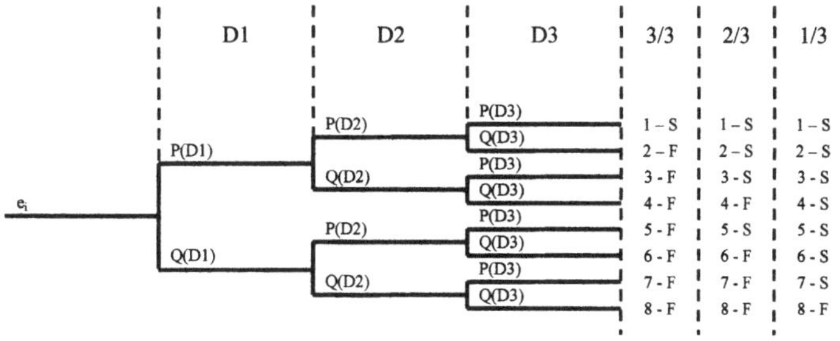

Fig. IV.16 : Arbre d'évènement des détecteurs en redondance active

a) 3 sur 3

Il n'y a qu'une seule séquence aboutissant au succès du système équipé ainsi.
$P_{3/3}$ = 0,970299

b) 2 sur 3

Il y a 4 séquences aboutissant au succès du système.
$P_{2/3}$ = 0,999702

c) 1 sur 3

Dans ce cas seule une séquence conduit à l'échec du système.

$P_{1/3} = 0{,}999999$

- Question de notation

On note P la probabilité que le cas favorable arrive avec P+Q=1
Q probabilité que le cas par exemple défavorable arrive
Quand la probabilité chiffre directement une fiabilité, P est remplacé par R avec R+F=1
ou son opposé une défiabilité, Q est remplacé par F

4.4. Exercice 4 : analyse des causes et des conséquences

[VILL 88, page 277]

1- a) Il y a deux fonctions de sûreté pour le système considéré :
- F1 : La protection immédiate par fusible (technique, automatique) est une fonction de sûreté (ouverture du circuit en cas de court circuit) ;
- F2 : La protection à délai par le contact du relais "télécommandé" (hybride, consciente) est une autre fonction de sûreté (par l'ouverture du contact du relais).

b) La surchauffe du fil est causée par le court-circuit du moteur (dans certaines conditions -voir l'arbre d'événement) et la surchauffe du fil peut causer l'inflammation des gaz inflammables présents dans la zone où passe le fil (soit directement soit dans certaines conditions intermédiaires -des informations supplémentaires sont nécessaires pour trancher).

Le modèle qui a été construit stigmatise une frontière entre connaissance et ignorance, cette frontière recule au fur et à mesure qu'on s'en rapproche. Elle se comporte comme un horizon.

L'étude de ce système montre qu'il y a deux classes de conséquences : succès ou échec des fonctions de sûreté. L'ordre chronologique, dans la sollicitation des fonctions de sûreté, est à prendre en compte. On peut aussi prendre en compte certaines dépendances en introduisant des initiateurs différents.

2- Arbre d'évènement

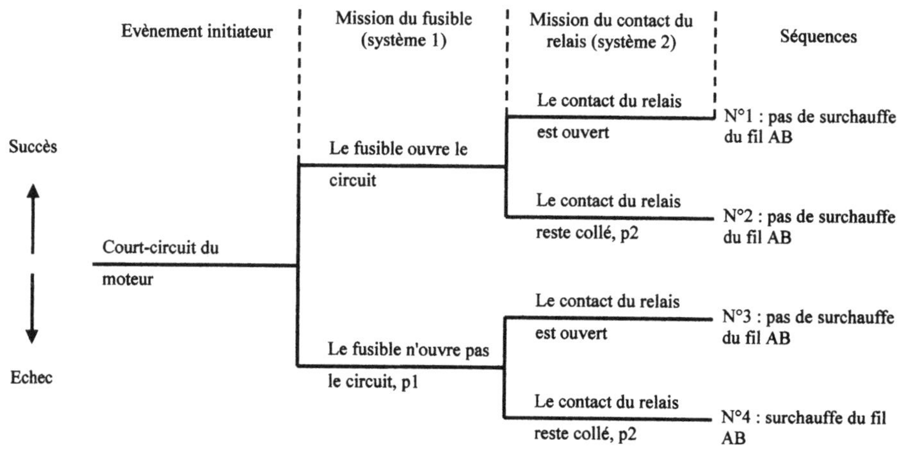

Fig. IV.17 : Arbre d'évènement de l'exercice 4

4- Application numérique

Pourquoi le contact du relai reste collé ? Parce qu'il est commandé intempestivement, ce qui vient du BP resté bloqué, fermé ou bien à cause de sa défaillance propre qui vient de son contact bloqué, fermé.
Le mode de défaillance « relai reste collé » est dû à l'une des 2 causes (BP+contact) bloqué, fermé, de probabilité p_2=0,005 + 0,003

4.5. Exercice 5 : analyse préliminaire des risques

L'ordre chronologique n'est pas important. L'arbre complet (non réduit) comporte 16 branches (séquences).
L'arbre réduit a 6 séquences :

- 3 séquences sont catastrophiques $4 \cup 5 \cup 6$ = K de probabilité P_K
- 2 séquences sont critiques $2 \cup 3$ = C de probabilité P_C
- 1 séquence est négligeable 1 = N de probabilité P_N ; Avec K, C, N les 3 classes de conséquences, de probabilité P_K, P_C, P_N

$P_K \leq P_0\, P + P_0\, P_1 + P_0\, P_2\, P_3 = 1{,}1.10^{-8} > 10^{-9}$
$P_C \leq P_0\, P_2 + P_0\, P_3 = 2.10^{-9} < 10^{-7}$

L'objectif "catastrophique", en terme de probabilité, n'est pas tenu ($P_K > 10^{-9}$), en revanche, l'objectif "critique" est tenu. La fiabilité de la pompe est déterminante pour atteindre les objectifs fixés ; et la vanne 1 à cause de sa position.

Pour respecter l'objectif "catastrophique K" il vaut mieux en priorité diminuer la probabilité P de défaillance de la pompe (d'un facteur un peu plus grand que 10) intervenant dans le sous-ensemble de probabilité P_K ($=1{,}1.10^{-8}$). Car diminuer la probabilité d'aparition de l'e_i. devrait être plus difficile (faire passer P_0 ($= 10^{-5}$ à 10^{-6}); améliorer ensuite la fiabilité de la vanneVl sera moins facile que pour la pompe (faire passer P_1($=10^{-4}$ à 10^{-5}) au lieu de faire passer P($=10^{-3}$ à 10^{-4}) et moins influent, à gain de fiabilité de composant identique (gain d'un facteur 10). En effet cette dernière amélioration envisageable reste moins influente puisque le sous-ensemble de probabilité $P_0\, P_1$ est de probabilité 10 fois plus petite que celui qui met enjeu la pompe.

Les fiabilités des vannes V2,V3 sont sensibles seulement pour le risque critique.D'autre part leur influence reste négligeable dans les deux classes de risques.

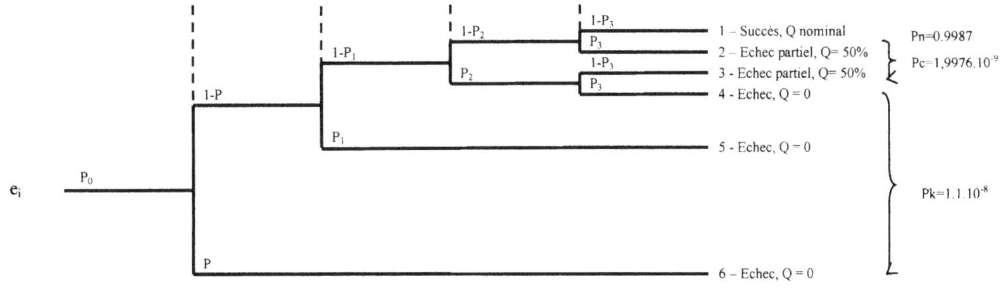

Fig. IV.18 : Arbre d'évènement réduit du système de refroidissement

4.6. Exercice 6 : allocation d'objectifs

D'après la Fig. IV.9, on peut définir le tableau d'allocation d'objectifs R(P,G) à partir des deux échelles gravités des conséquences et probabilités de réalisation (le tableau doit être lu de la façon suivante : on accepte qu'une "libération moyenne" soit "rare" et correspond à la classe de risque "R3").

Tab. IV.3 : Tableau d'allocation des objectifs

Gravités ↗ g des conséquences		Probabilités ↘ π à respecter		Risques alloués
Très petite libération	g1	Fréquente ou très fréquente	$\pi 1$	$\pi 1 \,.\, g1 = R1$
Petite libération	g2	Peu fréquente	$\pi 2$	$\pi 2 \,.\, g2 = R2$
Moyenne libération	g3	Rare	$\pi 3$	$\pi 3 \,.\, g3 = R3$
Grande libération	g4	Très rare	$\pi 4$	$\pi 4 \,.\, g4 = R4$
Très grande libération	g5	Extrêmement improbable	$\pi 5$	$\pi 5 \,.\, g5 = R5$

Ce tableau donne une grille de 25 cases pour édifier un référentiel choisi pour juger les risques R.

Il suffit ensuite de positionner les points calculés à partir de l'arbre, en regroupant par les classes de gravité (Avec $P_i = p \forall i$ pour simplifier les calculs). Les valeurs ci-dessous sont classées par ordre croissant de gravités de réalisation à respecter. Si q =0,1

Ordre croissant ↓

Très petite libération : $\pi 1(g1) = P1$ $= p = 0,100$
Petite libération : $\pi 2(g2) = P1 \,.\, P5 + P1 \,.\, P4$ $= 2p^2 = 0,020$
Moyenne libération : $\pi 3(g3) = P1 \,.\, P4 \,.\, P5$ $= p^3 = 0,001$
Grande libération : $\pi 4(g4) = P1 \,.\, P3$ $= p^2 = 0,10$
Très grande libération : $\pi 5(g5) = P1 \,.\, P3 \,.\, P4 + P1 \,.\, P2 = p^2 + p^3 = 0,011$

1ère anomalie : pour $g5 > g4$, $\pi 5$ devrait être $< \pi 4$ or $\pi 4 < \pi 5$
pour $g4 > g3$, $\pi 4$ devrait être $< \pi 3$ or $\pi 3 < \pi 4$

2ème anomalie : En rapportant une iso-risque R frontière entre acceptable et inacceptable
$R1 = R2 = R3 = R4 = R5 = R$, on constate que :
$R5 > R$: risque excessif inacceptable
$R3 < R$: risque acceptable mais sûreté surdimensionnée

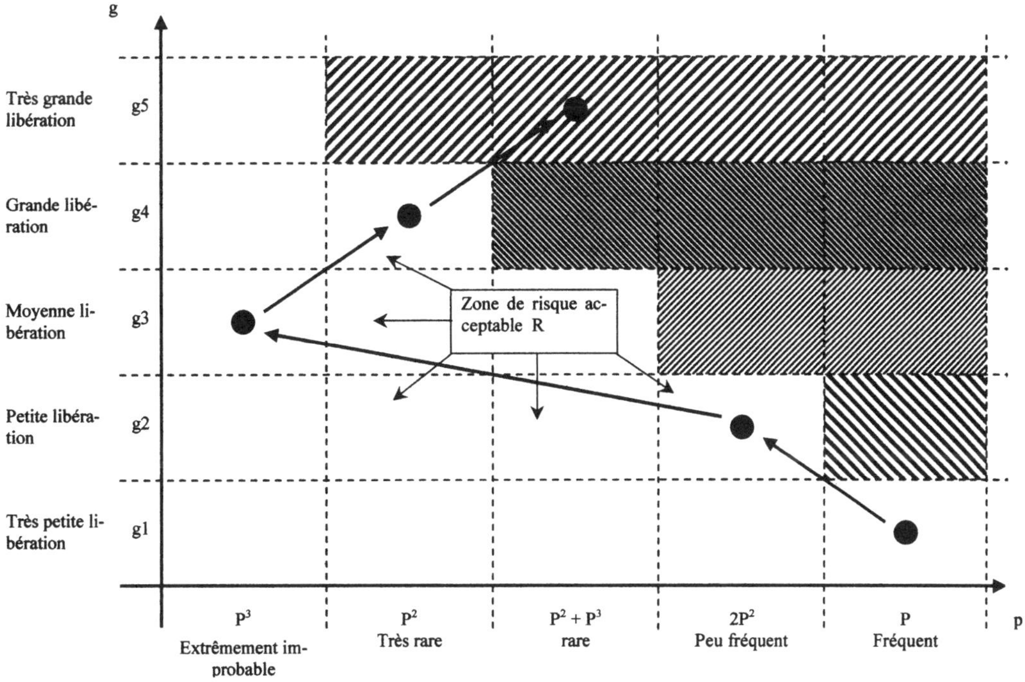

Fig. IV.19 : Plan de représentation des risques de gravités probables

4.7. Exemple du détonateur

1- Pour le système 1 avec un interrupteur l'arbre d'évènement à considérer est le suivant :

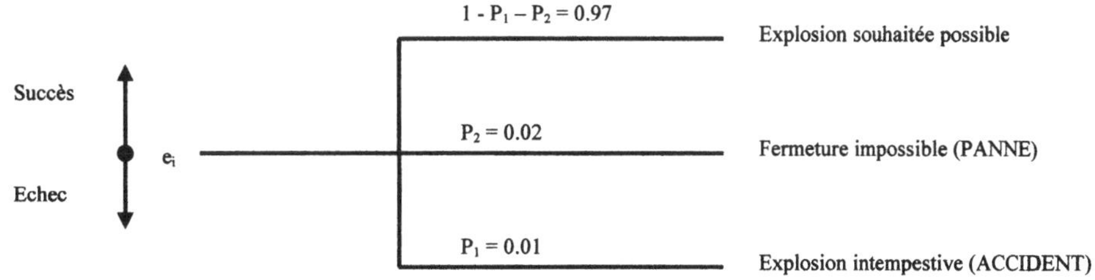

Fig. IV.20 : Arbre d'évènement du système 1

La Fiabilité correspond à la séquence "Explosion souhaitée possible"
La Sécurité correspond à la non apparition de la séquence "Explosion intempestive ".
D'où pour le système 1 :
Fiabilité = $1 - P_1 - P_2 = 0.97$
Sécurité = $1 - P_1 = 0.99$

2- Pour le système 2 avec deux détonateurs en parallèle, on a l'arbre d'évènement suivant :

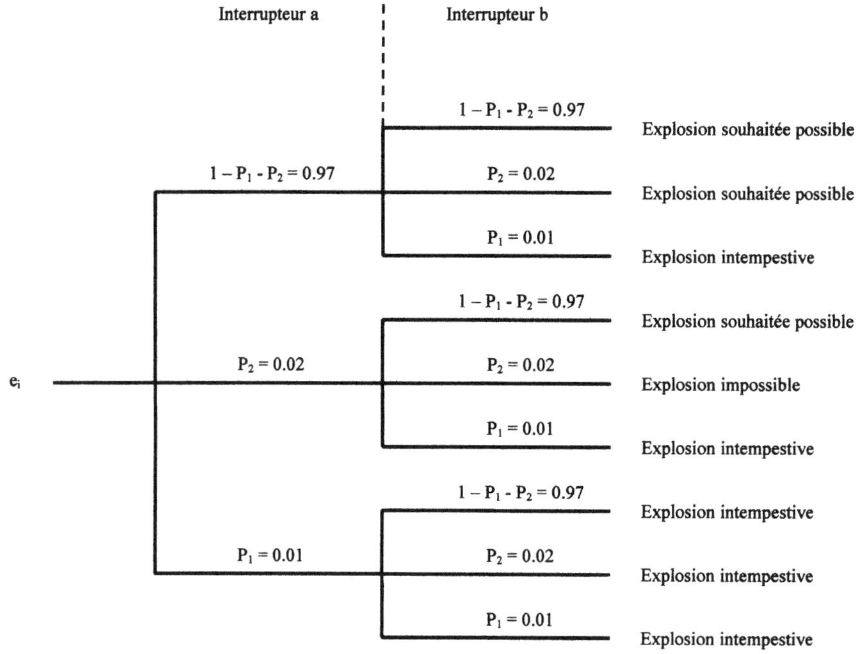

Fig. IV.21 : Arbre d'évènement du système 2

La Fiabilité correspond aux séquences "Explosion souhaitée possible"
La Sécurité correspond à la non apparition des séquences "Explosion intempestive ".
D'où pour le système 2 :

Fiabilité = $(1 - P_1 - P_2)(1 - P_1 - P_2) + (1 - P_1 - P_2)(P_2) + (P_2)(1 - P_1 - P_2) = 0.9797$

Sécurité = $1 - [(1 - P_1 - P_2)(P_1) + (P_2)(P_1) + (P_1)(1 - P_1 - P_2) + (P_1)(P_2) + (P_1)(P_1)] = 0.980$

3- Pour le système 3, comprenant deux interrupteurs en série, on a :

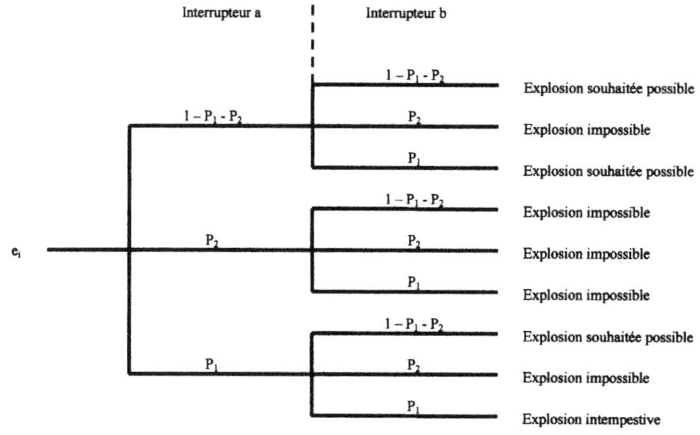

Fig. IV.22 : Arbre d'évènement du système 3

Avec le même raisonnement que pour les deux premier cas, nous avons pour le système 3 :

Fiabilité = $(1 - P_1 - P_2)(1 - P_1 - P_2) + (1 - P_1 - P_2)(P_1) + (P_1)(1 - P_1 - P_2) = 0.9603$
Sécurité = $1 - (P_1)(P_1) = 0.9999$

On constate au travers de cet exemple que l'adoption d'un type de redondance (série ou parallèle) revient à privilégier un mode de défaillance par rapport à l'autre ; ici, améliorer la fiabilité exigerait des redondances en parallèle et améliorer la sécurité des redondances en série.

Chapitre V – Modélisation de la sûreté par la méthodologie de l'arbre de défaillance

1. Concepts généraux

1.1. Origines et contexte

L'objectif le plus courant et important des analyses de sécurité et de fiabilité est de réduire la probabilité d'accident et de défaillance, ainsi que la gravité des pertes associées, qu'elles soient humaines, économiques ou environnementales.

Une des origines de l'arbre de défaillance (AdD) remonte aux années 60 aux USA suite à un accident qui aurait pu être très grave (62 / Minuteman / Bell / Watson). Comme l'arbre d'évènement, la méthode de l'arbre de défaillance est d'abord une méthode de modélisation de la sûreté et des risques.

De par leurs origines puisqu'elles ont été élaborées à partir de désastres à éviter, ces deux méthodes sont adaptées initialement aux calculs des risques d'accidents graves

On peut en introduction fixer son attention sur un postulat "la réussite est une succession d'erreurs redressées à temps" [Voir IV.5.]. Et recevoir comme conseil qu'il est important de "savoir prendre des risques calculés sans faire des calculs risqués".

L'analyse par arbre de défaillance a été développée dans ses débuts par des ingénieurs avec une faible ou insignifiante contribution des mathématiciens. Cela vient sans doute du fait que la construction de l'arbre de défaillance du système créé par des ingénieurs requiert de l'analyste une connaissance intime de la façon dont le système est conçu construit utilisé et maintenu. Les mathématiciens de l'époque manquaient de familiarité avec cette approche des systèmes techniques et les communications entre eux étaient insuffisantes pour soulever et entretenir un réel intérêt du sujet.

1.2. Trois classes de défaillances

Les défaillances rencontrées dans un système sont de trois types d'après la nature de ses éléments :

1. Les défaillances liées à l'homme (H) (ex : erreur de commande, de conception, de construction, de maintenance d'organisation,...etc.) ;
2. Les défaillances techniques liées aux matériels (M) (ex : panne moteur, fuite de produit toxique par une vanne, indication incorrecte de vitesse de rotation, défaut de régulation,...etc.) ;
3. Les défaillances liées à l'environnement (E) (ex : inondation, incendie, poussière, foudre...etc.).

D'autres types de défaillance peuvent être distingués en prenant d'autres critères.

La taxonomie des défaillances et d'autres termes utiles à la sécurité comme il a été montré dans la problématique est une contribution originale et non négligeable au développement de la modélisation de la sûreté.

Généralement, la défaillance d'une fonction servie par un élément ou bien celle d'un sous ensemble entraîne des pertes. Certaines défaillances du système peuvent être créées par la combinaison de défaillances de base les plus élémentaires et les plus simples.

Celles-ci étant capables seulement ensembles de provoquer la défaillance incriminée. Par exemple, un arrêt d'urgence peut être dû à la panne d'un composant électronique ou/et à une erreur humaine de perception ou/et à une perturbation par un défaut d'un facteur environnemental.

Les défaillances, quelles que soient leur type ont toutes une caractéristique primordiale, ce sont toutes des évènements aléatoires.

1.3. Buts de l'analyse par arbre de défaillance

Le but le plus global de l'analyse par AdD est d'aider à évaluer les risques en vue d'aider à les maîtriser, qu'ils soient technologiques ou non.

Un but intermédiaire limité est de produire un modèle graphique d'une situation complexe, comme l'est par exemple l'utilisation d'un système dangereux parce que capable de provoquer un accident inacceptable parce que insupportable par ses utilisateurs bénéficiaires.
Un autre but intermédiaire qui prévaut en ingénierie est d'accéder aux calculs de probabilités lesquels apportent une représentation chiffrée des risques que fait courir le système en particulier à ses utilisateurs.

La méthode d'analyse par arbre de défaillance permet donc de calculer la probabilité d'accident pouvant affecter le système en fonction des probabilités de défaillances de ses composants combinées ou non avec d'autres anomalies et dysfonctionnements affectant tant son organisation humaine que son environnement naturel habituel.
Le but vraiment intéressant de la méthodologie de l'AdD est de mettre en marche une démarche de modélisation de la sûreté ce qui répond bien mieux aux besoins que les seuls modèles créés.
Ces modèles sont pourtant déjà par eux-mêmes également intéressants car ils représentent, de façon inhabituelle dans les pratiques de l'ingénierie, les contraintes de l'environnement physique et humain. Ce ne sont plus des données fixées supposées invariables mais des inconnues à part entière au même titre que les variables physiques inconnues qui ont servi à dimensionner le système technique.

1.4. Démarche de l'analyse

Contrairement à l'arbre d'évènement, méthode inductive qui va de la partie vers le tout, de la cause vers les effets, de l'évènement initiateur vers les conséquences, l'arbre de défaillance (AdD) est une méthode déductive. Cette méthode va du tout vers les parties, partant de l'effet remontant jusqu'aux causes, de l'évènement redouté par ses conséquences vers les évènements de base, initiateurs possibles qui peuvent se loger jusque dans les fondements du système et les principes de sa conception. Ainsi les indésirables dans cette méthode ne sont plus les conséquences possibles, comme c'est le cas dans la méthode d'analyse par arbre d'évènement, mais les causes possibles de l'apparition de l'évènement redouté.

Cette analyse dite "spectrale"[35], passe par :

- L'identification des relations causales certaines (ou possibles) entre des indésirables (dits évènements de bases) liés à l'homme, au matériel et à l'environnement (par exemple des défaillances élémentaires...) qui provoqueraient seuls ou combinés un évènement redouté du système (accident, par combinaisons de défaillances : On parle aussi d'un malheureux concours de circonstances).
- La recherche des façons de transformer une telle situation dommageable par des redéfinitions de la conception, ou/et de la construction, ou/et de la maintenance, ou/et de l'exploitation du système dans son environnement.

L'enchevêtrement des relations causales, à l'origine d'un évènement dit redouté parce que l'on ne veut pas le voir se réaliser à cause de la gravité et de l'irréversibilité de ses conséquences, est représenté graphiquement par un arbre. [voir un premier spécimen d'arbre de défaillance, Fig. V.3. dans V.2.1.3.]

En faisant l'analyse, (par algèbre de Boole (logique binaire)) leurs combinaisons possibles sont identifiées et appréciées "qualitativement", puis estimées "quantitativement" par des calculs de probabilités, §2.2, 2.3, 2.4 et finalement sont soumises à l'évaluation.

Les racines mathématiques de cette démarche d'analyse remontent aux sciences actuariales s'intéressant aux distributions de durées de vies et à leurs transpositions en théorie de la fiabilité séduisante par les résultats obtenus notamment pendant la deuxième guerre mondiale. Retenons quelques noms : R.Barlow, I.Bazovsky, Z.W.Birnbaum, F.Bernstein, B.Epstein, J.D.Esary, J.Fussel, D.Haasl, H.E.Lambert, E.More, F.Proshan, S.C.Saunders, C.Shannon, M.Sobel, W.Vesely, W.Weibull.

2. Méthode d'analyse

A l'image de la sécurité, qui est un thème transversal aux disciplines, aux professions et aux modes de vie, l'AdD est une "méthodologie "transversale". L'application de cette méthodologie à l'analyse spectrale des risques technologiques doit être récurrente pour être efficace.

Les méthodes d'analyse par AdD peuvent être décomposées en 4 parties ou étapes récurrentes :

1. La construction de l'arbre de défaillance
2. L'analyse algébrique de l'AdD (logique, qualitative)
3. L'analyse probabiliste de l'AdD (quantitative)
4. L'analyse complémentaire des influences.

Pour mener à bien chaque étape, il faut se servir de méthodes spécifiques. Une série d'exemples et des exercices de construction et d'analyses sont proposés, résolus, commentés et complétés au fur et à mesure du développement des étapes de l'analyse :

1. Exemple d'AdD "pollution de la côte" Fig. V.3.
2. Premier exemple de construction d'AdD : système d'éclairage.
3. Exercice 1 : Analyse d'une structure simple (4 composants simples : une pompe et 3

[35] Analyse spectrale : terme qualificatif utilisé par association d'idée avec le nom du logiciel "Risk Spectrum" (utilisé en TP).

vannes) par AdD ("TOP : pas de défaillance sorties du circuit").
4. Exercice 2 : Analyse par AdD des causes d'accident dans un système de remplissage d'un réservoir (8 éléments, un réservoir, une pompe, un circuit de commande électrique, un opérateur) ("TOP : rupture du réservoir").
5. Exercice 3 : Analyse qualitative et quantitative simple d'un AdD à 4 portes ET-OU.
6. Exercice 4 : Analyse d'influence (2 coupes minimales et 5 évènements de base).

Des compléments d'illustration, qui n'épuisent pas la variété du sujet sont fournis dans la partie problématique:
7. Exemple : Défaillance "CANA hors service normal", voir Fig III.6 dans III.4.1.2.
8. Exemples : Défaillance du système de sécurité et de surveillance à distance (DSAD) ou sur place (DSSP). (Voir annexes 10 et 11 du Chapitre III). Etant donné une chaufferie dans deux configurations, de jour / de nuit : fixer des objectifs de sécurité démontrables pour les apprécier, estimer et évaluer comparativement.

2.1. La construction de l'arbre de défaillance

Pour un système connu ayant une mission donnée, la construction d'un AdD commence par la définition de "l'événement redouté". C'est un échec grave de la mission dans une des phases. C'est une perte ou dommage important, par accident, ou incident. C'est la destruction, ou la panne irréparable dont l'occurrence ou la répétition sont jugées intolérables, parce que atteignant le système et son environnement dans leur intégrité. Il est appelé, dans la méthodologie, sommet (TOP) Ce terme vient du fait que l'arbre est représenté en position verticale développant de haut en bas les racines causales de l'évènement que nous ne voulons pas voir arriver. C'est aussi un sommet de la connaissance, un point de convergence remarquable. L'arbre montre les racines cachées du "TOP" redouté par ses conséquences non développées. Le "TOP", point de départ de l'analyse causale, est aussi le terme ultime produit par des causes initiales qui se combinent. C'est ce que l'analyse permettra de découvrir.

La construction de l'AdD suppose une certaine connaissance du système, que le questionnement auquel répond l'arbre explore et exploite. Il est bon de s'appuyer sur une description systémique du système parce qu'elle respecte la complexité que la modélisation de la sûreté fait apparaître. La construction délimite pas à pas les frontières entre le connu (le bon fonctionnement) et l'ignoré mis à découvert (les dysfonctionnement ou non-fonctionnement).

L'approche systémique suppose une description de la chose répétée en concurrence et complémentarité selon cinq points de vues à propos du système étudié : de sa finalité, de sa structure, de son activité, de son évolution, de son environnement.

L'étape de construction est créatrice et l'efficacité de l'analyse qui la suit en dépend radicalement

Les causes des événements intermédiaires, appelés portes, sont à leur tour recherchées jusqu'à arriver à des niveaux ultimes de cette analyse déductive. Il faut entendre, là où s'arrête le questionnement sur les causes. Les critères d'arrêt les plus souvent utilisés sont les suivants :

- L'événement isolé est indépendant des autres ;
- Il concerne un élément déclaré simple par le connaisseur (c'est à dire dont la loi d'existence ou de dysfonctionnement de son comportement est accessible) ;
- Sa probabilité de se produire est connue ou supposée connaissable ;
- Poursuivre la recherche causale n'apporte plus rien d'actionnable ou devient inimaginable.

Deux familles de symboles sont utilisées dans cette représentation par graphe ouvert : les symboles de portes (pour les relations causales) et les symboles d'évènements (pour les causes).

2.1.1. Les symboles portes

Ils permettent de représenter les enchaînements d'événements. Ces enchaînements peuvent être des relations causales de différents types (et, ou, si,...). La porte peut avoir une ou plusieurs entrées (les causes). Une porte n'a qu'une seule sortie (l'effet). Le Tableau II.2.1 illustre 6 des portes les plus utilisées. [VILL 88, p172]

Tab. V.1 : Les symboles des différentes portes.

Symbole	Nom du symbole	Signification du symbole
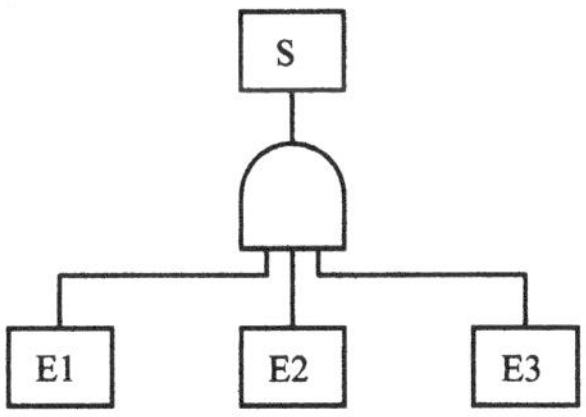	Porte ET	L'évènement de "sortie" (ici S) de la porte ET est généré si tous les évènements d'entrée (ici E1, E2 et E3) sont présents simultanément
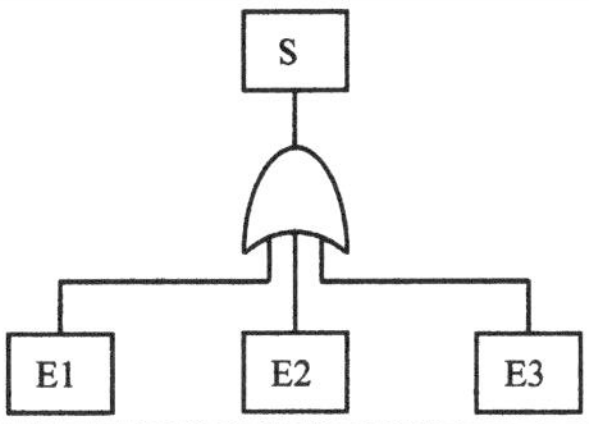	Porte OU	L'évènement de "sortie" (ici S) de la porte OU est généré si au moins un des évènements d'entrée (ici E1 ou E2 ou E3) est présent; la porte est aussi appelée OU INCLUSIF
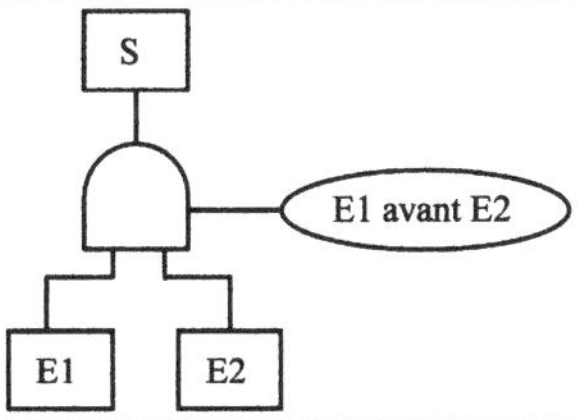	Porte ET avec condition	L'évènement de "sortie" (ici S) est généré si tous les évènements (ici E1 et E2) sont présents et si la condition (ici E1 est présent avant E2) est réalisée
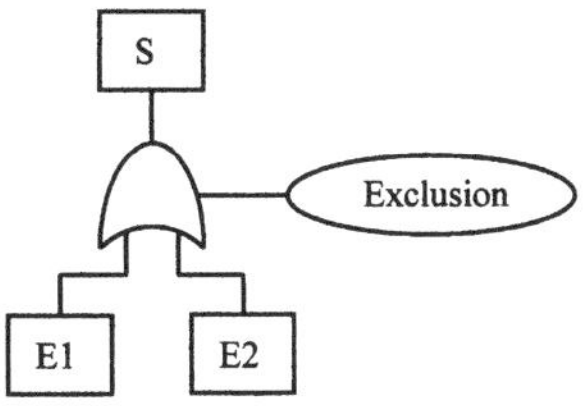	Porte OU avec condition	L'évènement de "sortie" (ici S) est généré si au moins un des évènements d'entrée (ici E1 ou E2) est présent et si la condition est réalisée (ici, il faut que E1 et E2 ne soient pas présents simultanément) ; la porte est aussi appelée OU EXCLUSIF
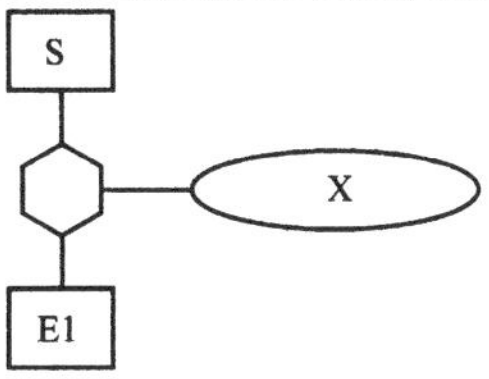	Porte SI	L'évènement de "sortie" (ici S) est généré si l'évènement d'entrée (ici E1) est présent et si la condition X est réalisée.

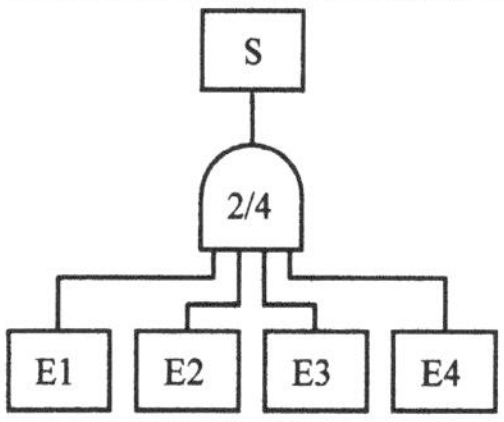	Porte COMBI-NAISON m/n (ici 2/4)	L'évènement de sortie (ici S) est généré si m des n évènements d'entrées sont présents (ici, il suffit que 2 des évènements E1, E2, E3, E4 soient présents)

Les relations causales qui associent les évènements forment des triplets. Le triplet (brique de fondation) comporte :

- {1 évènement, état, situation… affirmée} qui est interprété comme un 1 effet causé situé en sortie de porte : mais comment est il réalisé ?
- Par une logique d'association de ses causes immédiates ce qui définit un mode de changement : c'est le mode. C'est la porte qui ouvre ou ferme le passage de l'effet à la cause et vice et versa.
- Les entrée représentent états, situations, conditions hypothétiques qui sont interprétés comme les 1,2,…, n évènements, causes E_i situées en entrées de porte.

Il existe d'autres types de portes (délai, matricielles, quantification, sommation, comparaison, transfert d'une partie semblable ou identique, non). Voir annexe 1.

2.1.2. Les symboles d'événements

Ce sont en général des indésirables (défaillance, panne, erreur, défaut, nuisance, dysfonctionnement,...) mais pas seulement (configurations, phases, étapes,...). Le Tableau II.2.2 illustre les symboles les plus utilisés [VILL 88, p176s].

Tab. V.2 : Les différents symboles d'évènements.

Symbole	Nom du symbole	Signification du symbole
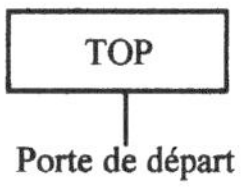 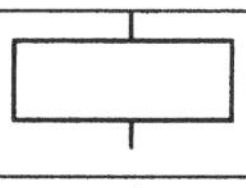	Rectangle	Représentation d'un évènement (redouté de départ, indésirable ou intermédiaire) résultant de la combinaison d'autres évènements mis en cause par l'intermédiaire d'une porte logique. Il est dépendant et de probabilité inconnue
	Cercle	Représentation d'un événement de base élémentaire, ne nécessitant plus de développement. Il est indépendant des autres et de probabilité connue.
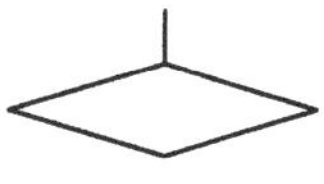	Losange	Représentation d'un événement de base qui ne peut être considéré comme élémentaire mais dont les causes ne sont pas et ne seront pas développées et dont la probabilité est mal connue.
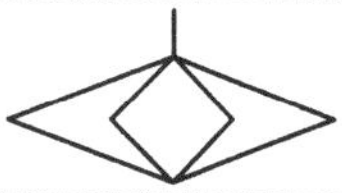	Double losange	Représentation d'un événement dont les causes ne sont pas encore développées mais le seront ultérieurement.

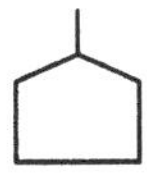	Maison	Représentation d'un événement de base qui correspond à une situation ou un état survenant normalement pendant le fonctionnement du système.
	Ovale	Représentation d'un événement conditionnel qui peut être utilisé pour particulariser certaines portes logiques (priorité, exclusivité, délai).
 (1) (2)	Triangle	La partie de l'arbre qui suit le symbole (2) est transférée à l'emplacement indiqué par le symbole (1)
 (1) (2)	Triangle inversé	Une partie semblable à la partie qui suit le symbole (2) est retrouvée à l'emplacement indiqué par le symbole (1)

2.1.3. Trois autres classes de défaillances

Il y a plusieurs façons de classer les défaillances, aussi fondamentales que celles issues de la définition du système. Elles contribuent à l'exhaustivité et la rigueur dans l'analyse des relations causales et de leurs enchaînements, spécialement lorsqu'elles sont indésirables comme c'est le cas pour des défaillances ou des accidents.

On peut distinguer, spécialement pour l'ensemble des composants techniques du système resitué dans son environnement, trois domaines d'appartenance des défaillances affectant les composants : (Voir les Fig. V.1 & V.2)

1. Les défaillances primaires (DP)
2. Les défaillances secondaires (DS)
3. Les défaillances de commandes (DC)

Toutes les trois sont engendrées à partir de défauts ou perturbations (manques ou excès) cachés ou non, inévitables ou non.

La recherche des défaillances, de leurs causes et de leurs conséquences, montre clairement qui est capable de comprendre ces causes et ces conséquences et qui est capable d'agir dessus. La compréhension et la compétence sur ce sujet déterminent les responsabilités que les acteurs concernés par l'objet défaillant devraient assumer.

Nature ← →	Défaillance ← →	Acteurs
Matérielle	Primaire	Concepteur
Humaine	Secondaire	Constructeur
Environnementale	Commande	Utilisateur

Tab. V.3 : Tableau des triptyques

Comme le montre ce tableau des triptyques, rencontrés lors de la mise en place de la méthodologie, les 3 classes de défaillance établies pour la partie technique M peuvent s'appliquer de façon analogue aux parties H et E moyennant les adaptations nécessaires.

La défaillance primaire DP

Elle affecte un composant ou un sous-ensemble techniquement homogène. C'est un mode interne de défaillance d'un équipement composant du système. Elle relève plutôt du génie du constructeur. Dans tous les cas, elle est considérée comme un événement de base élémentaire, qui est représenté par un cercle. Elle est la signature d'un dimensionnement non satisfaisant par rapport à l'usage. Sa probabilité d'occurrence est mesurable avec la précision voulue par des "essais de fiabilité" dont le duo concepteur - constructeur à la responsabilité. Les grandeurs de sûreté de fonctionnement correspondantes sont dites respectivement "fiabilité prévisionnelle" et "fiabilité estimée".
Exemple : défaillance de la commande par rupture du ressort du relais due à l'usure (corrosion, vibrations).

La défaillance secondaire DS

Elle affecte un composant ou un sous-ensemble de quelque nature qu'il soit. C'est un mode externe de défaillance du composant qui relève plutôt du génie de l'utilisateur. Elle est explicitée dans tous les cas par une cause perturbatrice venant de l'environnement spécifique, c'est à dire proche de l'entité considérée. Elle met en cause l'organisation humaine. Elle est considérée comme un événement de base non élémentaire et est représentée par un losange. Elle est la signature de conditions d'exploitation non satisfaisantes ou non prévues d'après les critères du duo concepteur – constructeur. Sa probabilité d'occurrence est plus difficilement accessible par les échelons opérationnels ayant à voir avec l'usage du composant. La grandeur de sûreté de fonctionnement correspondante est dite "fiabilité opérationnelle". On parle alors dans ce contexte de "retour d'expérience".
Exemple : défaillance du moteur par encrassement des contacts électriques et défaut de maintenance.

La défaillance de commande DC

C'est aussi un mode de défaillance du composant ou du sous-ensemble dont l'origine est externe mais qui cependant reste interne au système et provoquée par le système. Elle se propage par les connexions normalement prévues du composant avec le reste du système dans lequel le composant est intégré. Ce n'est pas un évènement de base mais au contraire un évènement intermédiaire devant être décomposé. C'est un état indésirable fixé par les conditions de dysfonctionnement (en entrées système). Elle sera représentée par un rectangle dans l'arbre de défaillance. Sa probabilité d'occurrence n'est pas accessible sans complément d'information.
Exemple : Pas d'ordre reçu à l'entrée du relais

Une décomposition supplémentaire permet de trouver la réponse à la question : Quelles sont les conditions immédiates nécessaires et suffisantes (i.n.s.) qui peuvent causer ce défaut système, cause de cette défaillance de commande ?

Exemple :

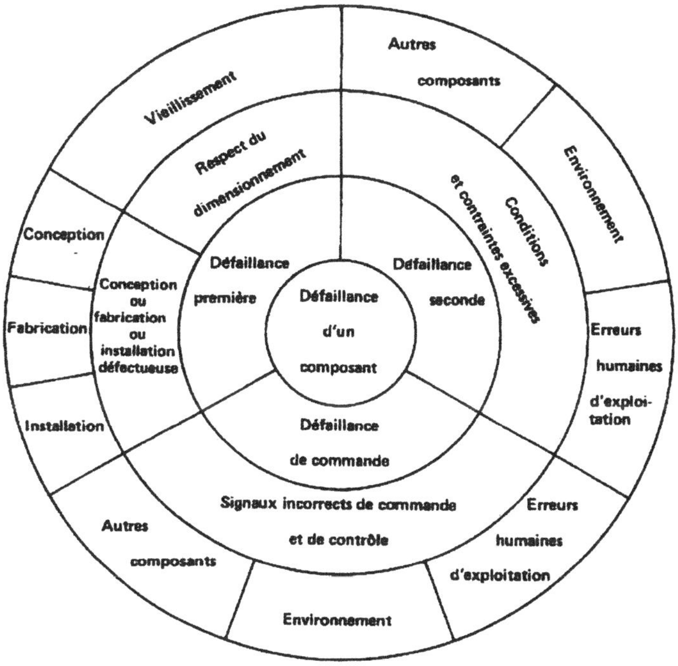

Fig. V.1 : Classification des défaillances en fonction des niveaux de profondeur de leurs causes [VILL 88 p.33]

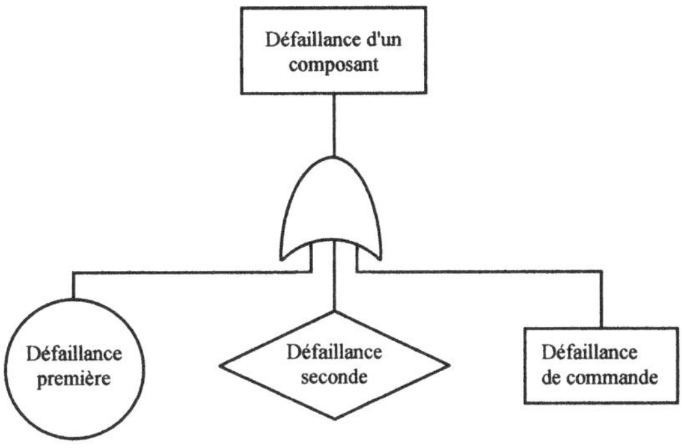

Fig. V.2 : Arbre des causes de la défaillance d'un composant

Tous ces indésirables sont à découvrir de façon systématique (exhaustivité, rigueur) par enquête et intuition dirigée. Par exemple avec des méthodes telles que :

1. AMDE, Analyse des Modes de Défaillance et de leurs Effets (présentée dans le Chap.III)
2. APR, Analyse Préliminaire des Risques
3. APD, Analyse Préliminaire des Dangers
4. HAZOP, "Hazard Operability", développée dans l'industrie chimique, similaire à l'AMDE (présentée dans le Chap. IV)
5. WHAT IF ?, qu'est-ce qui se passe (Quoi ?) si tel indésirable se produit ? (variante

d'une analyse type HAZOP)

6. SNEAK A, analyse (des circuits) clandestins, mise au point aux USA dans le domaine d'étude de sûreté des circuits électroniques compliqués.

Les indésirables trouvés sont structurés en respectant certaines règles de construction et de définitions nuancées. Les précédentes classifications des défaillances des composants du système, illustrées par les Fig. V.1 & V.2, vérifient Booléenne suivante :

$$D = DP + DS + DC$$

avec $DP + DS + DC = 1$ quand $D = 1$ (le recensement est exhaustif et exclusif).
D'autres classes de défaillance sont présentées dans le Tab. V.4.

Tab. V.4 : Critères de classement de défaillance D.

Critère	Défaillance
Par la nature des causes	Emploi, usure, directes, indirectes
Par la gravité de l'effet	Mineure, significative, critique, catastrophique, majeure
Par la vitesse d'apparition (constante de temps des phénomène), noté "v".	v infinie : Défaillance soudaine
	v lente : Défaillance progressive
Par le degré d'envahissement, noté "d°"	d° = 100% : Défaillance complète
	0< d° < 100% : Défaillance partielle
	Les deux alternative : Défaillance intermittente
Par la combinaison (vd°) :	
- Défaillance soudaine et complète	Défaillance catalectique
- Défaillance progressive et partielle	Défaillance par dégradation ou dérive

L'arbre de défaillance construit a répondu à une demande d'éclaircissement sur les risques de pollution par des hydrocarbures des côtes françaises dans la Manche. [ESCA 81]

Cet AdD a été construit à partir de procès-verbaux d'accidents en mer analysés et réduits à plusieurs arbres d'évènements dont l'AdD a fait la synthèse. C'est un travail de plusieurs dizaines d'heures (d'un étudiant ingénieur en stage de fin d'études au C.E.D.R.E. du C.N.E.X.O., à Brest) qui restitue à partir de son analyse logique tous les scénarios d'accidents réalisés et donc de permettre des comparaisons des risques respectifs.

L'arbre présenté n'est que la partie immédiatement proche du top (structure supérieure). Les 10 triangles de transfert indiquent des prolongements qui ne sont pas exposés ici.

<u>Exemple</u> : d'arbre de défaillance : "pollution de la côte..."

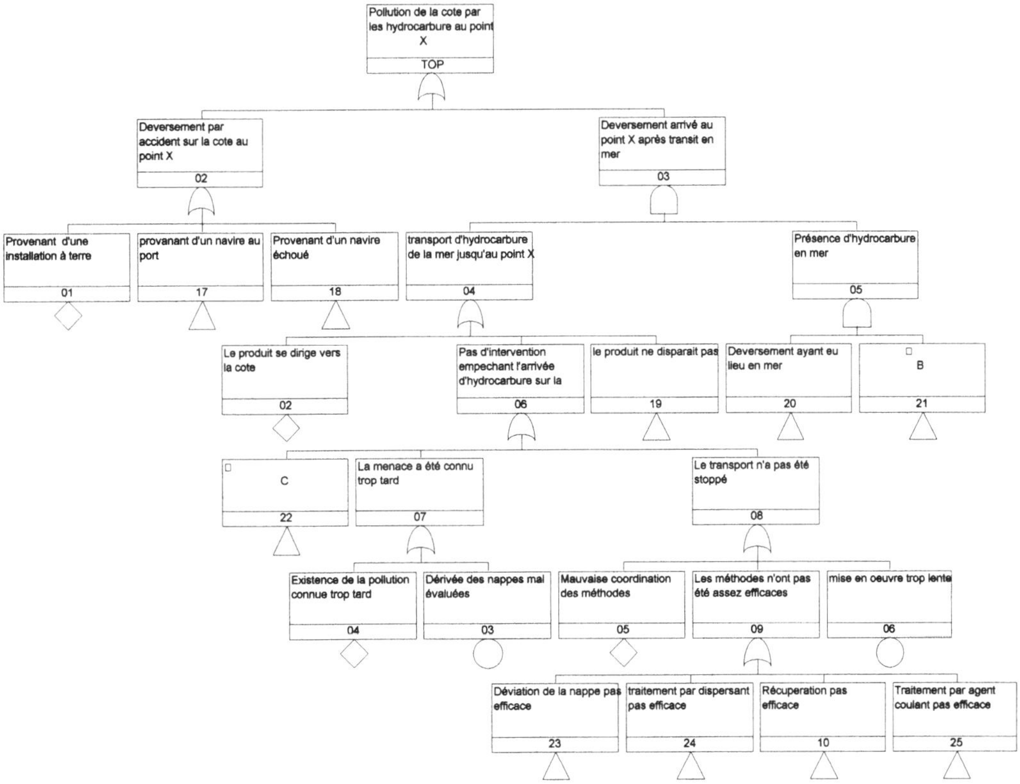

Fig. V.3 : Causes de pollution de la côte.

2.1.4. Règles de construction

Les règles de construction se dégagent de la pratique pour faciliter et rendre plus rigoureuse la construction.
Pour que le processus de structuration des règles causales dans l'arbre soit rigoureux, il vaut mieux suivre les règles de construction suivantes :

1. Le cheminement élémentaire des évènements en question qui ? quoi ? où ? quand ? comment ? pourquoi ? "descend" dans l'arbre du top vers les e_B tout "en remontant" pas à pas des sorties des éléments les plus en aval du système vers les entrées des éléments les plus en amont du système ;
   Exemple : Dans l'arbre "Pollution de la côte..." le point X de la côte est un élément du système le plus en aval considéré par l'analyse.

2. Se demander : Est-ce que l'évènement "porte" - état -situation interprété comme un effet de certaines causes est un état de composant ou un état du système ?
   Si c'est un état de composant, alors la porte est un "OU" à 3 entrées (cause primaire interne, cause secondaire ou cause de commande externes au composant). Si c'est un état du système, la porte peut être de n'importe quel type.
   Exemple : Dans l'arbre "Pollution de la côte...", l'évènement intermédiaire "Déversement arrive au point X après transit en mer" est un état du système (signifié par une porte G*03 à deux entrées).

3. Éviter les relations de porte à porte sans commentaire explicitant le lien. Tout lien a aussi un sens, une signification. Il est d'autant plus intéressant qu'il est resté caché.

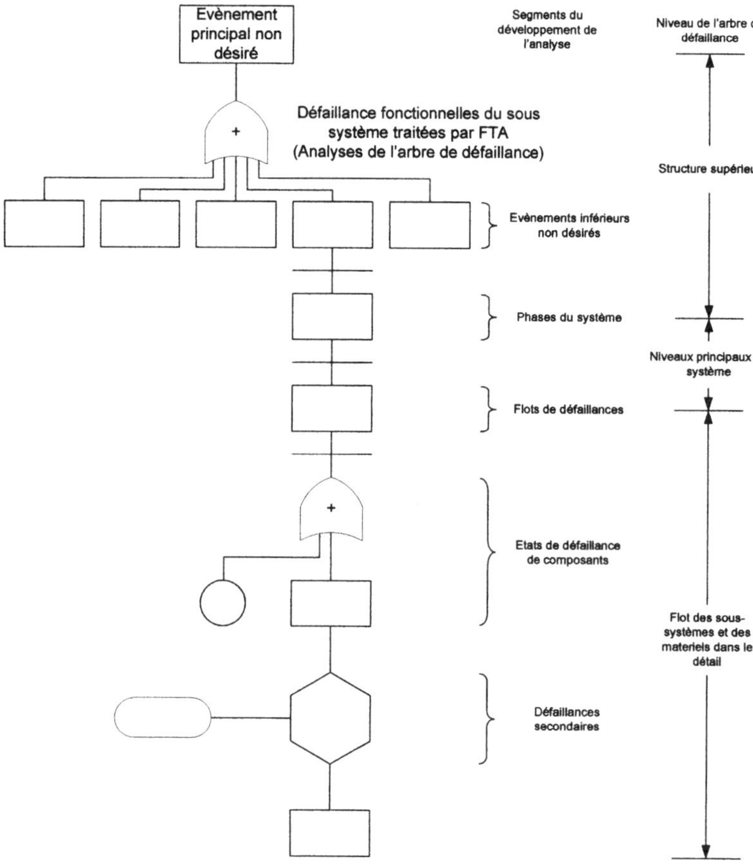

Fig. V.4 : Niveaux de développement de l'analyse

Un second exemple très simple, d'arbre de défaillance d'un système d'éclairage, permet d'illustrer plusieurs de ces règles de construction d'un arbre des causes possibles a priori de "l'obscurité dans une pièce".

2.1.5. Premier exemple de construction d'AdD : obscurité dans une pièce

Soit le système de la Fig. V.5, fournissant l'éclairage électrique d'une pièce. L'événement indésirable est "obscurité dans la pièce".

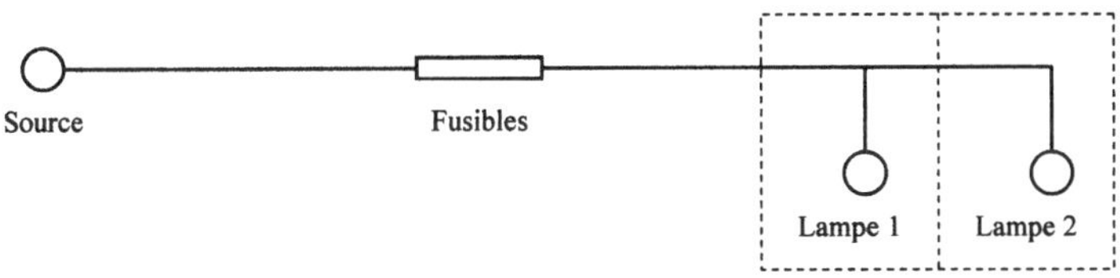

Fig. V.5 : Schéma électrique

Les quatre événements :
x1 : panne de la source ;
x2 : panne des fusibles ;
x3 : panne de la lampe 1 ;
x4 : panne de la lampe 2.
sont considérés comme élémentaires vis-à-vis des divers critères déjà cités.

On aboutit à l'arbre de défaillance de la Fig. V.6. La panne est l'état durable de l'équipement dans lequel il est plongé par la défaillance.

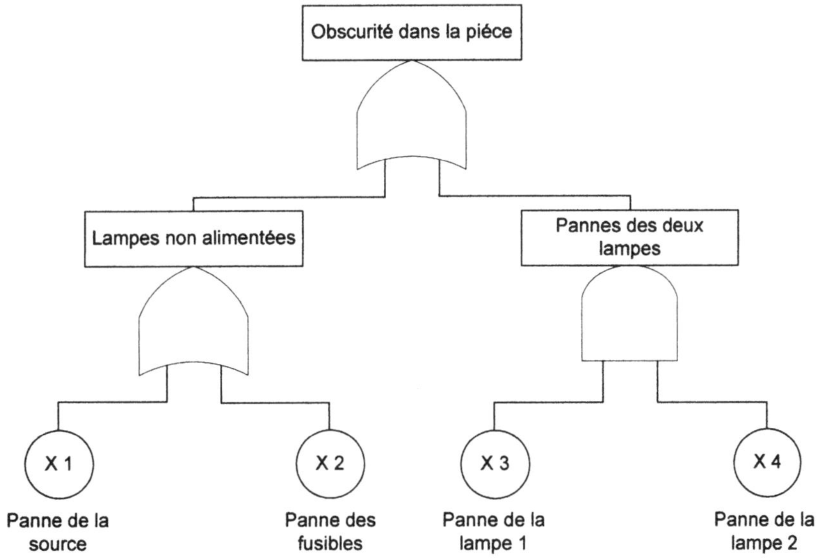

Fig. V.6 : Arbre de défaillance du système d'éclairage

Considérons maintenant le cas où la panne de la source doit être explicitée et où les pannes des lampes, bien que ne devant pas être détaillées, ne peuvent être considérées comme élémentaires. On aboutit alors à l'arbre modifié représenté figure suivante :

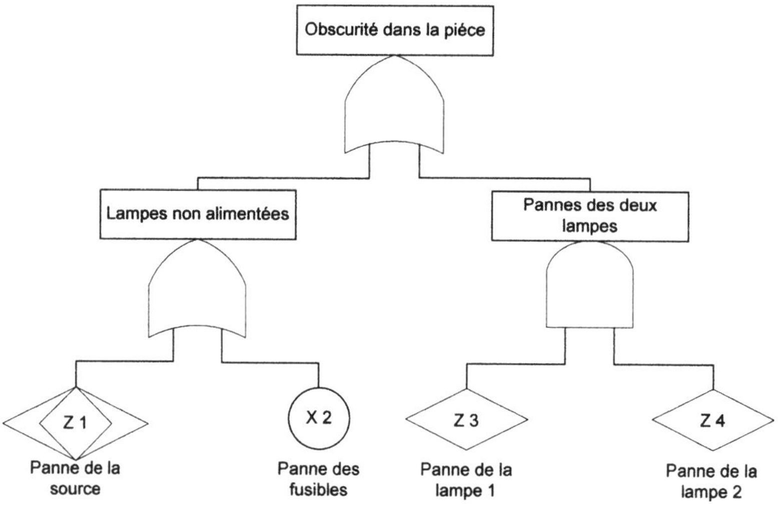

Fig. V.7. : Arbre modifié

On peut d'ores et déjà considérer que la panne d'une lampe est le résultat d'autres événements plus élémentaires (vibrations, surtensions, chaleur, panne intrinsèque) dont les combinaisons ne sont pas explicitées. Le triangle 1, attaché à la terminaison développée sous z3 (figure suivante), permet de transférer un sous-arbre analogue à la place de z4 :

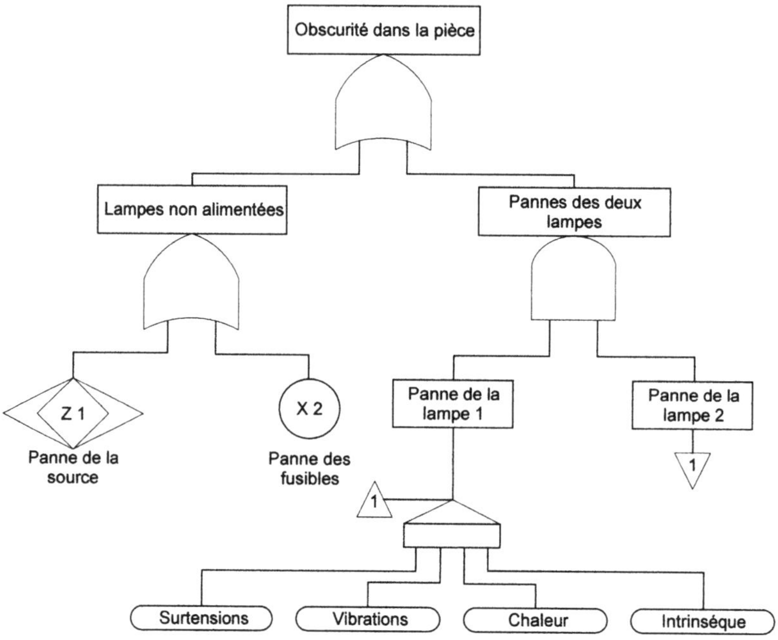

Fig. V.8 : Arbre développé

Supposons maintenant que l'événement indésirable soit "obscurité dans la pièce pendant plus d'une heure" ; il faut alors utiliser une porte délai conformément à la Fig. V.9 :

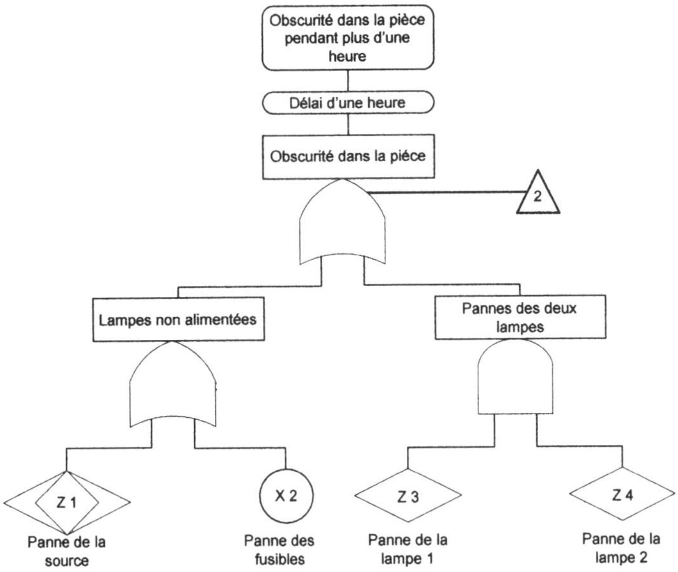

Fig. V.9 : Modification de l'évènement indésirable

Sur la Fig. V.10 l'événement indésirable redevient l'obscurité dans la pièce, mais il y a un second système d'éclairage indépendant du premier dont la fiabilité est 0,99. Il faut faire intervenir une porte SI, l'événement indésirable étant généré avec la probabilité 0,01 lorsque la panne du premier système apparaît. Le triangle 2 permet de transférer une partie de l'arbre de la Fig. V.9 sous le triangle 2 de la Fig. V.10.

Si nous définissons l'événement indésirable par "obscurité dans la pièce quand on a besoin de lumière", il faut utiliser le symbole MAISON pour représenter le besoin d'éclairage, événement normal dans le fonctionnement du système (voir figure II.2.14).

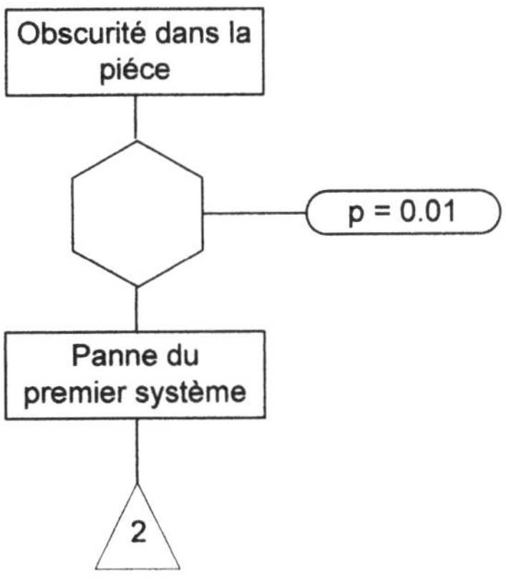

Fig. V.10 : Utilisation de la porte SI et du triangle de transfert

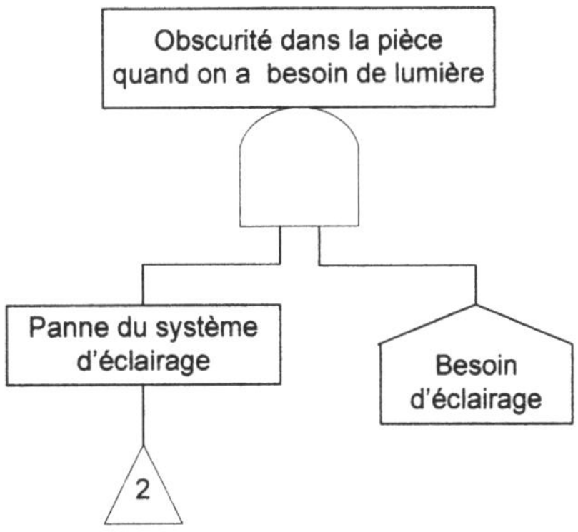

Fig. V.11 : Utilisation de la maison

L'événement indésirable et les événements élémentaires sont les mêmes que dans le cas de la figure II.2.9. Mais, cette fois, il y a une redondance véritable entre les deux systèmes d'éclairage identiques alimentés indépendamment l'un de l'autre. L'arbre est celui de la figure V.12. avec utilisation du triangle inversé 3.

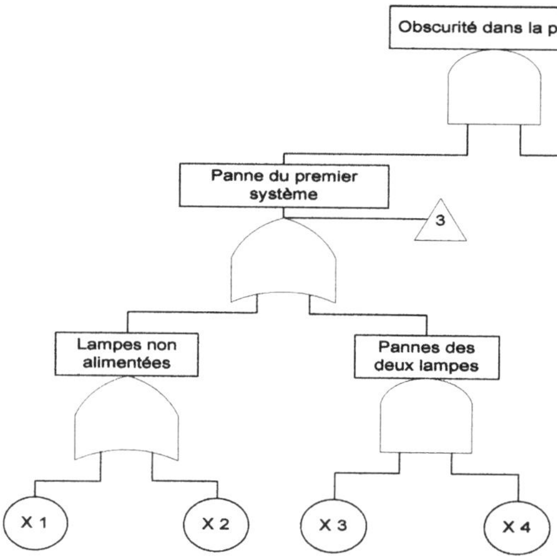

Fig. V.12 : Utilisation du triangle inversé en cas de redondance

Commentaires

Les deux exemples montrent, "qu'une bonne figure vaut mieux qu'un long discours" ; que le modèle d'arbre est souple et permet de représenter les nuances ; qu'il vaut mieux avoir un schéma structurel du système pour "retracer" la construction de l'arbre ; que la puissance pédagogique de l'arbre (faire connaître et bien comprendre les raisons) se fait déjà sentir même sans avoir continué son analyse ; que la démarche de construction reste simple (pour l'instant).
Les deux exercices qui suivent vont confirmer ces premières impressions et vont en faire émerger d'autres. En particulier notons l'étroit mélange de la sémiotique et de la sémantique qui présage des retombées sans doute très intéressantes, comme en mathématiques avec le rapprochement de l'algèbre et de la géométrie.

2.1.6. Exercices 1 & 2, lancement de la première étape de la méthodologie d'analyse

Exercice 1 : Analyse par AdD d'une structure simple à 4 composants simples "TOP = pas de débit en sortie du circuit".

Considérons le circuit hydraulique simple à 4 composants principaux, trois vannes V1, V2, V3 et une pompe P. (Fig. V.13). (Ce circuit a déjà été étudié avec la méthode de l'AdE (Voir exercice 5 : analyse préliminaire des risques, au chapitre précédent).

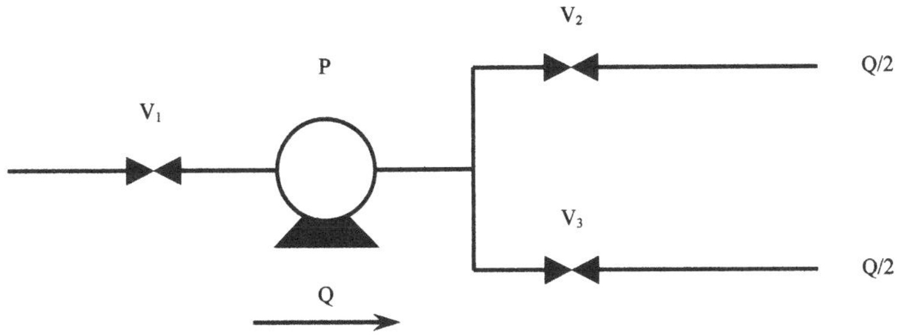

Fig. V.13 : Circuit de refroidissement d'urgence

1- Définir sa mission, ses fonctions, ses phases, ses conditions aux limites et initiales pour analyser les causes d'une des situations indésirables "pas de débit en sortie du circuit".
2- Traduire l'analyse par un arbre de défaillance. (Construction)
3- Commenter les règles de constructions utilisées. (A suivre ...)

Voir éléments de réponses et de solutions en V.3.1.

Exercice 2 : Analyse par AdD des causes d'un accident dans un système de remplissage d'un réservoir (8 éléments), "TOP = rupture du réservoir"

Soit le système de pompage suivant (Fig. V.14)

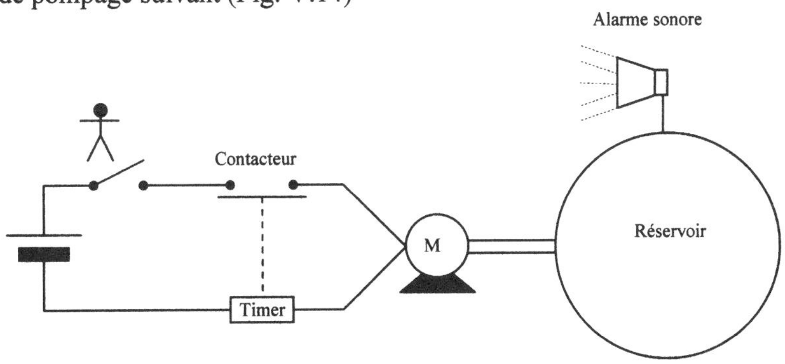

Fig. V.14 : Système de pompage

Le réservoir est rempli en 10 min et vidé en 50mn. Après fermeture de l'interrupteur, le timer est réglé de manière à ouvrir les contacts du relais au bout de 10min. En cas de défaillance, l'alarme sonore se déclenche et alerte l'opérateur qui devra ouvrir l'interrupteur pour éviter la rupture du réservoir à cause de la surpression.

On considère l'événement indésirable et redouté suivant: "Rupture du réservoir".

1- Construire l'arbre de défaillance du système associé à cet événement. (A suivre en 2.2.7.)

Voir éléments de réponses et de solutions en V.3.2.

Ex : Dans l'arbre dual de l'exercice 2, $\{\ \bar{1}.\bar{2}.\bar{3}.\bar{4}.\bar{7}.\bar{8}\ \}$ est un chemin minimal (de longueur 6), cela signifie que, l'absence simultanée des 6 évènements 1, 2, 3, 4, 7 et 8 détermine certainement la non occurrence du Top. Il ne peut pas y avoir rupture du réservoir si la combinaison ci-dessus est vérifiée. Peu importe qu'une (ou plusieurs) des 6 autres causes possibles (5,6,9,10,11,12) se produise(nt). C'est l'intérêt d'avoir reconnu un chemin minimal.

2.2.3. Recherche des coupes minimales et chemins minimaux

Après avoir construit l'arbre de défaillance, on en trouve l'équation booléenne équivalente en procédant comme suit :

1. On associe à chaque événement de base une variable Booléenne $\mathbf{b_i}$,
2. On associe à l'événement de sortie d'une porte **ET** une variable booléenne $\mathbf{G_{et}}$ égale au produit booléen des variables d'entrées $\mathbf{b_i}$,
3. On associe à l'événement de sortie d'une porte **OU** une variable booléenne $\mathbf{G_{ou}}$ égale à la somme booléenne des variables d'entrées $\mathbf{b_i}$,
4. Ensuite, on obtient l'expression Booléenne réduite de l'arbre, par l'application des règles de l'algèbre de Boole, qui permet de donner (après développement de l'équation) une solution de l'arbre sous la forme suivante :

$$TOP = C_1 \cup C_2 \cup C_3 \cup \ldots \cup C_n \qquad (1)$$

$$TOP = \bigcup_{j=1}^{n} C_j \qquad (2)$$

où C_j est la $j^{ème}$ des n coupes minimales, définie par le produit booléen des m_j événements de base la constituant (m_j est la longueur de la coupe C_j définie par le nombre m des évènements b_i inclus)

$$C_j = b_{i1} \cdot b_{i2} \cdot \ldots b_{i_m j} \qquad (3)$$

$$C_j = \bigcap_{i=1}^{m} b_i \text{ avec } b_i \in C_j \qquad (4)$$

En remplaçant (4) dans (2) on obtient la formule générale :

$$TOP = \bigcup_{j=1}^{n} \bigcap_{i=1}^{m} b_i \qquad (5)$$

Ce résultat de l'analyse qualitative peut donc être représenté graphiquement par un arbre dit des coupes minimales comportant une porte OU ayant autant d'entrées qu'il y a de coupes minimales. Ces n coupes minimales sont soit de longueur 1 (panne simple) soit de longueur 2 (double panne) ou plus (pannes multiples). A coté des j éventuelles coupes minimales de longueur 1 qui donnent des entrées simples (sans porte ET) attachées à la porte OU, les (n-j) autres coupes minimales de longueur 2 et plus entrent sur autant de portes ET, ces (n-j) portes ET étant rattachées à la porte OU sous le "top". Dès lors nous pouvons aisément constater que le retour de cet arbre des coupes minimales "OU/ET" vers l'arbre original n'est plus possible.

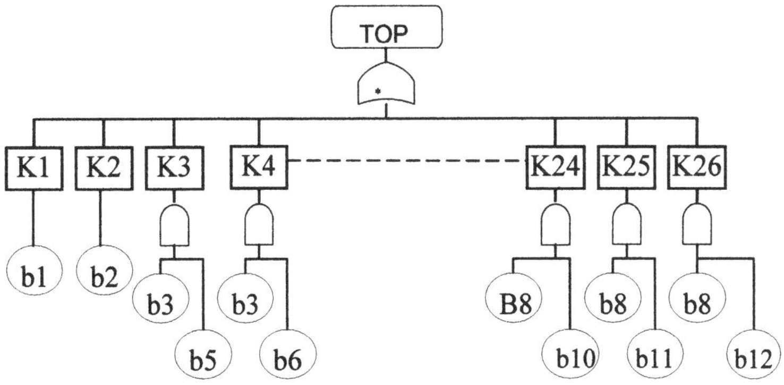

Fig. V.15 : Arbre des coupes minimales

L'expression unique [Voir Fig.V.15] peut se mettre sous une forme linéaire qui n'est pas unique :

$$TOP_i = \{A \cdot b_i\} + \{B\} \qquad (6)$$

Il y aura autant de formes de TOP_i qu'il y a de b_i, avec $\{A \cdot b_i\}$ terme représentant toutes les coupes minimales contenant b_i et $\{B\}$ toutes les autres. [Voir la résolution de l'exercice 2 en V.3.2.]

Deux Remarques :

1. Dans le cas où des variables duales sont déclarées (b et $\bar{b}$, présence de porte OU EXCLUSIF, porte NON), l'AdD devient non cohérent et la notion de coupe et chemin doit alors être étendue à celle d'impliquant et d'impliqué, comme annoncé en 2.2.
   On a déjà rencontré cette complication avec les séquences d'échecs impliquant des coupes pour une même classe de gravité et avec des chemins impliqués dans les séquences de succès dans un AdE.
2. Les chemins et chemins minimaux s'obtiennent de la même façon que les coupes minimales, mais à partir de l'AdD dual.

2.2.4. Règles de construction du dual

1. Il faut disposer d'un arbre cohérent; c'est-à-dire d'un arbre où il n'y a que des portes ET et OU. Il ne doit pas y avoir d'évènement de base dual (pas de $\overline{b_i}$) ;
2. Le TOP est remplacé par $\overline{TOP}$, c'est-à-dire le non-TOP ;
3. Les portes OU sont remplacées par des portes ET, et les portes ET par des portes OU ;
4. Les b_i sont remplacées par des $\overline{b_i}$;
5. Les coupes C_j du dual sont les chemins T_j de l'original.

Si un arbre a beaucoup de coupes minimales, il aura peu de chemins min. et vice-versa. Il suffit pour s'en convaincre, de comparer une porte OU à n entrées et une porte ET à n entrées. La porte OU aura n coupes min. et un seul chemin de longueur n et vice-versa pour la porte ET.

Cette remarque attire notre attention sur l'encombrement de l'espace mémoire par les ensembles non-minimaux et donc aussi sur le temps de calculs et le nombre d'opérations à effectuer.

2.2.5. Algorithme du BICS "Boolean indicated cut set"

C'est un indicateur booléen de la taille (des dimensions) de l'ensemble des coupes, avant réduction.
Il permet de déterminer la longueur maximale et le nombre maximum des coupes contenues dans un arbre donné, directement à partir de l'arbre, sans avoir besoin d'identifier les coupes.

On utilise un algorithme dit algorithme du "BICS" dont les règles sont présentées dans le tableau suivant.

A chaque évènement de base b_i on affecte "un poids" unité ;
Puis à chaque porte rencontrée on effectue les opérations de pondération des poids de sortie de porte d'après les poids des entrées respectives par les formules indiquées dans le tableau V.5.

Tab. V.5 : Règles de recherche du "BICS"

	Porte OU	Porte ET
Nombre maximum de coupes n_{max}	Sommes des poids des entrées (Σ)	Produit des poids des entrées (Π)
Longueur maximum des coupes l_{max}	Maximum sur les entrées (max)	Somme des poids des entrées (Σ)

2.2.6. Mode commun de défaillance

Lorsque plusieurs évènements de base pris en considération sont de fait les effets différents d'une autre cause sous-jacente unique, on appelle cette cause cachée "mode commun de défaillance".

Exemples physiques :

- panne d'alimentation électrique, inondation, fumées d'un incendie, etc.

Exemples logiques :

- Si l'évènement de base A est causé par X et que l'évènement de base D est causé aussi par X, alors X est un "mode commun de défaillance". (Voir l'exercice 3)
- Si un "TOP" est causé par les 3 coupes minimales suivantes :

$$TOP = B1 \cdot B2 + B1 \cdot B3 + B1 \cdot B4$$

B1 peut être mis en facteur et B1 est une "cause commune de défaillance".

On retrouve cette très importante notion, de non indépendance apparente ou cachée, modélisée autrement dans une autre démarche de modélisation de la sûreté, l'approche méthodologique Markovienne.

2.2.7. Exercices…

■… Deuxième étape d'analyse (lancement d'un troisième exercice).

Commentaires :
Cette nouvelle étape d'analyse qualitative par une méthode algébrique permet d'extraire de l'AdD des informations contenues mais qui n'apparaissaient pas : les ensembles minimaux. Les coupes et chemins minimaux nous renseignent sur les états "mauvais" et "pas-mauvais" (= bons) du système exposé à un risque majeur (ou pas) qui est synthétisé dans le "top" de l'AdD.

La confrontation de cette méthodologie avec celle de l'arbre d'événement montre la complémentarité des deux, en particulier en utilisant l'association orientée (ou non-orientée).

cause(s) -]du passé(e)]
mode (s) -]le temps présent[
effet(s) - [au futur[

L'étape suivante d'analyse quantitative par des méthodes probabilistes, va permettre d'acquérir de nouvelles connaissances au travers des nouveaux modèles construits pour la modélisation de la sûreté.
L'engagement progressif dans 2, puis 3, puis 4 exercices donne un aperçu sur les possibilités méthodologiques utiles pour faire face à la problématique de la sécurité présentée en première partie. Cet aperçu déjà notable reste cependant très modeste par rapport aux défis à relever et aux efforts importants à consentir.

<u>Exercice 1</u> : (suite)

4- Déterminer et commenter les ensembles minimaux
Voir éléments de réponses et de solutions en V.3.1.
(A suivre...)

<u>Exercice 2 :</u> (suite)

2- Calculer les BICS puis déterminer les coupes et chemins minimaux de l'arbre construit.
3- Donner plusieurs des expressions du TOP d'après la formule (6) du § II.2.2.3.
Voir éléments de réponses et de solutions en V.3.2.
(A suivre...)

<u>Exercice 3 :</u> Analyse qualitative et quantitative simple d'un arbre de défaillance cohérent avec quatre portes ET-OU

Considérez l'arbre de la figure ci-après.

Exercice 2 : (suite)

4- Calculer P_{TOP} par les méthodes précédentes.
Compléter le tableau de données de l'exercice 2.
5- Comment améliorer la sécurité de ce système ?
Voir éléments de réponses et de solutions en V.3.2.
(A suivre...)

Exercice 3 : (suite)

5- Comparer P_{TOP} calculé par la méthode des coupes minimales dans les différents cas.
Voir éléments de réponses et de solutions en V.3.3.
(A suivre...)

En conclusion de cette étape d'analyse, discuter les calculs : Quelle est la meilleure méthode ?

Remarque : Les bornes supérieure (S_1) et inférieure (S_1-S_2) sont souvent utilisées pour les calculs relatifs à l'AdD ; la convergence est très rapide quand les probabilités sont très petites ($p<0,01$).

- Savoir prendre des risques calculés sans faire des calculs risqués.

Les exercices résolus et commentés dans les deux chapitres IV et V de la méthodologie de la sécurité ont été choisis et organisés pour aider à comprendre la formulation des problèmes de sécurité qui conditionnent la mise en œuvre des méthodes de résolutions. Les problèmes réels rencontrés ne sont pas prêts à l'emploi. Ils sont relativement nouveaux et il y a un important travail de raffinage à consentir. Voilà pourquoi, il est fait appel dans cet ouvrage à l'intuition, la curiosité, l'imagination et au bon sens que l'on peut espérer trouver en particulier dans la culture de l'étudiant ingénieur.

Cependant pour entrer davantage dans le chiffrage nécessaire pour quantifier simplement et sans complications, des qualités complexes comme la sécurité et la fiabilité, il faut renforcer la compétence calculatoire. La rigueur est le maître-mot pour l'apprentissage des bases mathématiques dans trois chapitres qui retiennent l'attention et l'intérêt depuis la seconde guerre mondiale : (1) la logique Booléenne, (2) les probabilités, (3) les statistiques. De nombreux développements dans ce domaine sont à espérer autant que les nombreux prolongements déjà existants qui sont à citer.

La fin de ce dernier chapitre, ouvert sur la modélisation de la sûreté par la méthodologie de l'arbre de défaillance, relance un nouveau cycle analogue à celui ouvert par les chapitres précédents dans la première partie. Faisons mention ici des nouvelles précautions initiales et des nouvelles définitions qui s'imposent ou se proposent dans les étapes suivantes. C'est le cas, avec le tableau V.6, des définitions de nouvelles grandeurs : "le taux de défaillance, lamda" et "la moyenne arithmétique des temps de travaux de réparation, tau". Utiliser correctement les formules ? "c'est bien !" Savoir d'où elles viennent et les redémontrer ? c'est mieux et même bien mieux !

2.4. Analyse (complémentaire) des influences

L'analyse complémentaire comprend des calculs de différents facteurs représentatifs de plusieurs types d'influences, intéressantes à connaître pour apprécier les risques. Nous pouvons distinguer 3 types d'influences appréciées et quantifiées par :

- Facteurs d'importance
- Facteurs de sensibilité
- Facteurs d'incertitude

Ces facteurs intéressent soit les évènements de base soit les coupes minimales dans leurs relations avec le TOP, ou avec une quelconque des portes, en prenant selon les cas certaines précautions, en particulier que le sous-arbre sous la porte soit indépendant du reste de l'arbre complet.

L'extension et compréhension (= définition) de la notion de risque progresse (en particulier risque de sécurité avec la technologie) en touches successives (revoir §II.2.2. : la voie de sécurisation 10 ; §II.7.4. : définition de R comme risque ; §IV.4.2. : excercice 5 ; §IV.5.6. : Notion de classes de risque)

2.4.1. Généralités sur les facteurs d'influence des événements mis en causes

Ces facteurs d'influences permettent de répondre à plusieurs questions qui sont d'un grand intérêt pour la compréhension, le contrôle, la maîtrise, des risques. C'est-à-dire les risques sont-ils bien compris ? Les risques sont-ils parfaitement maîtrisés ? pour être plus concret mais encore très général, on peut formuler les questions suivantes auxquelles il est possible de répondre grâce au modèle obtenu avec l'arbre de défaillance.

1. Quelle est la probabilité que le TOP se réalise quand un évènement de base (ou une coupe) se réalise ?

   Ex 1 : $P(TOP / b_i = 1) = ?$ (11)

   Ex 2 : $P(TOP / K_j = 1) = 1$ (12)

   C'est une des mesures permettant d'ordonner, par rang d'importance décroissante des risques, dûs aux b_i et aux K_j..

2. L'événement indésirable TOP étant apparu, quelle est la probabilité que tel événement de base (ou telle coupe) en soit la cause?

   Ex 3: $P(K_j / TOP = 1) = ?$ (13)

   Ex 4 : $P(b_i / TOP = 1) = ?$ (14)

   C'est un indicateur du degré de vraisemblance des diagnostics incriminant b_i ou K_j comme causes possibles du TOP du plus probable au moins probable.

   Ou exprimé différemment :

   - Quel est le poids d'une coupe minimale dans le poids total du TOP ?
   - Quel est le mode de défaillance du TOP le plus probable?

   Mais il y a d'autres questions encore...

3. Sachant que le système (ou tel sous système) est en panne (TOP = 1 ou G_j = 1), quel est l'élément à réparer en premier?

   C'est un indice de pondération, par exemple de l'urgence, ou bien des préconisations pour la maintenance corrective. Ce qui peut être compris par la réponse à la question équivalente suivante : Quelle est la probabilité pour qu'un évènement de base participe à l'occurrence du TOP sachant que celui-ci existe ?

4. Quel élément faut-il améliorer d'abord pour améliorer la sûreté du système?
   C'est un autre indice de pondération pour classer d'autres préconisations pour la construction du système cette fois.

Ces facteurs servent de critères pour aider à établir d'après les influences estimées des préférences parmi les nombreux choix d'améliorations possibles. Et donc, ils aident à prendre les risques calculés d'après une hiérarchisation des dangers inhérents au système.

Expressions probabilistes des influences possibles

Soit $P_{(TOP_i)}$, la probabilité d'occurrence du TOP (exprimée par rapport au rôle de pivot attribué à b_i) et p_i, la probabilité d'occurrence de l'évènement de base b_i.
En distinguant dans les coupes C_j celles qui contiennent b_i et celles qui ne contiennent pas b_i, le TOP peut s'écrire comme nous l'avons défini dans l'analyse algébrique :

$$TOP_i = \{A \cdot b_i\} + \{B\} \Rightarrow P_{(TOP_i)} = [a \cdot p_i] + [b] \qquad (15.1)$$

Avec a probabilité de A et b probabilité de B
Cette valeur correspond à la borne supérieure S1
En effet, on peut écrire :

$$P_{(TOP_i)} = p_i \cdot g[C_j / p_i = 1] + (1 - p_i) \cdot g[C_j / p_i = 0] \qquad (15.2)$$

c'est-à-dire en utilisant (15.1) : $p_i \cdot [a + b] + (1 - p_i) \cdot b = a \cdot p_i + b \cdot p_i + b - b \cdot p_i = a \cdot p_i + b$
On en déduit l'expression de l'influence probabiliste de i sur le TOP, par d'après (15.2) :

$$\frac{\partial P}{\partial p_i} = g[C_j / p_i = 1] - g[C_j / p_i = 0] = a \qquad (16)$$

C'est-à-dire $(a + b) - b = a$

2.4.2. Facteur d'importance d'une coupe minimale

Le facteur d'importance d'une coupe minimale I_C est défini par le rapport de la probabilité d'occurrence de la coupe C (qui est fonction du temps) sur celle du TOP, sachant que l'événement TOP s'est réalisé si la coupe est apparue.
Soit C(t) la coupe minimale "apparaissant à l'instant t" et T(t) l'événement TOP, qui se réalise, alors :

$$I_C = P[C(t)/T(t)] = \frac{P[C(t)] \cdot P[T(t)/C(t)]}{P[T(t)]} \text{ [HENL 81]} \qquad (17)$$

Comme T(t) apparaît à cause de C(t), on a : $P[T(t)/C(t)] = 1$
Donc l'équation se réduit à :

$$I_C = \frac{P[C(t)]}{P[T(t)]} \qquad (18)$$

L'importance d'une coupe minimale permet de hiérarchiser les modes d'apparitions du TOP et d'attirer l'attention sur les entités concernées.

Principe de préconisation :

Ce sont les coupes minimales qui ont les plus grandes valeurs du facteur I_C qui sont celles à réduire en premier, au moins jusqu'aux niveaux des suivantes, ou à éliminer...

[LIEV 76, p56]
[PAGE 80, p107]
[LIMN 91, p108 à 123]

2.4.3. Facteurs d'importance d'un évènement de base

A partir des équations (15), on définit les trois facteurs d'importance suivants :

Facteur d'importance marginale, dit aussi importance structurelle (de BIRN-BAUM)

C'est apparemment le plus simple des facteurs d'influence basé, comme on l'a défini précédemment dans l'expression (16) sur la dérivée partielle du P(TOP). (l'indisponibilité système en est une interprétation possible). Ce facteur a en fait deux facettes qui se résument ainsi.

C'est la probabilité que le système soit dans un état dans lequel l'état du composant i, pointé par b_i, est critique.

$$I_{Bi} = \frac{\partial P}{\partial p_i} = g[C_j / p_i = 1] - g[C_j / p_i = 0] \qquad (19)$$

Avec $I_{Bi} = [a]$ dans (15.1)
D'autre part I_{Bi} permet de "mesurer" la variation de la probabilité du TOP en fonction de la variation maximum possible de la probabilité de l'événement de base i entre 0 et 1 (19). C'est une indication de la <u>sensibilité structurelle</u> du TOP, à l'incertitude sur les probabilités des évènements de base.
Ce facteur apporte une réponse à la question 1 du §V.2.4.1.

<u>Autre méthode de calcul de Sensibilité du TOP aux b_i</u>. Une version de ce calcul est présentée par [LIEVENS, p57]. Etant supposé que P(TOP) < $P_{TOP,\ objectif}$, ce qui est désiré, il précise que i est réputé sensible si $P(TOP_{ki}) > P_{TOP,\ objectif}$, avec k le coefficient d'erreur le plus grand envisageable influençant p_i.

1. On multiplie p_i par k (par exemple 10) et on recalcule
   $P(TOP/p_i.10) \equiv P(TOP_{ki})$, on fait de même pour tout i ;
2. On calcule $K_i = P(TOP_{ki}) / P(TOP)$ pour tout i, avec $K_i \geq 1$;
3. On compare les K_i : Plus K_i est grand plus i est sensible pour le TOP.

Remarque : Cette notion de facteur de sensibilité est reprise avec quelques différences d'interprétation, dans le logiciel "Risk Spectrum" (utilisé en TP), par la grandeur $S = U/L$. Chaque p_i est divisé l'un après l'autre par un facteur de sensibilité plus grand que 1 pris égal à 10 par défaut. La probabilité du TOP notée $P(TOP)_{lower} = L$ est calculée pour chaque p_i ainsi modifié. Puis chaque p_i est multiplié (par 10). La $P(TOP)_{upper} = U$ est calculée.

U, L et $S = \frac{U}{L}$, qui représente un nouveau facteur de sensibilité, sont listés par ordre décroissant de S.

Facteur d'importance critique (de LAMBERT)

Ce facteur d'importance permet de tester le fait qu'il est plus difficile d'améliorer le composant le plus fiable que d'améliorer le composant le moins fiable. [PAGE 80, p.184] et [HENL 81, p.423]

$$I_{Li} = \frac{p_i}{P}\frac{\partial P}{\partial p_i} = \frac{p_i \cdot a}{P} \qquad (20)$$

C'est la probabilité que l'événement de base i, ait provoqué l'occurrence du TOP, sachant que le TOP est apparu. Or i n'est pas forcément le seul composant en état indésirable, dans ce cas i est le dernier arrivé.

En comparant la formule (20) de I_{Li} à la formule (18) de I_C, nous pouvons constater une ressemblance.

Ce facteur répond bien à la question 4. Quel élément faut-il améliorer ?

Facteur d'importance de diagnostic (de VESELY & FUSSEL)

L'idée de base est qu'un composant, dont l'état indésirable est pointé par b_i, peut contribuer au TOP sans être critique, c'est-à-dire que sa restauration (disparition de b_i) ne va pas faire changer d'état le système (disparaître le TOP). En effet b_i peut apparaître dans une ou plusieurs coupes minimales.

$$I_{Vi} = \frac{p_i g\lfloor C_j / p_i = 1 \rfloor}{P} \qquad (21)$$

C'est la probabilité pour que l'élément i soit en panne sachant que le système est en panne. C'est une aide au diagnostic de panne en indiquant les plus grandes chances d'en trouver les causes.

Par approximation, on peut dire que : L'importance de l'événement de base i, est approximativement égale à la somme des importances des coupes minimales qui contiennent cet événement.
Ce facteur répond à la question 3. Quel est l'élément à réparer en premier ?

2.4.4. Autres formes d'influences

D'autres formulations d'influences, ressemblant ou non à ces facteurs d'influences ont été imaginés. Voir en particulier les utilisations choisies :

- Dans le logiciel "risk spectrum", notamment ce qui concerne les facteurs d'incertitude ;
- Et dans d'autres sources pas toutes citées en Bibliographie. [LIEV 76 p.56], [LIMN 91 p.108], [HENL 81] et [PAGE 80 p.56].

Ces facteurs d'influence peuvent évoluer dans le temps. Ainsi un composant du système peut ne devenir critique qu'au bout d'un certain temps. Par exemple, il est possible que pour un système avec beaucoup de redondances sur des courtes durées les composants les plus fiables sont ceux qui seront les plus importants. Et après de longues durées les composants les moins fiables seront les plus importants. La situation inverse sera vraie pour les systèmes série et donc qu'en sera-t-il pour les systèmes complexes ?

2.4.5. Exercices…

- … Quatrième étape d'analyse (lancement d'un quatrième exercice).

<u>Exercice 1</u> (suite et fin) :

6- Ecrire quelques unes des expressions du TOP référencé au rôle privilégié d'un évènement de base particulier. Pour i=1, i=2 et calculer les facteurs d'importance correspondants. Voir éléments de réponses et de solutions en V.3.1.

Exercice 4 : Analyse d'influences

Supposons un arbre de défaillance qui contient 2 coupes minimales $C_1 = \{A, B, C\}$, $C_2 = \{C, D\}$ avec $P(A) = 1.2\ 10^{-3}$; $P(B) = 4.6\ 10^{-4}$; $P(C) = 3.2\ 10^{-3}$; $P(D) = 2.7\ 10^{-4}$.
Les probabilités d'occurrences des coupes et du TOP sont :
$P(C_1) = (1.2\ 10^{-3})(4.6\ 10^{-4})(3.2\ 10^{-3}) = 1.7664\ 10^{-9}$
$P(C_2) = (3.2\ 10^{-3})(2.7\ 10^{-4}) = 8.64\ 10^{-7}$
$P(T) = 1.8\ 10^{-9} + 8.6\ 10^{-7} = 8.6576\ 10^{-7}$

1- Expliquer l'importance des coupes donnée par :

$$I_{C_1}(t) = \frac{P(C_1(t))}{P(T(t))} = \frac{1.7664\times10^{-9}}{8.6576\times10^{-7}} = 2.0403\times10^{-3}$$

$$I_{C_2}(t) = \frac{P(C_2(t))}{P(T(t))} = \frac{8.64\times10^{-7}}{8.6576\times10^{-7}} = 0{,}99797$$

2- Calculer les 3 facteurs d'importance d'un des 4 évènements de base et discuter les résultats.

3- Pour expérimenter ce que représentent ces calculs, en s'appuyant sur les trois exercices déjà réalisés dans les trois étapes précédentes, on essaiera d'écrire quelques unes des expressions du TOP référencé au rôle privilégié d'un des évènements de base bi et alors on essaiera de calculer un petit échantillon des facteurs d'influence. Y-a-t-il d'autres remarques à faire ?
Quelles conclusions tirer sur les influences probabilistes et structurelles et leurs calculs ?

3. Eléments de réponses et de solutions

3.1. Exercice 1 : Analyse par AdD d'une structure simple

(Reprise de l'exercice 5 du §IV.4.2. : analyse préliminaire des risques)

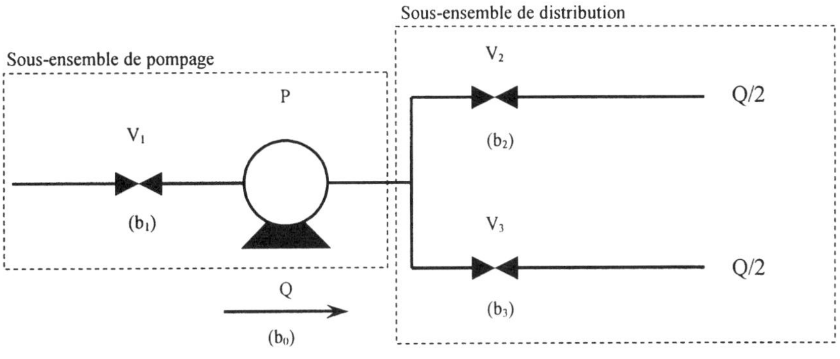

Fig. V.17 : Circuit de refroidissement d'urgence (système de pompage)

1- Définition systémique du système de pompage

Sa mission : Refroidissement de secours, injection en 2 points distincts, 2 débits Q/2 soit un débit total Q.
Ses fonctions :
- Distribution, par vannes et tuyaux,
- Pompage, par V_1 et P
- Alimentation, hors du système de pompage.

Ses phases :
- En attente vannes fermées et pompe arrêtée,
- A la sollicitation : ouverture des vannes et démarrage de la pompe,
- En fonctionnement : vannes ouvertes, pompe fonctionne correctement, alimentation externe en amont sans soupçon "OK" c'est-à-dire p(e=1)=1

Conditions limite et initiale : Alimenté normalement au niveau de V_1, "en attente" et sollicitation du C.R.U. à la date aléatoire t entre début et fin de mission.
Situation redoutée : arrêt total du débit à la sortie des vannes 2 et 3 ; TOP ≡ " (Q = 0) en 2 et en 3" formule brève.
Situations indésirables : parce que "dangereuses" : ce sont les causes possibles déclarées sous le TOP.

2- Construction

Certains évènements sont négligés (défaillances des tuyaux), pour des raisons pédagogiques. Ils peuvent être rattachés aux éléments du système.

Niveau 1 à 2 : TOP ≡ (Q = 0, en 2 et 3)	Porte ET codé G*01
Niveau 2 à 3 : Q = 0 à la sortie de la vanne 2 parce que : Défaillance première de la vanne 2 ou Q = 0 à l'entrée de la vanne 2 donc à la sortie de la pompe.	Porte OU codé G+02
Niveau 2 à 3 : Q = 0 à la sortie de la vanne 3 parce que : Défaillance première de la vanne 3 ou Q = 0 à l'entrée de la vanne 3 donc à la sortie de la pompe.	Porte OU codé G+03
Niveau 3 à 4 : Q = 0 à la sortie de la pompe parce que Défaillance première de la pompe ou Défaillance première de la vanne 1.	Porte OU codé G+04

Remarque : Q = 0 à la sortie de la pompe est comme un mode commun de défaillance pour Q = 0 après les vannes 2 et 3, autrement dit G+04 est cause commune à G+02 et G+03.

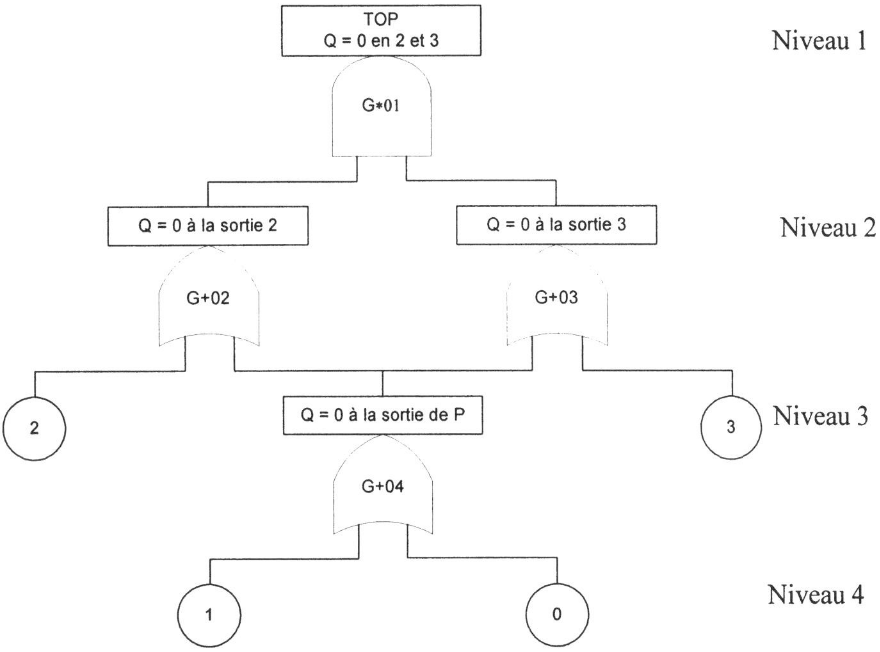

Fig. V.18 : Arbre de défaillance du système de pompage d'urgence

3- Commentaire sur les règles de construction :

- La précision, l'objectivité, le concret des définitions des évènements ou états qui peuvent être plus ou moins grands doivent satisfaire tous les intéressés (les acteurs du système).
- "Pourquoi" et "comment" sont deux questions "directrices" de la production rassemblées et structurées dans l'arbre.
- Le dessin des branchements souffre (dans le cas de G4) du non respect des habitudes (algorithmique et informatiques) de tracé de l'arbre construit. Retourner dans les exemples précédents pour trouver quel tracé "politiquement correct" adopter !

4- Ensembles minimaux

a) Algorithme de BICS : $n_{max} = 9$ et $l_{max} = 2$ montre que l'arbre est "petit".

b) Système d'équations logiques de l'arbre du système :
(1) TOP = (G*01)
(2) G*01 = (G+02) * (G+03)
(3) G+02 = 2 + (G+04)
(4) G+03 = 3 + (G+04)
(5) G+04 = 1 + 0
D'ou l'équation globale complète : TOP = (2 + (1 + 0)) * (3 + (1 + 0))

c) Rappel : en algèbre de Boole a * a = a ; a + a * b = a ; 1+b=1
* veut dire ET ; + veut dire OU ; 1 veut dire "certain"

d) En développant l'équation du TOP on obtient :

$TOP = (2*3+2*1+2*0)+(1*3+1*1+1*0)+(0*3+0*1+0*0)$

Comme prévu par les BICS, il y a 9 coupes (non minimales $K_i^{'}$) de longueur maximum 2

$K_1^{'} = 2{\cdot}3$, $K_2^{'} = 2{\cdot}1$, $K_3^{'} = 2{\cdot}0$, $K_4^{'} = 1{\cdot}3$, $K_5^{'} = 1{\cdot}1 = 1$, $K_6^{'} = 1{\cdot}0$, $K_7^{'} = 0{\cdot}3$, $K_8^{'} = 0{\cdot}1$, $K_9^{'} = 0{\cdot}0 = 0$

Après réduction logique booléenne, il reste: $\boxed{TOP = 2*3+1+0}$

Il y a donc 3 coupes minimales (deux pannes simples et une panne double) qu'il est habituel de présenter dans l'ordre de longueur croissante :

$K_1 = 1$

$K_2 = 0$

$K_3 = 2*3$

e) Remarques :

- Le nombre de coupes énumérées est celui trouvé par l'algorithme, c'est normal dans ce cas mais ce n'est pas toujours le cas.
- Le nombre de coupes minimales est plus petit, c'est normal dans la plupart des cas mais ce n'est pas toujours le cas.
- Les règle opératoires de l'algèbre de Boole sont utilisées ici sans être démontrées, ce qui devra faire l'objet d'un développement à part. C'est l'objet d'un chapitre "Logique Binaire et Probabilités pour les Calculs de Sûreté.
- En fait dans le début de l'évaluation qualitative qui suit l'étape de construction le bon sens peut suffire à la manipulation des grandeurs selon les règles opératoires simples bien comprises. Mais des complications peuvent survenir qui obligent à renforcer la compréhension des règles d'opérations.

f) Concernant les chemins, il suffit d'écrire l'équation de l'arbre dual, le "non TOP" (nTOP).

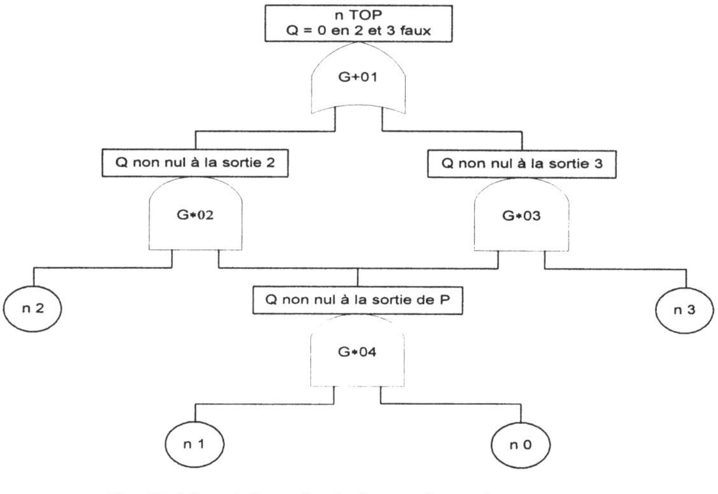

Fig. V.19 : Arbre dual du système de pompage

g) nTOP = (G+01)
G+01 = (G∗02) + (G∗03)
G∗02 = n2 ∗ (G∗04)
G∗03 = n3 ∗ (G∗04)
G∗04 = n1 ∗ n0
On obtient : nTOP = (n2.n1.n0) + (n3.n1.n0)
Il y a donc deux chemins de longueur 3 qui sont minimaux:
T_1 = n2.n1.n0
T_2 = n3.n1.n0

h) Remarques :

- (n2.n1.n0) veut dire : pour que le non-TOP "Q = (0 en 2 et 3) ", échec complet de la mission, n'existe pas, soit certainement impossible, déclaré faux, il est nécessaire (mais cela ne suffit pas, parce qu'il y a un deuxième chemin minimal possible) que n2, n1, n0 existent ensembles. C'est-à-dire que si l'on veut affirmer qu'un premier ensemble minimal {"pas de défaillance première de la vanne 2" et "pas de défaillance première de la vanne 1" et "pas de défaillance première de la pompe P"} est vrai alors il est certain que l'échec complet est impossible. Mais dans le cas présent cela ne veut pas dire que le succès complet est certain (puisque des possibilités intermédiaires existent).
- Il est important de remarquer que l'opposé complémentaire (dual) du TOP analysé Q = (0 en 2 et 3) n'est pas unique : il y a le cas Q = (1 en 2 et en 3), mais aussi Q = 1 en 2 ou Q = 1 en 3.
- La précédente affirmation est (presque !?) identique à l'affirmation "la vanne 1 est ouverte et la pompe P en marche et la vanne 2 est ouverte", qui confirme donc l'affirmation que Q = (0 en 2 et 3) soit fausse mais pas que la mission soit certainement complètement réussie sachant ce qui a été dit et affirmé.
- Il nous faudra découvrir les lois de Morgan pour ne plus se faire du souci méthodologique :
  - Sachant que si Q = (0 en 2) est vrai (1) alors Q = (1en 2) est faux (0), par définition.
  - De même si Q = (0 en 2) est faux (0) alors Q = (1 en 2) est vrai (1), idem pour 3
  - Alors, pour que Q = (0 en 2 et 3) soit vrai il faut et il suffit que Q = (0 en 2) soit vrai et Q = (0 en 3) soit vrai.
  - Pour que Q = (0 en 2 et 3) soit faux, il faut et il suffit que Q = (1 en 2) soit vrai ou Q = (1 en 3) soit vrai ou que les deux soient vrais.

5- Calcul du P_{TOP}

Ce calcul correspond au calcul de P(classe) dans un AdE à l'initiateur près.
Il est possible d'utiliser les valeurs numériques données dans l'exercice 5 du chapitre 1 :
$P_1 = P_2 = P_3 = 10^{-4}$ et $P = 10^{-3}$

Par la méthode porte à porte :
$P(G+04) = P_1 + P - P_1 * P \leq 1.1\ 10^{-3}$
$P(G+03) = P_3 + P(G+04) - P_3 * P(G+04) \leq 1.2\ 10^{-3}$
$P(G+02) = P_2 + P(G+04) - P_2 * P(G+04) \leq 1.2\ 10^{-3}$

$P(G*01) = P(G+03) * P(G+02) = 1.44\ 10^{-6}$

Remarques :

- Logiquement, G+03 n'est pas indépendant de G+02, en effet si l'éventualité "Q = 0 en sortie de pompe" apparaît alors G+3 et G+2 apparaissent simultanément pour la même cause. D'autre part G+2 peut apparaître sans que G+3 en fasse autant et vice et versa, G+3 est indépendant de G+2. Alors ? Il y a interdépendance.
- Physiquement, si le débit (Q2) en 2 est interrompu par fermeture de la vanne, le débit à la vanne 3 ne va pas nécessairement rester à Q/2. Il faudrait entrer dans le modèle physique qui convienne (loi de Bernoulli joue un rôle incontournable pour savoir si le débit (Q3) augmente ou diminue)
- ATTENTION au piège ! Le mode de calcul "ne voit pas" que G+04 introduit une dépendance. C'est un mode commun que la réduction booléenne prend en compte lorsque la réponse à la question 4 passe par l'équation globale du TOP résolue en ses coupes minimales comme suit :

<u>Par la méthode des coupes minimales</u> :

$P_{TOP/K_j} = (P_1+P+P_2 \cdot P_3) - (P_1 \cdot P + P_1 \cdot P_2 \cdot P_3 + P \cdot P_2 \cdot P_3) + (P \cdot P_1 \cdot P_2 \cdot P_3) = S1 - S2 + S3$

$P_{TOP/K_j} \leq (P_1+P+P_2 \cdot P_3) = S1$: borne supérieure $P_{TOP/K_j} \leq 1.1 \times 10^{-3}$

C'est en accord avec la méthode de calcul précédente en comparant avec P(G+04).

6- Expression du TOP référencé au rôle privilégié d'un événement particulier : i = 1 et i = 2

D'après les deux formules (15.1) et (15.2) on a pour le cas présent TOP = 1 + 0 + 2*3

Pour i = 1 : $TOP_1 = 1 + (0 + 2 * 3)$

Pour i = 2 : $TOP_2 = (3) * 2 + (1 + 0)$

D'ou les calculs d'influences des coupes et des e_B selon les différents facteurs d'importance choisis.

Faire Attention à l'(in)dépendance entre les évènements :

- e_B (0, 1, 2, 3)
- K_{jm} (0, 1, 2, 3)

$$P_{TOP_1} = [1.p_1] + [p + p_2 . p_3] \rightarrow \dot{I}_{B_1} = \frac{\partial P_{TOP_1}}{\partial p_1} = 1 \rightarrow \dot{I}_{B_0} = 1$$

$$P_{TOP_2} = [p_3 . p_2] + [p_1 + p] \rightarrow \dot{I}_{B_2} = \frac{\partial P_{TOP_2}}{\partial p_2} = p_3 = 10^{-4} \rightarrow \dot{I}_{B_3} = p_2 = 10^{-4}$$

0,1 ont la même importance de Birnbaum, elles sont maximales et égales.

2,3 ont la même importance de Birnbaum, mais elles sont plus faibles (et encore égales).

3.2. Exercice 2 : Analyses des causes d'accident d'un système de pompage

1- Construction de l'arbre

L'événement "rupture du réservoir" est l'indésirable redouté. Dans cet exercice, c'est donc le sommet de l'arbre et le point de départ de l'analyse déductive.

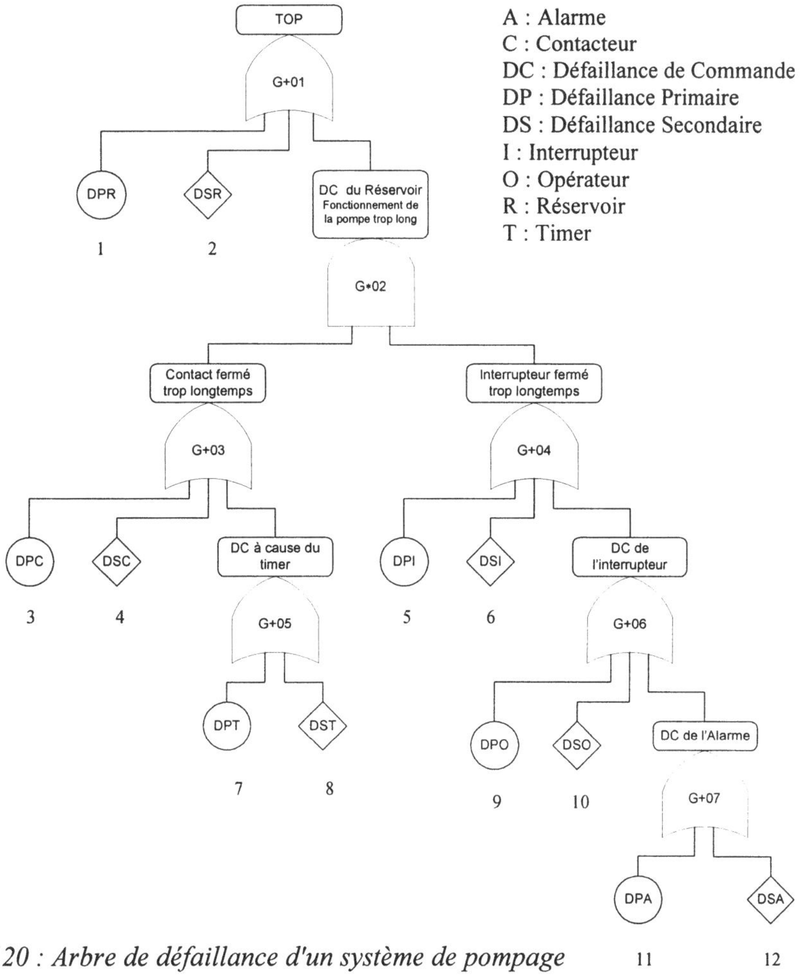

Fig. V.20 : Arbre de défaillance d'un système de pompage

Remarques :

- La rupture du réservoir peut survenir, indépendamment du dépassement des 10 minutes de fonctionnement prévu, pour des faiblesses et des limites de conception ou pour des contraintes d'utilisation trop sévères. Ce sont les défaillances primaires et secondaires possibles. La rupture peut être aussi provoquée par le dépassement des 10 minutes prévues, c'est la défaillance de la commande qui fait que la pompe fonctionne trop longtemps. La défaillance primaire rend compte des causes d'une résistance mécanique qui est trop faible pour s'opposer à la pression, c'est la défiabilité de conception estimée par le constructeur qui en est la source principale. La défaillance secondaire rend compte d'une contrainte trop forte, c'est la défiabilité de l'utilisateur dans son mode opératoire, sa gestion, sa maintenance qui en est la source principale. (Voir le modèle de base du raisonnement à l'origine dans la définition de la sécurité au Chapitre II.7., Fig. II.16.)
- Le contacteur, l'interrupteur, le timer, l'alarme, l'enceinte du réservoir sont des composants matériel mécaniques, électromécaniques ou électroniques dont la

fiabilité globale (donc la défiabilité ...) est accessible via les banques de données de fiabilité des équipements techniques.

- La DPO et la DSO prennent en compte, en deux catégories d'influence, la défiabilité humaine de l'opérateur dans l'exercice de ses fonctions. C'est le fait que l'opérateur ne commande pas adéquatement l'arrêt de la pompe en agissant sur l'interrupteur pour l'ouvrir. Le développement de modèles plus approfondis rendant compte de ces comportements erronés est indispensable pour en savoir plus et donc pouvoir mieux.

2- Coupes et chemins

D'après l'algorithme du BICS on a un nombre maximum de coupes $n_{max} = 26$ et la longueur maximum des coupes $l_{max} = 2$.
Le système d'équations logiques de l'arbre est le suivant :

TOP = (G+01)
G+01 = 1 + 2 + (G*02)
G*02 = (G+03) * (G+04)
G+03= 3 + 4 + (G+05)
G+04 = 5 + 6 + (G+06)
G+05 = 7 + 8
G+06 = 9 + 10 + (G+07)
G+07 = 11 + 12

D'ou l'équation globale complète et son développement :

TOP = 1 + 2 +(3 + 4 + 7 + 8) * (5 + 6 + 9 + 10 + 11 + 12)

TOP = 1 + 2 + 3*5 + 3*6 + 3*9 + 3*10 + 3*11 + 3*12 + 4*5 + 4*6 + 4*9 + 4*10 + 4*11 + 4*12 +7*5 + 7*6 + 7*9 + 7*10 + 7*11 + 7*12 + 8*5 + 8*6 + 8*9 + 8*10 + 8*11 + 8*12

Aucune réduction n'est possible. Il y a donc 24 coupes minimales de longueur 2 et 2 coupes minimales de longueur 1.

Tab. V.6 : Récapitulatif des coupes minimales

$K_1 = 1$	$K_3 = 3*5$	$K_9 = 4*5$	$K_{15} = 7*5$	$K_{21} = 8*5$
$K_2 = 2$	$K_4 = 3*6$	$K_{10} = 4*6$	$K_{16} = 7*6$	$K_{22} = 8*6$
	$K_5 = 3*9$	$K_{11} = 4*9$	$K_{17} = 7*9$	$K_{23} = 8*9$
	$K_6 = 3*10$	$K_{12} = 4*10$	$K_{18} = 7*10$	$K_{24} = 8*10$
	$K_7 = 3*11$	$K_{13} = 4*11$	$K_{19} = 7*11$	$K_{25} = 8*11$
	$K_8 = 3*12$	$K_{14} = 4*12$	$K_{20} = 7*12$	$K_{26} = 8*12$

Pour obtenir les chemins minimaux, on procède de la même façon que pour le premier exercice (ATTENTION aux mises en facteur) :
nTOP = (G*01)
G*01 = 1 * 2 * (G+02)
G+02 = (G*03) + (G*04)
G*03= 3 * 4 * (G*05)

G*04 = 5 * 6 * (G*06)
G*05 = 7 * 8
G*06 = 9 * 10 * (G*07)
G*07 = 11 * 12
nTOP = n1*n2*(n3*n4*n7*n8 + n5*n6*n9*n10*n11*n12)
Il y a donc deux chemins de longueur 6 et 8, qui sont deux chemins minimaux :
T_1 = n1*n2*n3*n4*n7*n8
T_2 = n1*n2*n5*n6*n9*n10*n11*n12

3- Expressions orientées du TOP pour trois évènements de base logiquement intéressants :
$TOP_{b1} = 1+\{2+K3 \text{ à } K26\}$
$TOP_{b3} = \{5+6+9+10+11+12\}3+\{1+2+K9 \text{ à } K26\}$
$TOP_{b5} = \{3+4+7+8\}5+\{1+2+K4 \text{ à } K8+K10 \text{ à } K14+K16 \text{ à } K20+K22 \text{ à } K26\}$

4- Calcul du P_{TOP}

4.1- Le tableau récapitulatif des données chiffrées (Tab. V.7) fournies ou calculées supposées connues répond à diverses hypothèses concernant la quantification probabiliste de la sûreté de fonctionnement des composants du système et du système tout entier.

Tab. V.7 : Tableau récapitulatif des données chiffrées

Numéro	Nom	Descriptif				
1	G+01	Le réservoir explose				
2	G*03	La pompe fonctionne trop longtemps				
3	G+03	Le contact est fermé trop longtemps				
4	G+04	L'interrupteur est fermé trop longtemps				
5	G+05	Défaut de commande du timer				
6	G+06	L'homme n'a pas commandé l'ouverture				
7	G+07	Alarme défaillante				
		Descriptif	$\lambda(h^{-1})$	τ (h)	q_0	$q_\infty = \lambda.\tau$
1	0001	DP réservoir	10^{-6}	200	10^{-5}	2.10^{-4}
2	L002	DS réservoir	2.10^{-6}	100	2.10^{-5}	2.10^{-4}
3	0003	DP contact	10^{-8}	4	2.10^{-4}	4.10^{-8}
4	L004	DS contact	2.10^{-8}	0,1	10^{-4}	2.10^{-9}
5	0005	DP interrupteur	10_{-7}	4	4.10^{-4}	4.10^{-7}
6	L006	DS interrupteur	2.10^{-7}	0,1	2.10^{-4}	2.10^{-8}
7	0007	DP timer	2.10^{-7}	4	10^{-3}	8.10^{-7}
8	L008	DS timer	4.10^{-7}	0,1	2.10^{-3}	4.10^{-8}
9	0009	DP homme	10^{-3}	0,05	10^{-2}	5.10^{-5}
10	L010	DS homme	10^{-3}	0,05	3.10^{-2}	5.10^{-5}
11	0011	DP alarme	4.10^{-7}	4	2.10^{-3}	$1,6.10^{-6}$
12	L012	DS alarme	7.10^{-7}	0,7	3.10^{-3}	$4,9.10^{-7}$

En supposant connus les taux de défaillance λ et les moyennes des temps de réparation τ affectés à chaque composant, on peut calculer :

- Porte à porte, les λ, τ de chaque porte jusqu'au TOP dont on souhaiterait connaître le λ et le τ, en se servant des formules du Tab. V.6 colonne 5. On peut alors calculer la probabilité que le TOP se produise une fois (sur la durée 0-t d'une mission par exemple) par $F = 1 - e^{-\lambda.TOP}$
- Par les coupes minimales en s'intéressant par exemple à l'indisponibilité limite à l'infini q de chaque $e_{(Bi)}$ et finalement Q_{TOP} du TOP est égal à la somme des qK_j.
- En passant par une probabilité q_0 définie de manière cohérente qui respecte au plus près la réalité opérationnelle sans utiliser systématiquement les λ, τ.

Ce qui donne les résultats suivants :

Tab. V.8 : Tableau récapitulatif du calcul du P_{TOP} par les coupes minimales

$K_1 = 1$	$qK_1 =$	2.10^{-4}
$K_2 = 2$	$qK_2 =$	2.10^{-4}
$K_3 = 3.5$	$qK_3 = 4.10^{-8}.4.10^{-7} =$	$1{,}6.10^{-14}$
$K_4 = 3.6$	$qK_4 = 4.10^{-8}.2.10^{-8} =$	8.10^{-16}
$K_5 = 3.9$	$qK_5 = 4.10^{-8}.5.10^{-5} =$	2.10^{-12}
$K_6 = 3.10$	$qK_6 = 4.10^{-8}.5.10^{-5} =$	2.10^{-12}
$K_7 = 3.11$	$qK_7 = 4.10^{-8}.1.,6.10^{-6} =$	$6{,}4.10^{-14}$
$K_8 = 3.12$	$qK_8 = 4.10^{-8}.4{,}9.10^{-7} =$	$1{,}96.60^{-14}$
$K_9 = 4.5$	$qK_9 = 2.10^{-9}.4.10^{-7} =$	8.10^{-16}
$K_{10} = 4.6$	$qK_{10} = 2.10^{-9}.2.10^{-8} =$	4.10^{-17}
$K_{11} = 4.9$	$qK_{11} = 2.10^{-9}.5.10^{-5} =$	1.10^{-13}
$K_{12} = 4.10$	$qK_{12} = 2.10^{-9}.5.10^{-5} =$	1.10^{-13}
$K_{13} = 4.11$	$qK_{13} = 2.10^{-9}.1{,}6.10^{-6} =$	$3{,}2.10^{-15}$
$K_{14} = 4.12$	$qK_{14} = 2.10^{-9}.4{,}9.10^{-7} =$	$9{,}8.10^{-16}$
$K_{15} = 7.5$	$qK_{15} = 8.10^{-7}.4.10^{-7} =$	$3{,}2.10^{-13}$
$K_{16} = 7.6$	$qK_{16} = 8.10^{-7}.2.10^{-8} =$	$1{,}6.10^{-14}$
$K_{17} = 7.9$	$qK_{17} = 8.10^{-7}.5.10^{-5} =$	4.10^{-11}
$K_{18} = 7.10$	$qK_{18} = 8.10^{-7}.5.10^{-5} =$	4.10^{-11}
$K_{19} = 7.11$	$qK_{19} = 8.10^{-7}.1{,}6.10^{-6} =$	$1{,}28.10^{-12}$
$K_{20} = 7.12$	$qK_{20} = 8.10^{-7}.4{,}9.10^{-7} =$	$3{,}92.10^{-13}$
$K_{21} = 8.5$	$qK_{21} = 4.10^{-8}.4.10^{-7} =$	$1{,}6.10^{-14}$
$K_{22} = 8.6$	$qK_{22} = 4.10^{-8}.2.10^{-8} =$	8.10^{-16}
$K_{23} = 8.9$	$qK_{23} = 4.10^{-8}.5.10^{-5} =$	2.10^{-12}
$K_{24} = 8.10$	$qK_{24} = 4.10^{-8}.5.10^{-5} =$	2.10^{-12}
$K_{25} = 8.11$	$qK_{25} = 4.10^{-8}.1{,}6.10^{-6} =$	$6{,}4.10^{-14}$
$K_{26} = 8.12$	$qK_{26} = 4.10^{-8}.4{,}9.10^{-7} =$	$1{,}96.10^{-14}$

$Q_{TOP} = qK_1 + qK_2 + \ldots + qK_{26} = 4.10^{-4} + 9.10^{-11}$
Le calcul de QTOP est en fait celui de la borne supérieure notée S_1.

4.2- Utiliser λ, τ veut dire que le composant matériel (évènement affectant l'élément) est réparable (réversible) dans un certain cadre donné. L'hypothèse sous jacente limitante pour justifier les formules est que les lois de probabilités des phénomènes (défaillance et réparation) sont exponentielles, systématiquement pour tous les e_{Bi}.
Utiliser λ tout seul veut dire que le composant matériel (l'évènement affectant l'élément) est non réparable (irréversible). Il faut donc fixer un temps limité en réfé-

rence. Sinon, la solution triviale (le TOP se produit en toute certitude) s'impose. Utiliser q_0 tout seul veut dire que, quel que soit chaque modèle de sûreté de chaque phénomène déterminé, c'est une estimation d'une indisponibilité moyenne fixée par rapport aux conditions de réalisation de la mission confiée au système.
Un important travail de définition des grandeurs probabilistes utiles en sûreté (sécurité, fiabilité, disponibilité, maintenabilité) reste à consentir. Cela permettra de cerner la complexité des phénomènes indésirables qui menacent tout système par l'intermédiaire d'un seul ou plusieurs de ses éléments et composants.

5- Comment améliorer la sécurité ?

Il faut diminuer la probabilité d'accident donc celle du TOP, pour cela, il est donc nécessaire de diminuer la probabilité d'occurrence des coupes (K_j) en diminuant les taux de défaillance des évènements de base (e_{Bi}) et leur durée moyenne de présence.
Ici, c'est la fiabilité du réservoir et de sa sollicitation qui sont à améliorer comme le montrent les trois causes "DPR", "DSR" et "DCR" impliquées majoritairement par les coupes minimales K_1, K_2 et par les coupes minimales K_3 à K_{26}.
D'après les données chiffrées, K_{17} et K_{18} sont ensuite les plus importante bien que beaucoup plus faiblement. Elles ont un poids quasiment imperceptible vis-à-vis des deux premières.
A leur niveau, elles impliquent surtout e_{B7} et e_{B9} c'est-à-dire les défaillances primaires du timer et de l'opérateur. C'est la durée de présence (temps de remise en bon état MTTR) de la DPT qui est mise en cause et la fiabilité ou la disponibilité de l'opérateur qui sont mises en cause.

3.3. Exercice 3 : Analyse qualitative et quantitative simple d'un AdD

1- Equation Booléenne du TOP

TOP = (G∗01)
G∗01 = (G+02) ∗ (G+03)
G+02 = (G∗04) + C
G+03 = D + E
G∗04 = A ∗ B
D'où TOP = (A ∗ B + C) ∗ (D + E)
TOP = A ∗ B ∗ D + A ∗ B ∗ E + C ∗ D + C ∗ E

2- Sous ensembles minimaux

2a- La notion de chemin critique ne convient pas parce que :

- La définition de chemin critique, issue de la théorie des graphes, comme chemin le plus probable ne s'applique pas du fait que les nœuds du graphe arbre de défaillance ne sont pas tous de même nature mais sont des portes logiques pouvant être différentes ;
- Il y a confusion avec les chemins minimaux du non-TOP ;
- Il y a confusion avec l'état critique en sûreté.

La criticité est une notion dont le champ sémantique est vaste et qui mérite une attention particulière en raison des nombreuses ambiguïtés qu'elle soulève.

2b- Coupes minimales (déterminées à partir de l'équation du TOP de l'arbre) :

K_1 = C D
K_2 = C E
K_3 = A B D
K_4 = A B E

Chemins minimaux (à partir du dual figure V.22) :

T_1 = nA nC
T_2 = nB nC
T_3 = nD nE

Fig. V.21 : Arbre dual

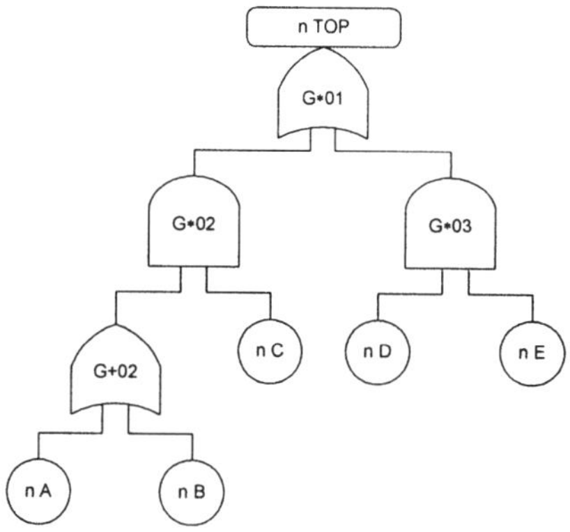

Fig. V.22 : Calculs dans l'arbre

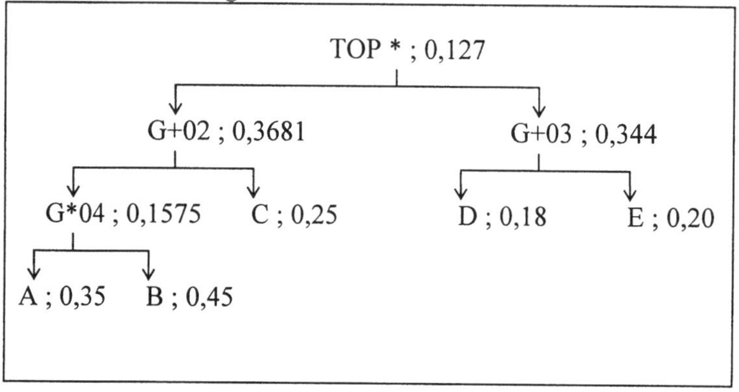

Notations dans l'arbre :

* = ET
\+ = OU
G*04 = Porte ET
0,1575=0,35x0,45
G+03=porte OU
0,344=0,18+0,20-(0,18x0,20)
p(A,B,C,D,E) sont des données fournies

3a- Le calcul du P_{TOP} par la méthode porte à porte donne pour chaque branche de l'arbre :

$P(G*04) = P_A \times P_B = 0{,}1575$

$P(G+03) = P_D + P_E - P_D \times P_E = 0{,}344$

$P(G+02) = P_C + P(G*04) - P_C \times P(G*04) = 0{,}368$

$P(G*01) = P(G+02) \times P(G+03) = 0{,}1265$

D'ou $\boxed{P_{TOP} = 0.127}$

En reportant les données chiffrées et résultats des calculs porte à porte dans l'arbre de défaillance, on comprend la difficulté de cohérence que soulève cette notion, comme on peut le constater dans la Fig. V.21.

3b- $P_{TOP/K_j} \leq S_1 = 0{,}045 + 0{,}050 + 0{,}02835 + 0{,}0315 = 0{,}154$ borne supérieure

$P_{TOP(EXACT)} = S_1 - S_2 + S_3 - S_4$

$P_{TOP/G} = 0{,}127$ (voir Fig. V.22)

4- X cause cachée
A = X ; D = X ; X est alors appelé cause commune, mode commun de défaillance.

4a- $TOP_X = (G{*}01)$ (voir Fig V.23.)
$G{*}01 = (G{+}02) * (G{+}03)$
$G{+}02 = (G{*}04) + C$
$G{+}03 = X + E$
$G{*}04 = X * B$
D'où
$TOP_X = (X * B + C) * (X + E)$
Coupes minimales :
$K_{1X} = C\ X$
$K_{2X} = C\ E$
$K_{3X} = B\ X$

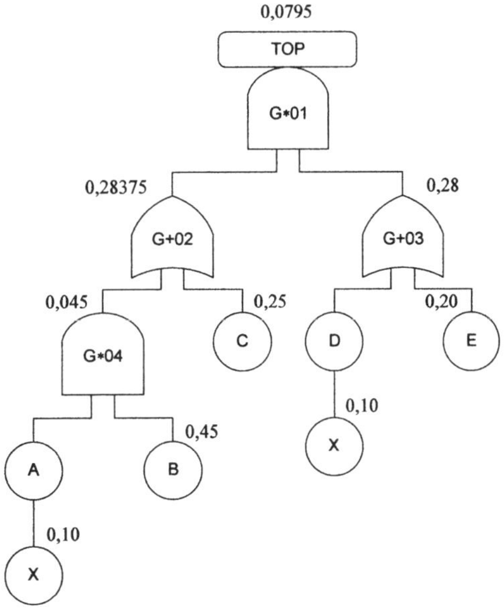

Fig. V.23 : Arbre original modifié à cause de X

4b- D'où $P_{TOP_{X/K}} = 0{,}095$
Et par la méthode porte à porte : $P_{TOP/X/G} = 0{,}0795$

5a- Tableau Récapitulatif

Tab. V.9 : Tableau récapitulatif

$TOP_{/G} = 0{,}127$	$TOP_{X/G} = 0{,}0795$
$TOP_{/K_j} = 0{,}154$	$TOP_{X/K_j} = 0{,}095$

5b- Comparaison :
Il vaut mieux calculer la probabilité du TOP en passant par les coupes minimales.
La prise en compte d'un mode commun aggrave le score (la probabilité du TOP augmente)

Il faut bien distinguer les trois niveaux de causalité probabiliste en interdépendance :
- Le niveau bas, inférieur, local = niveau des évènements de base ; "les causes"
- Le niveau intermédiaire = niveau des coupes minimales ; "effets en causes"
- Le niveau haut, supérieur, global = niveau du TOP ; "l'effet".

3.4. Exercice 4 : Analyse d'influences

1) Explications

Le résultat des calculs avec le jeu de données indiqué et le modèle d'influence retenu, montre que si le top existe, il y a 997,97 chances sur 1000 que cela soit dû à la coupe minimale C2 qui est dûe aux 2 causes C et D et il n'y a que 2,04 chances sur 1000 que cela soit dû à la coupe minimale C1 qui est dûe aux 3 causes A*B*C. Ces comparaisons sont précises à 7.10^{-7} prés. Les deux causes circonstanciées différentes (C1, C2) produisant un même (top) c'est la plus probable des deux qui représente le plus grand risque. Améliorer les risques peut consister à diminuer la probabilité de C2. De combien, jusqu'où ? Au plus en ramenant sa probabilité au même niveau de probabilité de C1. Soit un ratio de 489. Mais ce n'est pas la seule façon de comprendre les enjeux que posent les risques et la sûreté.

2) $P(T) = (P_A.P_B.P_C) + (P_C.P_D)$

$P(T_{i,\, i=C}) \rightarrow (P_A.P_B + P_D).P_C + 0$

$I_{Bi,\, i=C} = a \rightarrow P_A.P_B + P_D \qquad \rightarrow 1{,}2.10^{-3} \times 4{,}6.10^{-4} + 2{,}7.10^{-4} = 1{,}93.10^{-3}$

$$I_{Li,\, i=C} = \frac{p_i.a}{P} \rightarrow \frac{P_C.(P_A.P_B + P_D)}{P(T)}$$

$$I_{VFi,\, i=C} = \frac{p_i}{P(T)} g(C_j / p_i = 1) \rightarrow \frac{P_C}{P(T)}(P_A.P_B + P_D)$$

2) Discussion

I_{BC} indique que si C existe alors il y a 1,93 chances sur 1000 que top apparaisse à cause de l'apparition de A*B ou de D.
La discussion des résultats fournis par ce facteur d'importance et les autres sera alimentée par les définitions données dans le § V.2.4.

3) Remarques

- Il n'y a pas que les influences des parties sur le tout et réciproquement qui peuvent nous interesser.
- Ces influences sont l'écho de la structure de l'arbre et donc de la structure du système.
- Elles sont aussi l'écho des "poids" des éléments et des événements.
- Ces "poids" relatifs peuvent dépendre du temps impliqué d'une part et peuvent être modifiés par la présence de processus de réparation (ou de remplacement) pour la remise en état (corrective ou préventive). Mais, c'est une nouvelle aventure problématique et méthodologique qui s'annonce.

Bibliographie

Les ouvrages marqués d'un * sont disponibles à la Bibliothèque de l'Université de Technologie de Compiègne (BUTC).

Bibliographie Anglaise référencée ISBN

[AMEN 87] * AMENDOLA, A. KELLER, A.
Reliability data bases Ispra Courses on reliability and risk analysis
Dordrecht : Reidel, D. publishing company, 1987.398p
ISBN 90 277 2549 7

[APOS 78]* APOSTOLAKIS, G, GARRIBA, S & VOLTA, G
Synthesis and Analysis Methods for Safety and Reliability Studies
New York : Plenum Press , 1978. -463p.
ISBN 0-306-40316-1

[BENU 91] BENUZZI, A & ZALDIVAR, J.M
Safety for chemical batch reactors and storage tanks
Brussels and Luxembourg : Kluwer Academic Publishers, 1991. -439p
ISBN 0-7923-1233-3

[BILL 83] * BILLINGTON, R. ALLAN, R.N.
Reliability evaluation of engineering systems : concepts and techniques
New York : Plenum Press, 1983.-349p.
ISBN 0-306-41296-9

[BILL 84]* BILLINGTON, R. and ALLAN, R.N.
Reliability evaluation of power systems
New York : Plenum Press, 1984.-432p.
ISBN 0-306-41450-3

[BRET 95a]* BRETHERICK'S
Handbook of reactive chemical hazards
5th ed
Oxford : P.G. Urben, 1995, vol. 1.-2005p.
ISBN 0-7506-1555-5

[BRET 95b]* BRETHERICK'S
Handbook of reactive chemical hazards
5th ed
Oxford : P.G. Urben, 1995, vol. 2.-408p.
ISBN 0-7506-1555-5

[BROW 80]* BROWNING, R.L.
The loss rate concept in safety engineering
New York : Dekker, 1980.-162p,
ISBN 0-8247-1249-8

[CAI 96] * CAI, K.Y.
Introduction to fuzzy reliability
Dordrecht : Kluwer Academic Publishers, 1996.-311p.
ISBN 0-7923-9737-1

[CANN 91]* CANNON, A.G. and BENDELL, A.
Reliability data banks
Essex : Elsevier Science Publisher Ltd., 1991.-302p.
ISBN 1-85166-513-7

[CARD 97]* CARDARELLI, F.
Scientific unit conversion
London : Springer, 1997.-456p.
ISBN 3-540-76022-9

[CENT 88] AMERICAN INSTITUTE OF CHEMICAL ENGINEERS
Center for chemical process safety
Guidelines for safe storage and handling of high toxic hazard materials
New York. 1988.-119p.
ISBN 0-8169-0400-6

[CENT 89a]* AMERICAN INSTITUTE OF CHEMICAL ENGINEERS.
Center for chemical process safety
Guidelines for chemical process - Quantitative risk analysis
New York : American Institute of chemical engineers, 1989.-585p.
ISBN 0-8169-0402-2

[CENT 89b]* AMERICAN INSTITUTE OF CHEMICAL ENGINEERS.
Center for chemical process safety
Guidelines for technical managment of chemical process safety
New York : American Institute of chemical engineers, 1989.-169p.
ISBN 0-8169-0423-5

[CENT 89c]* AMERICAN INSTITUTE OF CHEMICAL ENGINEERS.
Center for chemical process safety
Guidelines for process equipment - Reliability data
New York : American Institute of chemical engineers, 1989.-303p.
ISBN 0-8169-0422-7

[DHIL 86] * DHILLON, B.S.
Human reliability with human factors
Oxford : Pergamon press, 1986.-239p.
ISBN 0-08-033981-6

[EPRI 84]* ELECTRIC POWER RESEARCH INSTITUTE
Human factors guide for nuclear power plant control room development
San Diego, Californie : Essex Corporation, 1984.-339p.

[FERR 81] * FERRY, T.S.
Modern accident investigation and analysis, an executive guide
New-York : John Wiley Interscience pub., 1981.-273p.
ISBN 0-471-07776-3

[GREE 83] GREEN, A.E.
Safety system reliability
Chichester ; New York ; Brisbane ; Toronto ; Singapore : John Wiley & Sons Ltd., 1983.-293p.
ISBN 0-471-90144-X

[HARM 93]* HARMS-RINGDAHL, L.
Safety analysis principle and practice in occupational safety
London, New York : Elsevier Science Publisher Ltd, 1993.-265p.
ISBN 1-85166-956-6

[HENL 81]* HENLEY, E.J. and KUMAMOTO, H.
Reliability engineering and risk assessment
Englewood Cliffs : Prentice-Hall, 1981.-568p.
ISBN 0-13-772251-6

[HOLL 88] HOLLNAGEL, E.
Cognitive Reliability and Error Analysis Method
ed. Elsevir 1998.-287p.
ISBN 008-042848-7

[KLET 91] KLETZ, T.
An engineer's view of human error
Institution of chemical engineers, 2nd ed. 1991.-199p.
ISBN 0-85295-265-1

[KLET 92] * KLETZ, T.
Hazop and Hazan : Identifying and assessing process industry hazards
Rugby Warwickshire : Institution of chemical engineers, 1992.-150p.
ISBN 0-85295-285-6

[KLET 94]* KLETZ, T.
Learning from accidents
Oxford : Butterworth - Heinemann Ltd., 2nd ed, 1994.-255p.
ISBN 0-7506-1952-X

[KUHL 86] KUHLMANN, A.
Introduction to safety science
New York : Springer - Verlag, 1986.-458p.
ISBN 0-387-96192-5

[KUMA 96]* KUMAMOTO, H. and HENLEY, E.J.
Probabilistic risk assessment and managment for engineers and scientists
2nd ed
New York : Institute of Electrical and Electronics Engineers, 1996.-597p.
ISBN 0-7803-1004-7

[LEES 80a] LEES, F.P
Loss prevention in the process industries, Vol. 1
London : Butterworth & Ca (publishers) Ltd, 1980. -671p.
ISBN 0-408-10697-2

[LEES 80b] LEES, F.P
Loss prevention in the process industries, Vol. 2
London : Butterworth & Ca (publishers) Ltd, 1980. -1316p.
ISBN 0-408-10698-0

[MEWI 95a]* MEWIS, J.J PASMAN, H.J & DE RADEMAEKER, E.E
Loss Prevention and Safety Promotion in the Process Industries, Vol. 1
Amsterdam : Elsevier science B.V, 1995. -707p.
ISBN 0-444-82136-8

[MEWI 95b]* MEWIS, J.J PASMAN, H.J & DE RADEMAEKER, E.E
Loss Prevention and Safety Promotion in the Process Industries, Vol. 2
Amsterdam : Elsevier science B.V, 1995. -767p.
ISBN 0-444-82136-8

[MOUB 97] * MOUBRAY,J.
Reliability-centred Maintenance
Oxford : Butterworth-Heinemann, second edition 1997.423p.
ISBN 0 7506 3358 1

[PETE 92]* PETERSEN, K.E. and RASMUSSEN, B.
Safety and reliability 92
Essex : Elsevier Science Publisher Ltd., 1992.-1197p.
ISBN 1-85166-875-6

[RICH 96]* RICHARDSON, M.L
Risk Reduction : chemicals and energy into the 21st century
London : Taylor & Francis Ltd, 1996. - 612p.
ISBN 0-7484-0398-1

[RIJN 82] * RIJNMOND PUBLIC AUTHORITY
Risk analysis of six potential hazardous industrial objects in the rijnmond area
Dordrecht : Reidel, D. publishing Company, 1982.-793p.
ISBN 90-277-1393-6

[ROLA 83] ROLAND, H.E. and MORIARTY, B.
Systems safety engineering and managment
New York : John Wiley & Sons, 1983.-339p.
ISBN 0-471-09695-4

[SMIT 76] * SMITH, C.O.
Introduction to reliability in design
Paris : McGraw-Hill, Inc., 1976.-269p.
ISBN 0-07-059083-4

[VOSE 00] * VOSE, D.
Risk analysis, a quantitative guide
Chichester West Sussex : Wiley,J. & Sons, 2000.-418p.
ISBN 0-471-99765-X

[WELL 96]* WELLS, G.
Hazard identification and risk assessment
Rugby : Institution of chemical engineers, 1996. -302p.
ISBN 0-85295-353-4

Bibliographie Française référencée ISBN

[ADEB 90]* ASSOCIATION POUR LE DEVELOPPEMENT DE LA BIOTECHNOLOGIE
Maîtrise des risques en biotechnologie, actes du forum de Grenoble (avril 1989)
Paris : Technique et Documentation - Lavoisier, 1990.-281p.
ISBN 2-85206-685-8

[AFNO 86]* ASSOCIATION FRANCAISE DE NORMALISATION
Fiabilité, maintenabilité, disponibilité
2e éd
Paris : AFNOR, 1986.-567p.
ISBN 2-12-216021-7

[ALEX 97]* ALEXANDER, M.
La sécurité des ordinateurs : guide clandestin
Paris : International Thomson Publishing, 1997.-245p.
ISBN 2 84180 962 5

[CHAI 62] CHAILLOT, H.
La sécurité dans la distribution des hydrocarbures liquides, Planches
Paris : Société des Editions Technip et Institut Français du Pétrole, 1962.-119p.

[CHAI 62] CHAILLOT, H.
La sécurité dans la distribution des hydrocarbures liquides, Tome II
Paris : Société des Editions Technip et Institut Français du Pétrole, 1962.-116p.

[CHAI 66] CHAILLOT, H.
La sécurité dans la distribution des hydrocarbures liquides, Tome I
Paris : Société des Editions Technip et Institut Français du Pétrole, 1966.-264p.

[CHOQ 84] CHOQUET, R.
La sécurité électrique - Techniques de prévention
Paris : Bordas Dunod, 1984.-238p.
ISBN 2-04-015636-4

[COLL 95]* COLLIN, C.
Risques urbains Union européenne de prévention et gestion des risques
Paris : Continent Europe, 1995.-224p.
ISBN 2 84176 003 0

[DERA 86]* DERACHE, R.
Toxicologie et sécurité des aliments
Paris : Techniques et Documentation - Lavoisier, 1986.-594p.
ISBN 2-85206-572-X

[DESR 95]* DESROCHES, A.
Concepts et méthodes probabilistes de base de la sécurité
Paris : Technique & documentation-Lavoisier, 1995.-188p.
ISBN 2-7430-0030-9

[FADI 94] FADIER, É. sous la direction de
L'état de l'art dans le domaine de la fiabilité humaine
OCTARES ed. Collection "ISdF", 1994.-447p.
ISBN 2-906769-14-2

[FAYE 93]* FAYE, J.-F.
Comment gérer les risques financiers?
Paris : Technique & documentation-Lavoisier, 1993.-156p.
ISBN 2-85206-908-3

[FROM 02] FROMAN, B. GEY, J.M. BONNIFET, F.
Qualité -Sécurité -Environnement : Construire un système de management intégré
Paris : AFNOR, 2002.-314p.
ISBN 2-12--465067-X

[GANA 99] GANASCIA, J.G. coordinateur
Sécurité et cognition, Colloque du GIS sciences de la cognition des 16-17 sept 1998
Paris : Hermès éd. 1999.-249p.
ISBN : 2-86601-725-0

[GIRA 01] GIRARDIN, V. LIMNIOS, N.
Probabilités, cours & exercices en vue des applications maîtrise de mathématiques
Paris : Vuibert, 2001.-433p.
ISBN 2 7117 7085 0

[GOGU 93] GOGUELIN, P. CUNY, X.
La prise de risque dans le travail
2me Éd., OCTARES éd. Collection "Colloques", 1993.-252p.
ISBN 2-906769-12-6

[GOGU 96]* GOGUELIN, P.
La prévention des risques professionnels
Paris : PUF - Que sais-je, 1996.-128p.
ISBN 2 13 047505 1

[HAUC 96] HAUCHECORNE, B et SURATTEAU, D
Des Mathématiciens de A à Z
Paris : Ellipses, 1996. - 381p.
ISBN 2-7298-4683-2

[KAUF 92] KAUFMANN, A.
Méthodes et modèles de la recherche opérationnelle, tome 1
Paris : Dunod, 1972. -535p.

[KERV 91] KERVERN, G.Y. et RUBISE, P.
L'archipel du danger
Paris : Economica, 1991.-444p.
ISBN 2-7178-2061-2

[LE CAR 97] LE CARDINAL, G. GUYONNET, J-F. POUZOUILLIC, B.
La dynamique de la confiance : construire la coopération dans les projets complexes
Paris : Dunod, 1997. -244p.
ISBN 2-70-003498-7

[LAUR 03] LAURENT, A.
Sécurité des systèmes chimiques : connaissances de base et méthodes d'analyse de risques
Paris : Technique et documentation - Lavoisier, 2003.-490p.
ISBN 2-7430-0635-8

[LEPL 90]* LEPLAT, J. de TERSSAC, G. CELLIER, J.-M. NEBOIT, M. OUDIZ, A.
Les facteurs humains de la fiabilité dans les systèmes complexes
Marseille : Octares/Entreprises, 1990.-388p.
ISBN 2 906 769 03 7

[LERO 92]* LEROY, A. et SIGNORET, J.P.
Que sais-je ? Le risque technologique
Paris : Presse Universitaire de France, 1ère éd., 1992.-127p.
ISBN 2-13-044758-9

[LIEV 76]* LIEVENS, C,
Sécurité des systèmes
Toulouse : Cépaduès, 1976.-341p.
ISBN 2-85428-009-1

[LIGE 84] LIGERON, J.P. DELAGE, A. et NEFF, M.
La fiabilité en exploitation : organisation et traitement des données
Paris : Technique et Documentation - Lavoisier, 1984.-540p.
ISBN 2-85206-2.36-4

[LISF 95] LABORATOIRE D'INGENIERIE DE LA SURETE DE FONCTIONNEMENT, LAPRIE, J.C.
Guide de la sécurité de fonctionnement
Toulouse : Cépaduès éditions, 1995.-324p.
ISBN 2-85428-382-1

[LLOR 96]* LLORY, M.
Accidents industriels : le cout du silence
Paris : Editions l'Harmattan, 1996. -364p.
ISBN 2-7384-4226-9

[MUNT 92] MUNTER, W.
Le risque d'avalanche : nouveau guide pratique
Bern : Verlag des Sac, 1992. -200p.
ISBN 3-85902-138-9

[PAGE 80]* PAGES, A. et GONDRAN, M.
Fiabilité des systèmes
Paris : Eyrolles, 1980.-323p.

[PICO 92]* PICOT, A et GRENOUILLET, P
La sécurité en laboratoire de chimie et de biochimie
Paris : Technique et Documentation, 2ème éd., 1992. -478p.
ISBN 2-85206-608-4

[PROC 96]* PROCACCIA, H. MORILHAT, P.
Fiabilité des structures des installations industrielles : théorie et applications
Paris : Eyrolles, 1996.-614p.
ISSN 0399 4198

[REAS 93] REASON, J
L'erreur humaine
Paris : Presse universitaires de France, 1ère éd. (traduit de l'anglais, Cambridge 1990), 1993. - 366p. ISBN 2-13-045187-x

[SEIL 81] SEILLAN, H.
L'obligation de sécurité du chef d'entreprise
Paris : Dalloz, 1981.-344p.
ISBN 2-247-00219-6

[SIMO 91]* SIMONS, J et SOTTY, P
Risques biologiques, prévention en laboratoire de recherche
Paris : CNRS - INRA - INSERM, 1991. -248p.
ISBN CNRS 2-222-04560-6
ISBN INRA 2-7380-0307-9
ISBN INSERM 2-85598-475-0

[SURG 99]* SURGERS, P.-H.
La coordination santé - sécurité : guide pratique - le point
Paris : Eyrolles, 1999.-253p.(+cédérom joint)
ISBN 2 212 02111 9

[TRIN 96]* TRINQUET, P.
Maîtriser les risques du travail : le cas du batiment et de l'industrie française
Paris : PUF, 1996.-314p.
ISBN 2 13 047427 6

[VIGI 81] VIGIER, M.
Méthodes d'assurance qualité-fiabilité et d'expérimentation
Paris : Maloine, 1981.-398p.
ISBN 2-224-00774-4

[VILL 88] VILLEMEUR, A.
Sûreté de fonctionnement des systèmes industriels
Paris : Eyrolles, 1988.-795p.
ISSN 0399-4198

[WEIL 93] WEIL-FASSINA, A., RABARDEL, P. & DUBOIS, D.
Représentation pour l'action – collection travail
éd. Octarès, 1993. -352p.
ISBN 2-906769-118

[ZWIN 96]* ZWINGELSTEIN, G.
La maintenance basée sur la fiabilité
Paris : Hermès, 1996. -666p.
ISBN 2-86601-545-2

Bibliographie Anglaise hors référence ISBN

[BARL 75] BARLOW, R.E. FUSSEL, I.B. SINGPURWALLA, N.D.
Reliability and fault tree analysis - theoretical and applied aspects of system reliability and safety assesment
Philadelphia, SIAM, 1975.-927p.

[HAAS 92] HAASTRUP, P. FUNTOWICZ, S.
Accident generating systems and chaos : a dynamic study of accident time series,
in Reliability Engineering and System Safety 35 (1992), p.31-37

[PRES 86] Presidential commission on the Space Shuttle Challenger Accident on January 28, 1986
Report to the president,
Washington DC. june 6th, 1986.-256p.

[USNR 75] US.Nuclear Regulatory Commission
Reactor safety study, an assessment of accident risk in US commercial nuclear power plant-WASH 1400 - appendix 1 Event tree : Accident definition and use of event trees
US-NRC, 1975.

[USNR 81] US.Nuclear Regulatory Commission (Vesely, W.E. Goldberg, F.F. Roberts, N.H. Haasl, F.*Fault tree handbook* US-NRC W.DC 20555 réf. NUREG 0492, 1981.

Bibliographie Française hors référence ISBN

[AIME 91] AIME, N.
Aide à la conduite sûre des réacteurs chimiques semi-continus en marche normale ou incidentelle vis à vis du danger d'emballement thermique
UTC, Thèse de doctorat en Génie des Procédés Industriels : 12/12/91.

[ABDA 90] ABDALLAH, B.-H.
Contribution à l'étude de fiabilité des composants :
Développement d'un générateur de bases de données de fiabilité et de maintenabilité opérationnelle
UTC, Thèse de doctorat en contrôle des systèmes, 16/01/1990

[CALZ 69] CALZIA, J.
Les substances explosives et leurs nuisances
Paris : Dunod, 1969.-344p.

[CASS 80] CASSO, J.-M
Sécurité en utilisation des chaufferies industrielles – Application à une chaufferie munie d'un dispositif de contrôle intrinsèque à microprocesseur.
UTC, Thèse de doctorat en contrôle des systèmes, 25/03/1980

[COFF 95] COFFIN, Fl.
Méthodologie de conception coopérative de produit complexe : Application au développement d'un prototype d'un système intelligent de copilote automobile.
UTC, Thèse de doctorat en Sciences de L'Homme et Technologie, 30/11/1995

[GUYO 87] GUYONNET, J.-F.
La sécurité des systèmes et la fiabilité humaine : essai introductif à la régulation des risques technologiques
UTC, Doctorat d'État es-Sciences : 18/09/87.

[HASS 80] HASSAN, M.
Méthodes automatiques de construction et de calcul de l'arbre des défauts d'un système complexe.
UTC, Thèse de doctorat en contrôle des systèmes : 25/04/1980

[HERN 87] HERNANDEZ, H.
Contribution à la simulation des systèmes chimiques orientée vers l'analyse de sécurité : application à la prévention de l'explosion thermique
UTC, Thèse de doctorat en Génie des Procédés Industriels : 9/10/87.-

[IRSN 03] Institut de radioprotection et de sûreté nucléaire
Tchernobyl, 17 ans après : dossier d'information
avril 2003.-102p.

[KAUF 72] KAUFMANN, A.
Méthodes et modèles de la recherche opérationnelle , tome 1
Paris, Dunod-collection l'économie d'entreprise, 2eme édition 1972.-535p.

[KAUF 72] KAUFMANN, A.
Méthodes et modèles de la recherche opérationnelle , tome 2
Paris, Dunod-collection l'économie d'entreprise, 2eme édition 1972.-544p.

[LAGA 79] LAGADEC, P.
Le problème de la sûreté d'un grand complexe industriel, le cas de Canvey Island (G.B.)
Convention n° 34/79 école polytechnique-laboratoire d'économétrie et service de l'environnement industriel-ministère de l'environnement, 1979.-99p.

[LEMO 84] * LEMOIGNE, J.-L.
La théorie du système général : théorie de la modélisation
Paris : PUF, 1984.-

[LIMN 83] LIMNIOS, N.
Analyse inductive de défaillances et de leurs effets, des circuits thermohydrauliques dans les centrales nucléaires
UTC, Thèse de doctorat en Génie des Procédés Industriels : 25/01/83.-

[LYON 91] LYONNET, P.
Contribution à la sûreté de fonctionnement assistée par ordinateur et au développement d'outils de MAO intégrés à la production automatisée
UTC, Thèse de doctorat en contrôle des systèmes : 03/06/1991

[MINI 93] Ministère de l'équipement, des transports et du logement, Inspection générale de l'aviation civile et de la météorologie
Rapport de la commission d'enquête sur l'accident survenu le 20 janviere 1992 près du mont Sainte Odile à l'Aibus A320 - FGGED exploité par la compagnie Air Inter 31 juillet 1993.-

[RAIF 73] RAIFFA, H.
Analyse de la décision - introduction au choix en avenir incertain
Paris : Dunod, collection sigma, 1973.-328p.

[ROZO 92]* ROZON, D.
Introduction à la cinétique des réacteurs nucléaires
Montréal : éd.École polytechnique, 1992

[WANN 69] WANNER, J.-C.
Étude de la sécurité des aéronefs en utilisation : principes et règles pour la rédaction de réglements de qualités de vol
Autorités réglementaires de certification des transports supersoniques TSS
Octobre 1969.-184p.

[ZIAN 86] ZIANI, R.
Vérification des ojectifs de disponibilité et de maintenabilité des systèmes complexes modélisés par leurs ensembles minimaux : vers une optimisation de la sûreté des systèmes
UTC, Thèse de doctorat en contrôle des systèmes : 23/12/86.

Achevé d'imprimer sur les presses de l'Imprimerie BARNÉOUD
B.P. 44 - 53960 BONCHAMP-LÈS-LAVAL
Dépôt légal : mars 2006 - N° d'imprimeur : 603019
Imprimé en France